U0248290

山东出版传媒股份有限公司
重点图书

中国世界遗产全记录丛书

COMPLETE RECORDS OF CHINA'S WORLD HERITAGE

中国
世界地质公园
全记录

Complete Records of China's World Geopark

田晓东／著

齐鲁书社

·济南·

图书在版编目（CIP）数据

中国世界地质公园全记录 / 田晓东著. -- 济南：
齐鲁书社，2023.1（2024.6重印）
（中国世界遗产全记录丛书）
ISBN 978-7-5333-4654-6

Ⅰ.①中… Ⅱ.①田… Ⅲ.①地质－国家公园－介绍－
中国 Ⅳ.①S759.93

中国版本图书馆CIP数据核字(2022)第245735号

照片摄影　赵洪山
策划编辑　傅光中
责任编辑　周　磊　王其宝
责任校对　赵自环
装帧设计　刘羽珂

中国世界地质公园全记录

ZHONGGUO SHIJIE DIZHI GONGYUAN QUANJILU

田晓东　著

主管单位	山东出版传媒股份有限公司
出版发行	齐鲁书社
社　　址	济南市市中区舜耕路517号
邮　　编	250003
网　　址	www.qlss.com.cn
电子邮箱	qilupress@126.com
营销中心	（0531）82098521　82098519　82098517
印　　刷	山东临沂新华印刷物流集团有限责任公司
开　　本	720mm×1020mm　1/16
印　　张	27.25
插　　页	3
字　　数	403千
版　　次	2023年1月第1版
印　　次	2024年6月第2次印刷
标准书号	ISBN 978-7-5333-4654-6
定　　价	88.00元

序

　　"中国恐龙之父"杨钟健先生的游记《剖面的剖面》，连用两个地质学词汇"剖面"，其含义正如翁文灏在序中所说："就是把我们所要研究的事物解剖开来。"此游记的内容概括有三：第一记地质知识，第二记沿途风景，第三记民俗风物。杨钟健特别强调：新式游记须给人以准确的知识，对每一地的地质背景、地理状况和人情风物，均予以正确的记载。

　　《中国世界地质公园全记录》遵循杨先生撰写游记的原则，力求全方位多视角展示中国世界地质公园核心地质景观和与之密切相关且非凡的地质多样性，以及地质多样性支撑着所在地区的生物和文化多样性、历史背景、人文风情等。

　　地质公园（Geopark）的概念于20世纪90年代中期提出，是以独特秀丽的地质景观为主，融合自然景观与人文景观而打造出的自然公园。其拥有地质景观（geological landscape）和地质遗迹（geological heritage，geoheritage），是地球演化历史的重要见证。每一个景观都具有自己的组成要素、结构和边界，存在于景观中的地质现象不仅塑造了大地的形态，还影响到人类活动的社会基础，影响到经济、历史和文化遗迹、教育、健康及人类福祉。合理保护、开发地质景观、遗迹资源，促进科普教育和科学研究的开展，对所在地区未来的社会经济的可持续发展将发挥基础性作用，具有深远的历史意义和现实意义。

　　我国自2003年起开始申报和创建世界地质公园。2004年2月13日，联合国教科文组织世界地质公园专家评审会在法国巴黎宣布，中国石林、张家界等8处地质公园入选首批《世界地质公园名录》。2015年11月举行的联合国教科文组织第三十八届大会正式批准新的《国际地球科学与地质公园计划（IGGP）》及有关章程和指南，并将已有的所有世界地质公园纳入该计划。截至2022年4月，我国共有15批41处（含香港1处）地质公园被列入联合国教科文组织"世界地质公园网络（GGN）"（详见附录）。

依据国家地质公园的地质遗迹划分标准，笔者将我国世界地质公园划分为地层剖面类2个，构造形迹及地貌类8个，古人类、古动物、古植物化石类2个，矿物矿床类1个，花岗岩地貌类5个，砂岩地貌（丹霞等）类6个，可溶岩地貌（喀斯特）类6个，沙漠地貌类1个，火山地貌类7个和冰川流水地貌类3个，计10类41个。

需要声明的是，有些公园不是单一的一种类型。如克什克腾地质公园，它既有花岗岩石林，又有火山构造；房山地质公园以周口店北京人遗址驰名，但其地层、构造形迹、溶洞等地质遗迹也非常丰富，往往是"你中有我，我中有你"。对此类综合性很强的地质公园，只能选择其最著名的地质景观、遗迹特征进行归类。

本书务求广泛收集资料，资料来源既有无数地质工作者的论文专著，又有县志、山志、游记，还有历代骚人墨客游历登临留下的诗词歌赋，更有珍贵和不可磨灭的红色记忆等，用"地质眼"观察审视，紧随"石"尚，"八面受敌"，全面记录和展示中国41处世界地质公园大地律动的震撼之美和色彩各异的人文风情。

如果这些记录文字便于读者在纸上一览中国世界地质公园的诸番胜景，对熟识者会心一笑，对陌生者生思生悦，进而触发"何不一游"的念头，都是对笔者莫大的鼓励。

在此感谢齐鲁书社总编辑傅光中先生雅意，他不因笔者寂寂无闻，将山东出版传媒股份有限公司重点出版项目和该社"3+3+N"重点选题《中国世界地质公园全记录》真诚托付，鼓励协商，促我勉力完成；感谢齐鲁书社副编审刘慧慧女士在本书出版环节的前期所做出的贡献：由于不可抗力原因，她退出了书稿后期相关工作，但她严谨负责的态度让人印象深刻，她所付出的心血提升了图书的内容质量；感谢著名地质摄影师赵洪山先生，他慨然允以自己矻矻孜孜、几经寒暑拍摄的珍贵照片作为本书的插图，令拙著陋文生辉；还要感谢每篇参考资料的作者，是你们的辛劳和付出，助我撰成此书，但解读引用不当之处，尚祈批评指正。

试题一首小诗，与每位首途或收拾行囊准备旅行地质公园的朋友们共勉：

万壑千岩变态生，卧游亲历笑曾经。
一方盆景频看画，百叠芙蓉俨作屏。
雨潜洞天巢石笋，云横嶂岭泄飞琼。
何期更向昆仑路，奋迅鹏程得我情。

田晓东于天津
2022年5月16日

目 录 CONTENTS

中国的地层剖面类世界地质公园

地层是大地史书的册页，是追溯地球演化历史的证据，一页页写满了远古时期的地质故事。

打开它的最佳方法是利用地层剖面，沿某一方向，显示地表或一定深度内岩石单位系列和地质构造情况的实际（或推断）切面。弄清地层序列是开展地质工作的基础。

嵩山是地球的宠儿，嵩山世界地质公园不仅具有"五代同堂"的多夹层蛋糕般地层结构，而且还是嵩阳运动、中岳运动、少林运动"三大地质构造运动"的命名地。

王屋山—黛眉山世界地质公园目前尚没有全球对比意义的典型地层剖面和点位的"金钉子"，却有9条典型性剖面被列入世界地质公园地质遗迹保护名录。

诚然，地层剖面因其专业性和复杂性而很少成为具有观赏性的地质景观，但嵩山、王屋山—黛眉山世界地质公园是例外。辅以特殊的地质地貌、水体景观及嵩山的"天下之中"，王屋山—黛眉山的黄河节点八里峡等生态和人文景观相互辉映，建立了人类社会和地球瑰宝的有机联接，体现出世界地质公园项目的核心价值——保护发扬人类文明的印记，更好地促进可持续发展。

五世同堂：嵩山世界地质公园①

　　提起"少林运动"，估计很多人马上会联想到香港武打电影《少林寺》。20世纪八九十年代，《少林寺》创造了一个电影史上的神话，少林功夫几乎一夜之间家喻户晓。在功夫绝技背后，则是少林武僧练功时日积月累，脚下踩出的深深凹坑。

　　如果将这般人类印记和大地史册记载的乾坤造化作一比较，任凭前者天长地久，也完全可以忽略不计。在河南登封嵩山少林寺南面山坡，距今5.43亿年的寒武系最下部的关口组底砾岩呈角度不整合覆盖在中元古界五佛山群的页岩之上。1963年，王泽九等地质工作者率先把造成这一不整合的地壳运动命名为少林运动。

　　然而，就嵩山地区而言，无论从古老程度还是运动规模，5.43亿年前的少林运动仍是一个不折不扣的小字辈。它既不是现在嵩山的奠基运动，也不能与嵩山地区构造发展史上的嵩阳运动、中岳运动、燕山运动和喜马拉雅运动相提并论。

一、五世同堂

　　嵩山在大地构造上处于华北古陆南缘，经过地质测年，嵩山推断年龄

---

① 嵩山世界地质公园位于河南省登封市，地理坐标为东经112°56′07″~113°11′32″，北纬34°23′31″~34°35′53″，总面积464平方千米，海拔高度为227~1512米，分为太室山、少室山、五佛山、五指岭和石淙河五个景区。

约为35亿年，几乎与地球成陆的起始时间相近。嵩山地区的岩浆岩、沉积岩和变质岩的出露，构成了中国最古老的岩象——登封群的"登封杂岩"。距今23亿年前后，嵩山地壳发生了一次剧烈运动，1951年，地质学家张伯声（1903—1994）[①]率先发现并将其命名为嵩阳运动。嵩阳运动之后，地壳开始下沉到海平面以下，经过10多亿年的日积月累，形成巨厚的嵩山群底层沉积，后来由于地壳升降、风化剥蚀等因素造成了一些损失，现存的嵩山群地层厚度为2100多米。这一时期属于地质史上的早元古代。

在距今18.5亿年前后，地壳又发生了一次强大的构造运动，嵩山群巨厚的石英砂岩开始慢慢隆起。强大的东西方向的推挤，使整个嵩山群产生了一系列复式背斜和复式向斜。也就是说，嵩山群的地层都被推挤成近乎南北走向的皱褶，有的岩层甚至被挤得直立了起来。这一运动持续达数亿年，被称为中岳运动。发生在距今18.5亿年的中岳运动不整合面遗迹，是地质学家张尔道于1954年首次发现的。

中岳运动是嵩山地质演化史上重要的构造事件，岩层发生了强烈的褶皱，新老褶皱一次次互相叠加，形成了典型的叠加褶皱景观。例如大型平卧褶皱，像一头巨蜥，盘踞在少室山东坡，成为嵩山最为宝贵的地质构造景观。

中岳运动之后，地壳又被慢慢夷平、下降，由于重力因素，开始沉积粗大颗粒的砾岩，后面是砾岩、泥岩，一直到含钙、镁的石灰岩，说明这里的地壳开始被海水所淹没。一直到距今五六亿年的时候，发生了少林运动，这里才结束了地质史上的元古代，进入古生代。

虽然少林运动形成的角度不整合面曾作为大专院校地质实习的打卡地和专业研究的考察重点，但有学者认为少林运动所代表的角度不整合只是特例，嵩山周围地区寒武系底部与下伏元古界接触，仍以平行不整合为主。地

---

① 本书只对部分地质、地理学家及某些涉及地学的国外学者、探险者标注生卒年，其他历史人物与当代人物从略。

质学家马杏垣（1919—2001）便将少林运动定为嵩山地区五佛山群滑动运动的启动运动，他指出："五佛山群的强烈褶皱断裂变动，只不过是由于差异升降运动引起的重力滑动构造造成的。因此，这个少林运动并不代表造山运动的一个褶皱幕，只能是地壳运动的统称而已。"

基于此，中岳运动塑造了嵩山构造地质体的雏形，为风化剥蚀作用提供了原始条件，而少林运动则是未来嵩山塑形手术前的一次清创消毒。到了中生代晚期，燕山运动使嵩山地区的基本构造格局得以奠定，巨大构造断裂形成太室山、少室山和五指岭等嵩山峰岭；新生代喜马拉雅运动则在此格局原形基础上，开始精雕细琢，定格为如今的面貌。

嵩山的发育模式和演化历史，对追溯中国大陆乃至全球35亿年地质历史时期地壳演化的过程和规律，具有重大科学研究价值。

嵩山山脉属秦岭东延伏牛山系之余脉，自西向东包括万安山、马鞍山、五佛山、挡阳山和主峰地区的少室山、太室山、五指岭诸峰。在嵩山世界地质公园464平方千米范围内，历经嵩阳运动、中岳运动和少林运动三次构造运动，各期运动形成的沉积间断和地层角度不整合面等构造形迹清晰典型，再现了前寒武系沉积建造受运动影响挤压变质、褶皱造山、剥蚀夷平等过程，并且连续完整地出露着太古宙、元古宙、古生代、中生代和新生代的岩浆岩、变质岩和沉积岩，地层层序清楚，堪称一部完整的地球通史。其名字就叫"石头记"或"五世同堂"。

二、五大景区

公元前770年，周平王迁都洛邑，以"嵩为中央，左岱右华"而为"天地之中"，故称嵩山为"中岳"。嵩山海拔最低处为350米，最高处为少室山的连天峰，海拔1512米，主峰峻极峰位于太室山，海拔1492米。

太室山景区：太室山（太者，大也；室者，妻也）和少室山，分别纪念大禹王的第一个妻子和次妻——涂山氏姐妹而得名。太室山共三十六峰，主峰峻极峰为嵩山之东峰，取"峻极于天"之意。登立峻极峰极目远眺，黄河明灭一线；地质景观星罗棋布。产状直立的石英岩被剥蚀为悬崖，连同玉寨山、五指岭、尖山等，无不刀削斧劈般险峻清绝。在卢崖瀑布（见右图）景区，断层碎裂形成陡隘断崖、宽缓的台栈，泉水自山崖逐级跌落，形成一连串素湍绿潭。搁笔潭、落印潭书卷气十足；抚琴潭、清心潭、玉镜潭宛若待字闺中的少女；聚宝潭自带光环；墨浪涧、黑龙潭充满神秘，个个诗情画意，甚是可爱。颍河的一脉自悬练峰流下，

卢崖瀑布

急流把岩石掏蚀成壶穴，在石英岩中形成了四里河瀑布群，瀑布和水潭穿出一条深浅不同、错落有致的峡谷，是太室山最动人心魄的地方。

少室山景区：少室山距太室山约8500米，也有三十六峰。连天峰为嵩山之西峰，也是嵩山最高峰。少室山山顶宽平如寨，诸峰簇拥环围，有的拔地而起，有的逶迤连绵，从山南向北一览少室群山，但见峰峦叠压，状如千叶舒莲，大唐时便有"少室若莲"之说。猴子观云海、云峰虎啸、三仙石、石笋闹林、人祖石等景点，游人观览，无不惊叹其命名之巧。试着对那惟妙惟肖的山石一呼，猴子、狮虎、仙人随声若动，俨然有灵。走进少室山，有一

少室山书册崖

"石册"巨椠①——书册崖，不可不看。由褶皱造成近于垂直的石英岩，层理发育，犹如一本本整齐排列的书籍，待人抽取阅读，书册崖（如左图）因此得名。

五佛山景区："嵩山是我师，我是嵩山友"。地质学家马杏垣曾11次登临嵩山，对嵩山的构造变形史和五佛山群的地层划分进行了详细研究，创立了重力滑动构造理论。在向联合国教科文组织世界遗产委员会推介嵩山地质遗迹时，马杏垣说："嵩山地区地质现象中最可贵的是它的重力滑动构造，这是世界上最宏伟的，可以说也是独一无二的。世界上前寒武纪重力构造虽然在西南非也有，但不如中国嵩山精彩。从古构造观念上讲，它们是轻沉积物的变形，琳琅满目。"此番论断是对五佛山地质意义的高度评价。景区内中—新元古代五佛山群沉积岩中发育几百条砂岩岩墙、岩脉和岩床，组合成一个蔚为壮观的岩墙群，正成为构造研究的试验场，不断涌现出新的研究成果。

五指岭景区：五指岭位于登封市区东北部，得名缘自其峰有五个石柱并立，状如五指。最高峰鸡鸣峰，海拔1215.9米。五指岭在《山海经·中山经》中称"浮戏之山"，"浮戏"一说即人文始祖伏羲的另一种写法。《水经注》云"浮戏山，世谓之曰方山也"，古代先民曾在此建立方国。

五指岭以原始沉积层理和后期构造片理地质构造为特色，山水景观有古

① 椠(qiàn)，古代记事用的木板或古书刻本。

阳关、搬倒井、飞来峰等。五指岭还是一道分水岭，北坡之水汇入汜水，入黄河；南坡之水多汇入洧水（今双洎河），构成洧水的主要水源地。"叠嶂层峦九曲隈，游人深入意徘徊。岫云缥缈连还断，窦水潺湲去复回。"明代诗人郑交这首《游方山》，包孕方山（五指岭）水色山光，所描绘的山水风光如在眼前。

石淙河景区：位于嵩山太室山南麓，登封市告成镇东约3000米处的石淙，两崖壁高耸，石间流水淙淙，故名"石淙河"。石淙河由大石淙和小石淙组成，发育石灰岩岩溶地貌，不少人称其为"中原小桂林"。武周久视元年（700），武则天在此举行"石淙会饮"，会饮的巨石称为"乐台"。女皇留下"万仞高岩藏日色，千寻幽涧浴云衣"的诗句，与从臣16人诗刻于石淙河车厢潭北临水的岸壁上，今称"石淙河摩崖题记"。

武周君臣的诗备极壮丽，明代地理学家、旅行家徐霞客（1587—1641）在《徐霞客游记》的《游嵩山日记》中更是不吝笔墨："独登封东南三十里为石淙，乃嵩山东谷之流，将下入于颍。一路陂陀屈曲，水皆行地中，至此忽逢怒石。石立崇冈山峡间，有当关扼险之势。水沁入胁下，从此水石融和，绮变万端。绕水之两崖，则为鹄立，为雁行；踞中央者，则为饮兕①，为卧虎。低则屿，高则台，愈高，则石之去水也愈远；乃又空其中而为窟、为洞。揆（kuí）崖之隔，以寻尺计，竟水之过，以数丈计；水行其中，石峙于上，为态为色，为肤为骨，备极妍丽。不意黄茅白苇中，顿令人一洗尘目也！"

三、天地之中

嵩山，古老而神秘，地质遗迹、自然地貌景观荟萃，使其以举世罕见的地学价值焕发青春，傲立于世界地质公园之林。

嵩山还是一座文化圣山，《史记·封禅书》云："昔三代之君（居），皆

① 兕（sì），古代指犀牛（一说雌性犀牛）。

在河洛之间，故嵩高为中岳，而四岳各如其方。"中岳嵩山宛若一条巨龙横卧在豫西山地和华北平原之间，山河钟灵毓秀，中华千古文明聚汇于斯。

儒学方面，位于嵩山南麓的嵩阳书院，程颢、程颐兄弟开创"洛学"于此，司马光、范仲淹的讲学使嵩阳书院成为宋代儒学的重镇。

佛教方面，北魏孝文帝元宏敕建的少林寺依傍少室山而建，有达摩祖师"面壁九年"的达摩洞，少林寺因此被称为禅宗祖庭，电影《少林寺》正是根据"十三棍僧救唐王"的故事创作而成。

道教方面，道教圣地之一中岳庙始建于秦，前身为太室祠，是嵩山道家的象征，有"道教第六小洞天"之称。北魏寇谦之、唐朝刘道合、宋朝董道绅、金代丘处机等羽流道士，都在嵩山留下过足迹。中岳庙建有四岳殿，供奉东西南北四岳神祇，汉武帝、唐武则天等均亲临主祭。中岳大殿历代重修，目前是中原地区最大的古建筑。崇福宫前身太乙观建于汉武帝元封元年（前110），已有两千多年的历史。

嵩山亦是古代天文学家的摇篮。周公测景台有3000年历史，周公用圭表法测量日影，把日影最短的一天定为"夏至"，最长的一天定为"冬至"，把

观星台

一年中日影相同、昼夜等长的两天分别定为"春分"和"秋分"，由此总结出二十四节气，在我国被一直沿用至今。唐代的僧一行在会善寺编修了《大衍历》；元代郭守敬设计的登封观星台，是中国现存最古老的天文台，

已有约750年历史，郭守敬等人据观星台实地测验，编订出当时世界上最先进的历法《授时历》。

而今少林寺（常住院、初祖庵、塔林）、东汉三阙（太室阙、少室阙、启母阙）、中岳庙、嵩岳寺塔、会善寺、嵩阳书院、观星台等建筑以"登封'天地之中'历史建筑群"，于2010年8月1日成为"世界文化遗产"。其中，始建于东汉的汉三阙——太室阙、少室阙、启母阙，早在1961年3月便入选首批国家级文物保护单位，编号分别列中国古建筑国家级文物类第1、2、3号，可见国家对其保护的重视。

35亿年的地质之光，人类五千年的智慧之火，谁更璀璨？让每一个亲历者品味抉择吧。

参考资料

[1] 中国嵩山世界地质公园公众号资料。

[2] 马杏垣等：《嵩山构造变形——重力构造、构造解析》，地质出版社1981年版。

[3] 徐弘祖：《徐霞客游记》，上海古籍出版社2010年版。

[4] 张忠慧、李玉昌：《地层讲故事：院士与嵩山的不解情缘》，公众号：忠言慧语，2017年3月16日。

[5] CCTV官网：《大美中国——登封"天地之中"历史建筑群》，http://tv.cctv.com/yskd/special/df/index.shtml。

[6] 河南省嵩山风景名胜区管理委员会编著：《嵩山志》，河南人民出版社2007年版。

两山一河：王屋山—黛眉山世界地质公园^①

河南王屋山—黛眉山世界地质公园位于太行山南麓，跨越黄河两岸，"两山夹一河"的徽标艺术味儿十足。北部王屋山脚下的愚公移山雕塑，从《列子·汤问》里的神话故事引发世人无限遐想，到毛泽东主席提笔写下"愚公移山，改造中国"，感召中国人民重整山河，充分彰显文化内涵；南部黛眉山的龙潭峡尽端，高达50余米的崩塌岩柱——天碑巍然耸立，直刺云天，被誉为"黄河丰碑"，既是大自然的杰作，又寓意了中华母亲河——黄河的傲岸不屈精神，成为龙潭峡和黛眉山的标志；两山中间的黄河谷地位于王屋盆地南边黛眉山脚下，水脉灵动，留给中原大地北缘一片葱茏。

一、愚公移山

砥柱华北、宰制中原的"天下之脊"——太行山见证了华夏先民筚路蓝缕、以启山林的开拓之路。

愚公移山，目的是打通晋南通往中原的孔道，以解封门之困。从地质学角度讲，王屋山向斜北翼封门口断层隔断南北，北部为王屋中低山地，构成了山西高原与中原地区的天然屏障，出露地层为太古宇和古元古界，距今18

---

① 王屋山—黛眉山世界地质公园位于河南省济源市和洛阳市新安县，地理坐标为东经112°01′10″~112°31′50″，北纬34°57′00″~35°16′45″，总面积约为986平方千米，分为王屋山、小浪底两个园区，包括天坛山、小浪底、五龙口、黄河三峡、小沟背五个景区。

亿年；南部为低山丘陵型王屋盆地，出露地层为奥陶系、石炭系、二叠系，距今2.5亿年。不同的岩性、地貌为愚公移山奠定了先决条件。

愚公挖山不止，"操蛇之神闻之，惧其不已也，告之于帝。帝感其诚，命夸娥氏二子负二山，一厝朔东，一厝雍南。自此，冀之南，汉之阴，无陇断焉"。

与其说夸娥氏二子搬走太行山、王屋山，毋宁说把打通王屋山至王屋盆地之功归于水神，或者说夸娥氏二子即黄河、济河的化身。流水侵蚀搬运，沿封门口断层把石炭系、二叠系极易遭受风化剥蚀松散的岩石冲到济源以东的盆地内堆积下来，再填入渤海和华北平原，留下了现在的王屋—济源盆地。从而打通了山西高原至中原地区的交通孔道，形成以封门口为起点的太行八陉[①]第一陉——轵关陉。

二、王屋山运动

愚公移山的传说虽美，地质剖面才是王屋山—黛眉山世界地质公园的精华。位于济源市西北部的王屋山，以其山形若王者之屋而得名，主峰天坛山海拔1711米，群峰环绕，拔地通天，尽显王者之势。

天坛山构造剖面等3个群级剖面、23个组级层型剖面，系统反映了25亿年以来的地质演化历史，出露了太古宇、古元古界、中元古界、寒武系、奥陶系、石炭系、二叠系、三叠系、第四系的地层层序，包括三大类数百种岩石和四大类数十种矿产；保存着嵩阳运动（距今25亿年）、中条运动（距今18亿年）、王屋山运动（距今14.5亿年）和晋宁运动（距今8.5亿年）四次前寒武纪造山、造陆运动所形成的角度不整合接触界面及构造遗迹，使得王屋山成为研究地壳演化规律、追溯地球演化历史的经典试验场。

---

① 陉（xíng），山脉中断的地方称为"陉"，而使山脉中断的，主要是横切山脉而过的山谷。太行八陉：由南往北依次为轵关陉、太行陉、白陉、滏口陉、井陉、飞狐陉、蒲阴陉和军都陉。

从天坛山脚下的阳台宫，经封门口断层、王屋山运动不整合面、天坛山北断层到山背后的王母洞，有一条15千米长的经典构造地层剖面。该剖面是一个大型倒转背斜，核部为新太古界林山岩组，两翼为古元古界银鱼沟岩群，变质强烈。大型背斜又被元古界小沟背组红色砾岩覆盖。

小沟背组巨厚的紫红色砾岩，是华北陆块未变质的最古老的河流沉积物，其与强烈变质变形的下伏地层呈角度不整合接触，以此命名了王屋山运动，而天坛山倒转背斜则是中条运动的杰作。中条运动和王屋山运动是以王屋山和中条山命名的两期区域性造山运动，中条运动不整合面和王屋山运动不整合面是具有国家级意义的典型地质构造剖面。

在天坛山，由不整合面形成的大绝壁虽经改造，残迹犹存，其两期区域造山运动不整合面的"T"形交会，属世界罕见。在下元古界银鱼沟群的大理岩中，发育了一种与硅化木形状相似的典型构造遗迹"席筒状构造"，堪称"地学古卷"。

小沟背—银河峡景区处于王屋山和中条山交会点，区内大面积分布了17亿年前火山作用形成的火山岩，形成了各种奇特的火山地貌和火山构造遗迹，和构造关联明显。熊耳群火山岩作为华北南缘早—中元古代熊耳裂谷最重要的构造事件的产物，在小沟背景区发育最为完整和典型。

小沟背—银河峡景区构造遗迹记录了距今25—14.5亿年早中元古代的中条运动、王屋山运动等重大地质事件，这个时期正是哥伦比亚（Columbia）超大陆的聚合与裂解时期。通过对比研究，凸显了王屋山—黛眉山世界地质公园出露剖面的世界意义。

除了地质剖面，王屋山—黛眉山世界地质公园的地质地貌景观、生态和人文景观同样蔚为壮观。

王屋绝顶天坛山是典型的方山地貌，产状平缓的中元古界小沟背组河流相砾岩和云梦山组石英砂岩节理发育，在重力崩塌背景下，形成岩壁陡峻的方山。它在整个太行山地区硕大无朋，被冠以"王者之屋"的美誉。

王屋山世界地质公园、小沟背景区均处于愚公林场的核心范围，以独特的景观地貌被誉为大自然著述的"天书"。雄奇险峻的王屋山自古便是道教圣地。汉魏时被列为道教十大洞天之首，号称"天下第一洞天"；晋代葛洪在王屋山抱朴坪炼丹，著《抱朴子》，记载了"黄帝陟王屋而受丹经"，另说此地为轩辕黄帝设坛祭天之所；道教大师司马承祯受唐玄宗之命，选形胜之地王屋山兴建"阳台观"，玄宗胞妹玉真公主入观随司马承祯学道，更使王屋山声名大噪。"济源山水好，老尹知之久。常日听人言，今秋入吾手。孔山刀剑立，沁水龙蛇走。"诗人白居易没有任美景为道家独占，他时任河南尹，故以"老尹"自称，为王屋山留下"诗魔"的行迹。

三、红岩嶂谷出黛眉

黛眉山位于洛阳市新安县北部，黄河小浪底水库上游南岸，属于秦岭山系东部崤山山脉的余脉，北隔黄河、王屋盆地与王屋山相望，西隔金陵涧水

王屋山绝顶天坛山

黛眉山龙潭峡

与荆紫山为邻。黛眉山地质公园景区含小浪底、黄河三峡两个景区，包括黛眉山、青要山、龙潭峡和万山湖等景点，以沉积构造遗迹和地质地貌为主，红岩嶂谷密集成群。

在距今12亿年的中元古界，黛眉山一带是一片辽阔的滨海沙滩，沉积的中元古代滨海红色石英砂岩厚达820余米，距今500—260万年，海底沉积层抬升。在新构造运动背景下，经流水深切，中元古界汝阳群紫红色石英砂岩构成了黛眉山、鳌背山方山地貌和龙潭峡、黛眉峡等红石峡谷地貌。

黛眉山主峰海拔1346.6米，方山山顶在太行期夷平面上形成的草甸，是国内唯一被黄河三面环绕的高山草原，素称"高山草甸"。

龙潭峡全长1.2万米，核心区段长约5000米，飞瀑渊潭，红崖翠壁，有"中国嶂谷第一峡"之美誉。由于流水侵蚀和重力崩塌作用，这里聚集了大量的巨型崩塌岩块，形成了波痕崖、天书石、天碑、佛光罗汉崖等自然奇观。

波痕崖，崖壁的整体滑落使原来近于水平产状的岩层直立，层面上发育的波痕形成"波痕崖"景观。波痕、泥裂、交错层理等沉积构造遗迹的种类多达数百种，系统勾勒出距今12亿年的华北古海洋沉积特征。

天书石，在差异风化作用下，薄层状的泥质砂岩或泥质粉砂岩崩塌暴露地表，一部分风化剥蚀，一部分残留下来形成图案，其中的象形文字如"天书"，浑然天成。

天碑，高达50余米，是一块巨大的、近于直立的崩塌岩柱。从不同角度仰望，或长刀磨刃，或苍鹰展翼，任由观众移步换形，"黄河丰碑"的形象始终挥之不去。

佛光罗汉崖，由质地致密的中厚层石英砂岩和质地松散的薄层状泥质砂岩互层组成，石英砂岩层内柱状节理发育充分，形成了垂直岩层的一根根石柱，继之球状风化，愈使石柱酷似罗汉造型。受光线折射影响，数百个罗汉分四层整齐地排列在崖壁之上，明暗相间，富于动感，非常罕见。

红岩嶂谷群中诸峰，最早见诸史籍的非"青要山"莫属。《山海经·中山经》云："青要之山，实惟帝之密都。……武罗司之，其状人面而豹文，小要而白齿，而穿耳以镶，其鸣如鸣玉。是山也，宜女子。畛水出焉，而北流注于河。……有草焉，其状如葌，而方茎黄华赤实，其本如藁木，名曰荀草，服之美人色。"

"小要而白齿"之"要"，通"腰"，与青要山之"要"当无二致；而"青"，自然便是漫山"服之美人色"的"荀草"，青色如黛。黛眉山的命名，有典籍可证之来源，也有攀附"黛眉娘娘"的，两者谁更可靠呢？

四、黄河节点八里峡

黄河三峡园区是王屋山—黛眉山世界地质公园986平方千米景区最具人文内涵或价值的所在。

黄河是中华民族的母亲河，她从远古走来，横跨我国构造地貌上的三大地貌阶梯，自西向东逐渐降低，蜿蜒曲折，在约距今120万年时贯穿上游若干个古湖泊，汇集于古三门湖。古三门湖是黄河流路上最后一个断陷盆地，其东面的基岩山成为黄河流淌的最后一道屏障。受新生代以来的新构造运动的影响，地貌阶梯西升东降，古三门湖水漫过三门峡地垒，从中条山与崤山之间低缓的垭口东溢，并不断下切，在距今15万年时，三门峡谷地终于被贯

小浪底水库

通，湖水外泄，形成现代意义上的黄河。黄河穿过八里峡，进入华北平原，东流入海。

黄河形成的主要节点八里峡峭壁如削，传说由大禹神斧劈就。如今科学家们正以科学的观点解析着黄河形成的纷纭复杂的地质难题。研究黄河的发育史，对解决中游岩石侵蚀和下游日益严重的断流、悬河及洪水等问题，具有重要的理论价值和现实意义。

黄河不仅携带有大量泥沙，形成了独特的河流遗迹，还以变动不居而著称，历史上"黄河夺济""黄河夺淮"，与五千多年中华文明的兴衰密切相关。济水曾是一条哺育了河济文明的大河，历史上与长江、黄河、淮河齐名，被称为天下"四渎"，济源、济宁、济阳、济阴（今菏泽市）、济南等都与济水有关。但是受黄河袭夺，济水消失。如今人们追忆济水的丰美，只能凭借济水之源——济源的济渎庙，庙内水涌如珠，泉水清澈，有"天下第一水神庙"之称。大河东流，山水如画，此处最胜。

除了修建庙宇的祭祀活动，人类为保黄河安澜，从未停止对黄河的治理，世纪工程小浪底水利枢纽工程（见上图）便是当代人面对生命之水所做的积极探索。

　　黄河小浪底水利枢纽工程位于洛阳市孟津区与济源市之间三门峡水利枢纽下游13万米的黄河干流上，是黄河中游最后一段峡谷的出口。1997年10月28日实现大河截流，主体工程于2001年12月31日建设完工。

参考资料

　　[1]《【Go to 地质公园】王屋山—黛眉山世界地质公园》，公众号：中国古生物化石保护基金会，2016年7月26日。

　　[2]章秉辰：《缔造地质公园省级—国家级—世界级三年三连跳奇迹的黛眉山 其实还很有"女人缘"》，公众号：地学科普旅游之窗，2021年7月18日。

　　[3]张石友：《地学科普：王屋山—黛眉山世界地质公园》，公众号：脚爬客，2016年5月31日。

　　[4]赵志中、王书兵：《三门峡地区晚新生代地质与环境》，地质出版社2009年版。

中国的构造形迹及地貌类
世界地质公园

　　地质构造是指在地球的内、外应力作用下，岩层或岩体发生变形或位移而遗留下来的形态。经过构造运动，地表形成各种各样的地貌类型。游人眼中的万壑千岩、奇峰峻岭，无不属于地貌范畴。地质构造的规模，大的如构造带，可以纵横数省，小的则需借助放大镜观察。尽管规模大小不同，但它们都是地壳运动造成的永久变形和岩石发生相对位移的踪迹。

　　秦岭终南山地质公园的地质灾害（地震）遗迹翠华山山崩地貌、天柱山地质公园崩塌堆积的"天柱山型花岗岩地貌"、神农架地质公园神农顶园区的山岳地貌，显示了地球应力的神奇造化；云台山地质公园的"云台地貌"以峡谷独立秀出；沂蒙山地质公园的"岱崮地貌"标新立异；大别山地质公园拥有以剪切带景观为代表的区域（大型）构造类地质遗迹，以及褶皱、断层、节理等中小型构造类遗迹为主的构造遗迹；伏牛山属大陆造山带型综合性地质公园，展示了秦岭造山带构造演化的历史；延庆地质公园以中生代燕山运动地质遗迹为核心，集构造、沉积、古生物、岩浆活动及北方岩溶地貌于一体。

中央山脉：秦岭终南山世界地质公园①

　　"秦王扫六合，虎视何雄哉"。公元前221年，秦王嬴政扫灭六国、一统天下，建立起中国历史上首个大一统王朝——秦。纵横家苏秦尝言："秦，四塞之国，被山带渭，东有关河，西有汉中，南有巴蜀，北有代马，此天府也。"所谓"被山带渭"，指秦人占据秦岭北麓、渭河流域，这里的"山"是秦岭的古称"终南山"，准确说是狭义的秦岭，相当于广义秦岭山脉②的中段。秦人得形胜之地，"四塞以为固"，易守难攻，山水兼备，是为秦王朝肇造的地理基础。

一、"终南阴岭秀"之终南山

　　终南山又名南山、周南山、太乙山，西起陕西省宝鸡市眉县，东至西安市蓝田县，绵延20余万米，是秦岭的精华地段，横亘八百里秦川之南，千峰叠翠，深邃幽美，包括南五台、翠华山、圭峰山、骊山等著名山峰，素有"仙都"、"洞天之冠"和"天下第一福地"的美称。

　　大约1300年前，唐代诗人祖咏在都城长安遥望终南余雪，吟出千古名篇："终南阴岭秀，积雪浮云端。林表明霁色，城中增暮寒。"诗人所见是终

---

　　① 秦岭终南山世界地质公园位于陕西省西安市，地理坐标为东经107°37′~109°49′，北纬33°41′~34°22′，总面积1074.85平方千米。

　　② 广义上的秦岭，西以迭山与昆仑山脉为界，中经陇南、陕南，东入河南，分崤山、熊耳山、伏牛山三支向东展开，至鄂豫皖之大别山，横贯中国中部，东西长1600多千米。

南山的北面，山岭高峻，山上的积雪浮在云端，寒气直射长安。全诗意动天随，意尽而止，惜字如金；而王维的《终南山》则是另一番气象："太乙近天都，连山接海隅。白云回望合，青霭入看无。分野中峰变，阴晴众壑殊。"描写了终南山太乙峰将南北区域区分开来，千岩万壑随着日色阴晴，或明或暗，颇具山水画意，以及非系列画卷不能涵盖之诗意。祖、王诗一出，宋元以至明清，"后浪"登临终南山，不甘前贤专美，纷纷题咏，但似力有不逮，佳作不多。而笔者只可从地质学角度发发议论，庶几不辜负终南仙都之美。

关于秦岭的沧海桑田，西北大学地质学系教授董云鹏将其概括为："4亿年前，秦岭所在地还是烟波浩渺的古秦岭洋。4亿—2亿年前，洋盆关闭，华北板块和扬子板块碰撞，发生褶皱变形，逐步形成山脉和中国大陆主体。而后，经历地球内部力量的推动和风力、降水、冰川等侵蚀，秦岭的地貌才被塑造成我们今天看到的模样。"

秦岭北坡是一条极大的断层，秦岭循着断层强烈抬升，而渭河谷地则循断层下陷，导致秦岭山地北仰南倾，北侧形成异常清晰的断层崖。沿渭河谷地远望秦岭，山岭仿佛拔地而起，自西向东排列整齐，太白山、翠华山、终南山、骊山、华山等一众名山千崖竞秀，巍峨陡峻，俯瞰着沃野千里、平整无垠的关中平原，庇佑着秦川儿女叩石垦壤之后的衣食无忧。

云横秦岭，雾绕五台。《关中通志》载："今南山神秀之区，惟长安南五台为最。"终南山向北延伸的支脉南五台——观音台、文殊台、清凉台、灵应台、舍身台，由灰白色中细粒花岗岩、片麻状花岗岩等构成，断裂与节理发育，丛生植被蓊郁葱茏。

终南山最高峰观音台，俗称"大台"，海拔2389米，峻拔凌霄；灵应台，势若天柱；文殊台、清凉台，让人仿佛置身山西五台山；舍身台，以险取胜。一众花岗巉岩，纷纷冠以佛教色彩的名字，大有宗风丕振、令顽石点头的意蕴。南五台的寺庙紫竹林，号称"十方丛林"，传说是观世音菩萨修成正果的地方。五台花岗岩景群和圣寿寺景群，组成了秦岭终南山世界地质公园佛教文化景区。

几千年来，周人用"如南山之寿，不骞不崩"（《诗经·小雅·天保》）来祝福君王，形成成语"寿比南山"；相传当年老子出函谷关，受尹喜之邀在终南山北麓的楼观台驻足，留下《道德经》洋洋五千言；唐代儒生卢藏用"隐居"终南山以退为进，赚足名声入朝为官，演绎一段"此中大有嘉处"之"终南捷径"。儒释道三教并存，各成经典，使终南山成为自然风景和人文景观的荟萃之地。

二、"终南独秀"之翠华山

翠华山，海拔2132米，由观音台东望翠华山，翠峰环列，林海苍茫。翠华山山崩地貌区，面积73.24平方千米，以罕见的山崩地貌和秀美的湖光山色，被称为"终南独秀"和"天然山崩地质博物馆"。

翠华山山崩地貌形成历史悠久，山崩主体形成于西周时期。山崩遗迹规模在中国范围内居首，在世界范围内仅次于塔吉克斯坦的乌索伊（Usoi）山崩和新西兰的怀卡雷莫阿纳尔（Waikaremoana）山崩，位居第三。其单个崩石的体积居世界第一。地震引发山崩，山崩地质作用形成了一系列山崩地质景观，如山崩悬崖、山崩石海、山崩地堆砌洞穴、山崩堰塞湖、山崩瀑流，以

翠华山

崩塌堆砾

及山崩形成的各种造型奇石景观。秦岭北坡的两个堰塞湖——水湫池（天池）和甘湫池，便由山崩形成。

在山崩地质遗迹的核心保护区内，有无数个大小不一的崩塌石块，残峰断崖，如斧劈刀削，高达百余米。山崩石滚，聚石成海，各种形状的石、砾纷纷重新寻找平衡，有的以大欺小，巨石压小石；有的前挤后拥，抱团取暖；有的形单影只，孤零零地晒在天池旁边。崩塌后的断崖残壁触目惊心：有如石可裂、心不移的坚贞嫠（lí）妇，顽强地守护着残破的家园；也如愈挫愈勇的猛士，不甘坠落，昂首问天；又如被岁月渐渐抚平创痛的凡夫俗子，绿色披离，求得现世安稳。深谷秘境中的奇石王国，一如人间百态。就连修炼道法的"太乙真人"即太乙峰，也不过是一座瘦削挺拔的残峰，大约因其遗世独立，洞观世情不愠不喜，才得以获享真人之尊。山崩形成了一系列冰洞、风洞、天洞、蝙蝠洞等奇特的洞穴景观，尤其是冰洞奇观，盛夏垂凌，非餐风饮露的仙人不能居。山崩地貌区是最能体现翠华山特色的精华旅游区和科考区。

山峦叠嶂之间的水湫池，又称天池、太乙池或龙移湫，是崩塌石块横向堵塞太乙峪形成的堰塞湖，长约600米，宽90～300米，水域面积0.138平方千

太乙峰

米，平均水深7米。群山倒映，碧波荡漾。传说有太乙真人在此修炼而得名太乙池。自秦王朝起，翠华山—南五台就已是皇家"上林苑""御花园"的首选之地，避热消暑，行围采猎，并期望遇上传说中的仙人。

三、"蓝田日暖玉生烟"之蓝田

王顺山花岗岩峰岭地貌景区属于玉山岛弧型花岗岩峰岭地貌区，面积210.62平方千米，主峰玉皇顶海拔2239米。王顺山有"天下第一孝山"之称，其得名于中国古代二十四孝之一的王顺担土葬母的故事。

由于史载纷纭，蓝田得名之蓝田山（即玉山）的准确方位多有分歧，民国关中大儒牛兆濂主纂《续修蓝田县志》，专作《玉山考》，主张玉山位于"王顺山、覆车山二山之东"。虽然王顺山与蓝田玉山方位非一，但"玉种蓝田"，在以玉喻人的语境下，蓝田玉山和王顺山耦合为一便不足为奇了。

农耕文明的古朴认知关乎社会风尚，赋予蓝田玉更多的文化内涵。或如白居易"愿为颜氏（真卿）段氏（秀实）碑，雕镂太尉与太师。刻此两片坚贞质，状彼二人忠烈姿"，继而"陵谷虽迁碑独存，骨化为尘名不死"；或如李商隐"蓝田日暖玉生烟"，"蓝山宝肆不可入，玉中仍是青琅玕"，文采光华，韫玉生辉。其均较蓝田玉石区域变质—接触交代变质共同作用而成矿的科学认识更具影响力。

山以人胜，玉以诗名，秦岭七十二峪最宽平的一条——蓝田辋川以"王维作别业于斯，辋川之名始盛"。王维吟咏过的辋川二十景，今天多已难觅踪影，只有《辛夷坞》"木末芙蓉花，山中发红萼。涧户寂无人，纷纷开且落"的植物之美，不让游人遗憾而归。辛夷，又称木笔、紫玉兰等。王维山居广植辛夷树，使山林之游并非单纯的寻幽探奇，而是多了一份"山居"意境，扩展了徜徉林壑的体验，使人在行游中感受更多的视觉的灵动和心灵的安适。

四、"骊宫高处入青云"之骊山

"骊宫高处入青云，仙乐风飘处处闻。"白居易《长恨歌》中的"骊宫"，即华清宫，建在渭河断陷内的骊山台拱上。从地质学意义上讲，秦岭北侧异军突起的骊山，以地垒构成孤山，中生代花岗岩体侵入，形成复式背斜架构。受新构造运动影响，骊山不断隆起，不透水岩层中的地下水经热岩层传导加热，水温升高，沿骊山北麓的多组平行、交会断裂的通道涌出地表，形成温泉和地热井。

骊山区带温泉的涌出点在西绣岭北麓断层交会处，汩汩流淌出温度不低的矿水，造就了后世杨贵妃"温泉水滑洗凝脂"的华清池。华清宫南依骊山，北临渭水，山水环抱，兼以自然景观甲秀关中，成为温汤佳境。韦应物《骊山行》之"千乘万骑被原野，云霞草木相辉光"，陆龟蒙《开元杂题七首·汤泉》之"暖殿流汤数十间，玉渠香细浪回还"，写尽华清宫的旖旎风光。

骊山"北构而西折",由东、西绣岭组成,东西绵亘25千米,南北宽约13.7千米,最高海拔1302米,骊山景区总面积63.23平方千米。每逢秋高气爽,夕阳西下,辉映在金色的晚霞之中的骊山美如锦绣,成为"绣岭"得名之由来。骊山之上石瓮飞瀑,溪水潺潺,动植物资源丰富。其主要地质遗迹则有骊山形成时留下的断崖、断层破碎带、断层角砾岩、碎裂岩等,新近纪、第四纪地层剖面,元古代杂砾岩、侏罗纪河流相砾岩、不整合面等。不消说,这些地质遗迹多被厚重的人文历史景观所掩盖,诸如烽火台、老母殿、老君殿、晚照亭、兵谏亭、上善湖、七夕桥、尚德苑、遇仙桥、三元洞等景点。

五、"西当太白有鸟道"之太白山

秦岭的主峰太白山,也是青藏高原、横断山脉以东中国大陆的第一高峰,其最高点拔仙台位于陕西太白、周至、眉县三县交界处,海拔3771.2米。在太白山海拔3511米的"天圆地方"处,一块石碑正面刻"秦岭主峰太白山中国分界岭",背面刻"神州南北界华夏分水岭"。

太白山断裂发生在加里东运动期,具压扭性特点,为太白山进行的最大一次塑形,形成秦岭之巅冰晶顶韧性剪切带与构造混合岩区一系列地质景观。拔仙台附近的大爷海,是第四纪冰川运动留下的冰斗湖,海拔3650米,为我国大陆东部海拔最高的高山湖泊;玉皇池则是目前太白山湖面(面积26767平方米)最大的冰蚀湖,湖前残存着一段终碛(qì)堤,向人们昭示着最后一次的冰川运动至此戛然而止。

海拔3200米以上的高山草甸区犹如"冷酷仙境"——山体多陡峭岩壁,气候寒冷,一年中大部分时间都有积雪。秦岭的高山湖泊大爷海、二爷海、三爷海以及玉皇池都坐落于此,更有"秦岭四宝"(大熊猫、金丝猴、羚牛、朱鹮)中的羚牛以及金雕等耐寒动物在此出没。

黑河景区属于南太白板块碰撞缝合带与第四纪冰川地貌区,这里的构造峡谷奇峰耸立，绿水穿流，间有古栈道等遗址散布其中。高山草甸、原始森林处于自然状态，大熊猫、金丝猴、羚牛等珍稀野生动物倘佯其间，一年四季景色宜人。秦岭深处的黑河森林公园有一株巨大的玉兰花树，树干粗得三名成人勉强合抱，树龄估计达1200年。在2016年中国林学会组织的"中国最美古树"评选中，这株玉兰树获得"最美玉兰"的桂冠。

"西当太白有鸟道"，李白《蜀道难》中的飞鸟会是朱雀吗？太白山风光无限，而李太白独发鸟道之叹，当有飞鸟之想。在朱雀构造花岗岩景区，只有如传说中的朱雀鸟在浩瀚群山中实施"鸟瞰"，才能把冰蚀瀑布、断崖瀑布、断崖残峰、冰缘地貌、风蚀地貌等一览无余。

六、未来的中央国家公园

很少有一条山脉同秦岭一样，与中国人的命运紧密相联。"秦岭"一词最早出自班固的《西都赋》——"睎秦岭，峨北阜，挟酆灞，据龙首"。写此赋时，班固显然是站在龙首原上，以八百里秦川"方域"的视野南望"秦岭"——汉长安城南的山岭。

后世的人们视野扩展，沿着岭脉一再向东西两个方向扩展，以至"连山接海隅"，逐渐形成今日"大秦岭"的概念。直到近代地理学兴起，"秦岭"才与"终南山"出现分野，被规范为各有所指。

清光绪三十四年（1908），中国地学会的首任会长张相文[①]开始用现代科学分析中国的地理特征，率先提出以秦岭—淮河作为中国地理南北分界线。这一提法被载入中国教科书，成为国人常识。

随后，在地质学家眼里，秦岭地处中国华北板块和扬子板块碰撞拼合

---

① 张相文（1866—1933），字蔚西，江苏泗阳人。长期执教于南洋公学、北京大学等。1909年在天津创建中国第一个地理学术团体——中国地学会，担任会长达20年，创办会刊《地学杂志》。

的主体部位；在气象学家眼里，秦岭南坡1300米等高线是华北暖湿气候带与秦淮亚热带气候带的分界线；在水文学家眼里，秦岭是长江流域和黄河流域的分水岭；在动物学家眼里，秦岭将中国大陆动物区系划分为古北界和东洋界，是大熊猫、大鲵（俗称娃娃鱼）等古老孑遗动物的避难所，被重新发现的珍稀候鸟朱鹮，则于秦岭南北两侧的湿地栖息；在植物学家眼里，秦岭有东亚暖温带生物基因库之称，地处暖温带落叶阔叶林向亚热带常绿阔叶林的过渡带；在民俗学家眼里，"南腔北调""南米北面""南船北马"皆以秦岭分途。

最重要的是，秦岭人文历史资源丰富，1963年和1964年，中国科学院在蓝田进行新生代地层考察时发现了蓝田猿人遗址，其中公王岭直立人头盖骨化石距今115—110万年，被誉为20世纪60年代国际考古界的重大科学发现。这里出土的大量哺乳动物化石被界定为"蓝田公王岭动物群"。距今6000年的白鹿原下，在"华夏第一村"——半坡遗址，使用"人面鱼纹陶盆"的半坡人男女分族而居，迎来人类原始文明的曙光。来自黄土高原的周人走出洞穴，最先在秦岭之下、渭水之畔的岐山（今宝鸡市岐山县）一带落脚，而后又迁都丰、镐二京，中国历史开始进入长达近800年的周朝。随后，强秦炎汉相继建都于秦岭脚下的关中平原。

秦岭脚下不仅孕育了道家文化，也是中国佛教的重要"摇篮"，秦岭是中国佛教主要宗派创立发展的源头。汉传佛教八大宗派中，秦岭及关中就聚集了三论宗、净土宗、律宗、法相唯识宗、华严宗、密宗六大宗派祖庭。终南山草堂寺是佛教三论宗的祖庭，后秦时期的高僧鸠摩罗什在此设立经场，翻译经文，弘扬佛法；终南山的古观音禅寺以一棵据传为唐太宗亲手所植的千年银杏树闻名遐迩，每至秋日，庭院中遍地金黄。另有商於古道、子午栈道、历代园林宫阙等，会聚了中华文明长河中的璀璨一脉。

秦岭为什么能定义中国？她崛起于中国的中心地带，以山川高低走势而有"脉"，实乃中华民族之"祖脉"；她是汉江与渭河的发源地，处处盛产名山大川，是中华大地的绿色"地标"；她孕育了中华民族民富国强、文明昌盛的朝代——周、秦、汉、唐，是中华民族历史文化的典型代表；孔子说"仁者乐山，智者乐水"，秦岭荟萃了山的精华，凝聚了水的传奇，映射了儒、释、道互补的中华文化基调；她是人类与自然和谐共处最有代表性的地带，涵育了"自强不息""厚德载物"的中华民族精神；她是中国诗词文化与园林的发源地，是中华民族的精神家园。

如果要在中华大地的中央地带推出一座"国家公园"，那非秦岭莫属，而以秦岭造山带地质遗迹及第四纪冰川遗迹和古人类遗迹为特色的秦岭终南山世界地质公园，则是"秦岭国家公园"的雏形。

2020年4月20日，习近平总书记赴陕西考察调研，首站选择到牛背梁国家级自然保护区考察秦岭生态保护情况。在牛背梁的月亮垭，习总书记眺望秦岭牛背梁主峰，深情地说："秦岭和合南北、泽被天下，是我国的中央水塔，是中华民族的祖脉和中华文化的重要象征。"如今，保护好秦岭生态已上升为国家战略，秦岭国家公园的创建值得期待。

参考资料

[1]《【Go to 地质公园】中国秦岭终南山世界地质公园》，公众号：中国古生物化石保护基金会，2016年11月18日。

[2]《千古秦岭，天下福地——终南山》，公众号：三秦地质，2020年10月4日。

[3]吴昊、唐玉：《太白山——中国西部之璀璨明珠》，公众号：三秦地质，2020年6月21日。

[4]风物菌：《定义中国，凭什么是秦岭》，公众号：地道风物，2020年11月11日。

[5]小桔：《秦岭是什么》，公众号：桔灯勘探，2021年9月15日。

鬼斧神工：神农架世界地质公园①

　　若想一下弄清楚神农架林区、神农架国家森林公园、神农架世界地质公园和神农架世界遗产地等多家名号的关系，还真不是件容易的事。简单地说，神农架林区是1970年经国务院批准建制的全国唯一以"林区"命名的行政区，直属湖北省管辖。既然是"林区"，建立神农架国家森林公园就顺理成章——1986年，神农架建立国家级自然保护区；1990年，神农架加入联合国教科文组织"人与生物圈计划"世界生物圈保护区网；1992年，建立神农架国家森林公园；2005年，建立神农架国家地质公园；2006年，大九湖国家湿地公园经原国家林业局批准成立；2013年，神农架国家地质公园成为联合国教科文组织世界地质公园，进入神农架国家公园体制试点；2016年11月17日，神农架国家公园管理局正式挂牌成立；同年，湖北神农架被列入《世界遗产名录》。

　　神农架已成为中国首个获得联合国教科文组织世界生物圈保护区、世界地质公园、世界遗产三大保护制度共同录入的"三冠王"名录遗产地。神农架国家公园亦呼之欲出，它将由国家批准设立并主导统一"各路诸侯"，管理边界清晰，严格保护自然生态系统的原真性、完整性。而神农架经济发展与旅游资源、矿产资源的开发紧密相联，矿产资源开发与自然生态系统的原

---

　　① 神农架世界地质公园位于湖北省神农架林区的西南部，地理坐标为东经109°56′02″～110°36′55″，北纬31°21′56″～31°43′13″，总面积为1022.72平方千米，是典型的构造地貌生态综合型地质公园。

真性相对立的矛盾依然存在。总之，在国家公园的管理框架下，神农架重要的地质元素仍然不可或缺。

说到底，作为世界地质公园核心的地质遗迹只有在自身魅力——旅游观赏价值方面"硬"起来，才能得到更系统、更严格的保护，并与现行的世界地质公园网络、世界遗产名录机制相得益彰。如其不然，有你不多，无你不少，在一系列名头中，地质公园的身份就尴尬了。

一、神农架地区地史概述

华夏民族的始祖之一炎帝神农氏在此搭架采药、尝百草，留下了"神农架"的名字。屋上架屋，鬼斧神工，冥冥之中道出了神农架经历的构造演化史。

神农架位于中国地势第二级阶梯的东部边缘，属于大巴山脉东延的余脉，山体高大，由西南向东北逐渐降低。神农架在区域上属于华南扬子克拉通北缘，承载着20亿年以来地壳沧海桑田变迁的历史。

距今19—10亿年，近10亿年的海洋环境在神农架沉积了厚达4000余米的白云岩（主要成分是碳酸镁），形成中元古代十分完整的层序地层——神农架群；大约在距今10—8亿年时，晋宁运动使全球多个次级大陆聚合在一起，形成了统一的罗迪尼亚（Rodinia）超大陆。神农架地区脱离海洋环境，逐渐上升成为陆地；大约在距今8—5.5亿年时，全球经历"冰河时期"，进入新元古代"雪球地球"时代，神农架地区被厚厚的冰雪所覆盖。这段寒冷岁月结束后，全球气候变暖，冰碛层上覆盖了"盖帽白云岩"。

距今2.5—0.65亿年的中生代奠定了神农架地区构造格架。燕山运动使神农架地区成为华中地区海拔最高的山地——华中屋脊。华中第一峰神农顶呈断穹构造，像一口倒扣的铁锅，一面逐渐收敛了锋芒，守护着家族的谱系——元古代地质剖面，一面冷眼俯视着四邻八舍不守祖业，借第四纪以来新构造运动，忙着打造各种新奇的峰谷林芽。神农顶西北的阴峪河大峡谷，山高谷深，山顶白雪皑皑，山腰秋色正浓，谷底郁郁葱葱，尽享垂直气候分带，四季分明。神农谷石柱林，板壁岩石芽群，或匍匐垂首如龟，或踞卧昂首如虎，或茕茕孑立却岿然不倒，或环立如面目酷似之兄弟而高低不同。

二、神农架园区

湖北神农架世界地质公园地处扬子板块北缘大巴山、川东雪峰山及鄂西大洪山三大弧形构造带的交会位置，东望荆襄，南通三峡，西接重庆，北临武当，由五个园区组成，分别为神农顶园区、大九湖园区、官门山园区、天燕园区和老君山园区。

神农顶园区平均海拔1700米以上，海拔3000米以上的山峰有6座，分别是神农顶、杉木尖、大神农架、大窝坑、金猴岭、小神农架，最高峰神农顶海拔3106.2米，为华中第一峰。园区内山峰峡谷高低悬殊，最低点的石柱河谷海拔仅398米，高差竟达2700余米。园区内不仅有喀斯特地貌和古冰川侵蚀遗迹，还能在崇山峻岭中找到地球历次造山运动的痕迹，还有古生代、中生代、新生代各个地质时期的动植物化石。

神农谷是房县、巴东的界垭。燕山运动后，随着神农架地区的不断上升，垭口南部韭菜垭子断层的软弱部位不断发生深切作用，降雨沿裂隙淋滤、溶蚀，致使南坡下切成深达千米的峡谷；而北坡几乎为顺岩石层面，坡度相对较缓，形成一个单面山构造，从观景台至谷底落差达400米。加之这里是南北气流的过往通道，气候变化快，登垭南望，俯仰之间，日光与云雾流淌，云海云瀑时而融金耀彩，时而裹雾笼烟，只有当云开雾散，谷底石柱的千姿百态、松林滴苍飞翠才能尽收眼底。

2011年，神农谷建成一条长达5000米的观光栈道，游客们可以置身以往只可远观、不可近玩的石林云雨中，领略"神农第一景"的神秘与灵动。

板壁岩石芽群素称"野人"的出没地，这里海拔2160米，除了石林，箭竹林夹杂高山杜鹃漫山遍野，是"野人"活动的天然屏障。箭竹林中发现过

"野人"的踪迹，如脚印、毛发、粪便和竹窝之类，其脚印长24.5厘米，步履2.68米；毛发的细胞结构要优于大猩猩、黑猩猩和长臂猿等高等灵长目动物，比现代人稍低级或接近于人。所谓"野人"，专家称是一种未被证实存在的高等灵长目动物，直立行走，比猿类高等，具有一定的智能。依据这种观点，不妨说神农架存在"野人"，只是"未被证实"。

阴峪河源于板壁岩的南端，由南向北穿过密林深谷注入房县的九道河，因从阴森的峡谷中穿过而得名。从观景台往北遥望，阴峪河峡谷上部（宽谷）呈"U"形，下部（窄谷）呈"V"形，深切达千米，是冰川刨蚀和流水侵蚀共同作用的产物。冰期来临的时期，神农架的山顶上孕育了冰川，如今这些昔日的冰雪"巨兽"虽然早已融化得无影无踪，却在神农架留下了许多蛛丝马迹，让科学家能够识别它们。

三、大九湖园区

在神农架崇山峻岭的怀抱里，藏着一块盆地，总面积508.35平方千米，平均海拔1730米，被称为"亚高山盆地"。渐新世末（4000—2500万年前）形成岩溶盆地，因地下通道阻塞形成岩溶湖，湖水疏干，经沼泽化形成现在的

神农顶云海

大九湖

地貌。盆地中间一溪串九湖，作为我国亚高山沼泽型湿地的典型代表，是整个神农架的一个"异类"。

大九湖园区和大九湖国家湿地公园重合。湿地公园位于湖北省西北端，坐落于长江和汉水的分水岭上，总面积为93.2平方千米，其中湿地面积占50.83平方千米。生态系统主要包括亚高山草甸、泥炭藓沼泽、睡菜沼泽、薹草沼泽、香蒲沼泽以及河塘水渠等湿地类型，是湿地生态系统和森林生态系统的完美结合，独特的湿地结构让大九湖湿地的生态更具多样性。

白鹳、金雕、云豹等珍稀动物在这里繁衍生息，以珙桐、鹅掌楸、连香树、红豆杉等为代表的孑遗植物在这特殊的自然环境中得以幸存，度过了导致全球生物大灭绝的第三、第四纪冰川期。这样的湿地在中国也极为罕见，2013年被国际湿地公约组织列入《国际重要湿地名录》，因此大九湖是名副其实的方舟湿地，是"世界著名生态旅游目的地"。

大九湖湿地公园最佳旅游季首推金秋，此时节气候温凉，水量充沛。环湖一周17.5千米，湖面微风轻拂，轻云流雾间山川湖泊若隐若现，宛如仙境；天鹅湖里白鹳、灰鹤、黑天鹅等生灵仪态万千，在第五个湖泊和第六个湖泊中间有一个鹿苑，呦呦鹿鸣，戏鹿人成了鹿群眼里的风景。

大九湖的价值当然不会只停留于风景，单以泥炭藓沼泽为例，长久以来积累的厚达3米的泥炭，记录了过去3万年每一次环境变化的信息，可供科研人员探究大九湖湿地公园的地质变化史。

四、官门山园区

官门山园区以官门山剖面著称，8000米长的漕河谷地出露距今19—10亿年形成的神农架群石槽河组白云岩。其中，叠层石发育，下部以小型层状或层柱状叠层石为主，中部为柱状、缓穹状叠层石，上部为层状叠层石，层次分明，代表不同的沉积环境。

天生桥更是声名远扬。天生桥位于神农架南部老君山南麓，海拔1800米。经过亿万年富含CO_2的地表水和地下水的流动、溶蚀，黄岩河水洞穿岩体经十几米高葫芦状穿洞倾泻而下，落琼溅玉之上，洞顶宛若一桥飞架，故有"天生桥"之称。

天生桥暗河水的第一处秀场是岩隙飞瀑，蒙蒙水雾中开启潭瀑跌宕之旅，溪山仄谷，兰花飘香，与天生桥、水帘瀑、黄岩河、石壁栈道构成了一道既雄伟险峻又柔美俊秀的风景线。

五、天燕园区

天燕园区位于神农架西北隅，因南有天门垭、北有燕子垭而得名。远看山崖旁两翼山岭，似飞燕展翅，再加上邻近有著名的燕子洞，可谓名符其实。

燕子垭与天门垭南北相望，下临紫竹河谷。燕子洞位于河谷一侧，洞幽深而宽阔，可容千人；洞内钟乳石林立，水滴声如琴，短嘴金丝燕巢穴遍布洞壁。由于环境变迁，短嘴金丝燕进化为留鸟，能在黑暗中飞行，畏光，而我们人类则不谙黑暗。如若两者邂近则两不相宜，因此还是各不打扰最好。

燕子垭断崖受断裂控制，垭口复因人工开路而凿穿。如今，一座横亘燕子垭垭口上空的全钢结构的观景桥"飞云渡"腾空出世。"飞云渡"是亚洲海拔最高的景观桥，亦被称作"彩虹桥"。走过彩虹桥，黄龙堰、太平垭、紫竹河一览无余，还可从容远眺群山环抱的古老村庄和白云出岫的云海美景。

天门垭因华夏文明始祖之一炎帝神农氏遍尝百草，救济黎民，感动了天帝，于此跨鹤升天而得名。天门垭峭壁林立，沟壑纵横，上下海拔落差高达1500米，中国科学探险协会神农架户外运动基地就落户于此。

天燕园区平均海拔2200米，是我国内陆保存完好的一片绿洲和世界中纬度地区的一块绿色宝地。若是风云际会，苍茫云海之上还会出现一轮五彩光环，景色蔚为壮观。

六、老君山园区

老君山位于神农架东北，海拔2936米，传说因太上老君在此炼丹而得名。发源于老君山、九冲河一带的九冲断裂，呈波浪弯曲状，断裂两侧，由顶至底，数条山梁若苍龙探底，梁间溪流如银带飘垂，随着岩性变化，深浅各异的溪流汇聚成河，各种飞瀑流泉，带给秘境丛林勃勃生机。

老君山顶的岩石如刀片一样锋利，徒步的游人登顶之后务必要小心，以免割破衣服甚至屁股。不远处的城墙岩，原名"城墙砾岩"，最初命名地点在四川广元城墙崖，今称城墙岩群。老君山城墙岩群为陆相山麓红色砂砾堆积，属于晚白垩（è）纪。

七、众说神农架

神农架，诗人、史家如是说：3253平方千米是她的整个外衣，大九湖是她最耀眼的缀饰，神农顶是她头上的青丝，香溪源是她颈上的项链。时间在这里流动，凝固成了色彩；先民在这里开拓，诞生了史诗。《盘古歌》《黑暗传》糅合了创世神话与三皇五帝谱系神话，是汉民族的《创世纪》；神农尝百草，日遇七十毒，遇茶而解，"茶之为饮，发乎神农氏"，在"古史辨派"眼里虽属伪托不稽，但古代川东鄂西确是茶叶的发祥地，秦巴茶马古道离不开神农架这颗绿宝石；还有川鄂古盐道，穿涧越谷，斑驳的石板路向南延伸，和"南方丝绸之路"连接在一起……

神农架，探险家如是说：北纬31°的绿色明珠，反映地球历史发展阶段的科学实证、卓越的地貌景观、人与生态和谐共生的画卷，都在神农架这片土地上生动地演绎，地质、自然和人文"地人合一"的完美结合，"野人"的传说地，被美国《国家地理》杂志推介为全球"人一辈子不得不去的地方"之一。

神农架，生态学家如是说：这里是第四纪冰川期的动植物的重要避难所，保存了丰富完整的古老孑遗物种和珍稀濒危的特有物种。这些濒危动植物包括了被美国著名生物学家威尔逊（Edward O. Wilson，1929—2021）誉为"中国森林中最美丽动人的树"的香果树、世界最大且极度濒危的两栖动物大鲵、中国特有濒危动物川金丝猴，以及中国特有的单种属植物伞花木等。神农架川金丝猴完整学名叫川金丝猴湖北亚种，是世界上仅存的5个金丝猴物种之一，被列入《世界自然保护联盟（IUCN）濒危物种红色名录》，其分布地的最东端就在神农架。如今这里建立了大龙潭金丝猴科研基地，神农架川金丝猴从"冰川遗孤"发展为"最美灵长部落"。这说明只有保护好原始森林，才能留住林中精灵的家。

金丝猴

神农架，生物家如是说：神农架是东西南北植物分布的过渡地带，拥有96%的森林覆盖率，被称为"华中绿肺"。由于长久以来鲜有人类叨扰，所以这里保留了大片的原始常绿落叶阔叶混交林，以及高山草甸、高山杜鹃林、原始冷杉林、珍贵草药等。优质的生态环境使神农架成为动物生活的乐土，截至2020年1月，神农架地区有无脊椎动物4358种，其中昆虫4318种（占湖北省的75%）；脊椎动物591种，其中国家一级保护野生动物8种，包括金钱豹、林麝、云豹、羚牛、梅花鹿、金雕、白冠长尾雉和川金丝猴，国家二级保护野生动物蓝喉太阳鸟、红腹锦鸡等76种。

神农架，"驴友"如是说：太阳还没出地平线，但遥远的天际早已初现生机，山林间的鸟儿开始啁啾，唤醒你一起来迎接神农架静谧的晨曦；白天徒步，山林的原住民金丝猴、天鹅、鹿等，会和你不期而遇，带来惊喜连连；满山的杜鹃花一直开到6月份，让你纵情徜徉于花海，不怕误了花期；夜晚来临，在神农顶仰望星空，3000多米海拔高度的天然大氧吧里没有任何光污染，在这"危岩高千尺，举手摘星辰"的静谧之地，探求自己的星座，一定可以留下一生难忘的夜色体验。

参考资料

[1]《曾经沧海难为水，神农归去不看山——神农架世界地质公园》，公众号：矿冶园科技资源共享平台，2018年4月14日。

[2] 王志先、彭陈川等：《华中屋脊上的国家公园　走进神农架国家公园》，《地球》2020年第6期。

[3]《中国世界地质公园：山势高峻　河谷深切——神农架世界地质公园》，公众号：醉在夕阳里，2020年5月20日。

[4] 脚爬客：《神农架：北纬31°的绿色明珠》，公众号：保护地故事，2020年3月6日。

[5] 钱忠军、吴太地、龚俊：《湖北神农架列入世遗名录 中国世遗项目达50个》，《文汇网-上海文汇报》2016年7月18日。

[6]《神农架"野人五项"运动——登临老君山》，公众号：神农架林区旅游，2020年6月9日。

楚天遥控：黄冈大别山世界地质公园①

　　"东连彭蠡，斜通嶓冢。古山川、楚天遥控。落日鱼龙，唤长笛、一声吹动。恨茫茫，北云南梦"，上述词句出自清代史承谦《解佩令·登大别山》。词人登临大别山之巅，北望中原，南眺荆楚，云海苍茫，澄江似练，漂泊相思，一起涌上心头。

　　所谓"楚天遥控"，因大别山脉西接秦岭，横亘于我国中原腹地，既是吴越与荆楚的天然界线，又是我国长江与淮河的分水岭。"地控吴楚，襟带江淮"，或称"一山分吴楚，两水入江淮"，使得南北两地的气候环境和风俗民情截然不同。结句"北云南梦"，勾勒出大别山天生具有多副面孔，北麓高冷的北国风光，南麓烟雨江南的情调，随着季节变化，多层次的自然体会更能触发词人的离愁别绪。

　　南北有别是大别山最直观的形象、最鲜明的个性。相传汉武帝刘彻在元封五年（前106）南巡"登礼潜之天柱山"时经过大别山，他登临大别主峰，观赏南北二侧景色，不禁感叹："山之南山花烂漫，山之北白雪皑皑，此山之大果别于他山也。"这段话被随行的史家司马迁记录下来，大别山由此名声大振。

　　又说大别山得名源自李白。当年李白漫游至此，登临山巅，奇怪的是"诗仙"这回没有作诗，而是把刘彻的感叹几乎重复了一遍："山之南山花烂

---

　　① 黄冈大别山世界地质公园位于大别山南麓，长江中游北岸，横跨黄冈所属的罗田县、英山县、麻城市，总面积2625.54平方千米。

漫，山之北白雪皑皑，此山大别于他山也。"

传说终归是传说，早在战国时期已有"大别"之名，《尚书·禹贡》载："嶓冢导漾，东流为汉，又东为沧浪之水；过三澨，至于大别，南入于江。"意思是汉水东流至"大别"之南汇入长江。不过，这里的"大别"是指武汉汉阳区汉江和长江交汇处的龟山。至于"大别"为何被改为龟山，是否因"大别"本意即"大鳖"，龟、鳖外形相似，都可以指称一座山呢？笔者蠡测，还请方家指正，以免"证龟成鳖"，成为笑话。

不管怎么说，"大别"之名古已有之，冠于今天的大别山并不奇怪，历史地理学谓之"地名迁移"，何时以及如何迁移，于史无征。费孝通先生在《鸡足朝山记》里说："一座名山没有一段动人的传说，自然有如一个显官没有圣人做祖宗一般，未免自觉难以坐得稳。"大别山也是如此，尚须借助帝王、诗仙的名气，于是便有了汉武帝和李白登临感叹之说。

迁移之后，"大别"本意"大鳖"逐渐消失，有雅化的需要，更主要的是"大别"契合了大别山作为分水岭，以及南北两侧的自然和人文景观差别很大的真实情况。为了不再混淆，原来的汉江和长江交汇处的"大别"便改为"龟山"。

笔者拉拉杂杂一大段，不免离题万里。但凡事要刨根问底，对大别山之名如此，对黄冈大别山世界地质公园也当如此。

一、大别山之根

大别山地处华北板块和扬子板块的结合带，古老的造山运动、漫长的地质演变留下了丰富的地质遗迹，且具有特殊意义。黄冈大别山世界地质公园及其周边区域，出露了国内罕见的距今28亿年的古老变质岩——紫苏石榴黑云片麻岩和大片的原始造陆花岗侵入岩。其中，罗田黄土岭的紫苏石榴黑云片麻岩，是太古宙时期炙热的岩浆随着地表温度的下降凝结固化形成的，呈孤立的岛状体"漂浮"于花岗质岩石的"海洋"之中，是大别山最古老的岩石。

古陆核是大陆地壳中长期不受造山运动影响，只受造陆运动影响且发生过变形的相对稳定部分。在罗田县大崎镇黄土岭小学院内有"黄土岭古陆核地质遗址保护点"，古陆核组成物质即紫苏石榴黑云片麻岩，被称为"大别山之根"，是揭示地球早期演化史的密码。因此，中国科学院赵鹏大院士题词说："千里大别山，根巅在罗田。"

二、大别山之巅

大别山位于鄂、豫、皖三省交界处，东西长约380千米，南北宽约175千米。总体呈山地，夹杂着中部丘陵、南部平原。主脊呈西北—东南走向，东部呈西南—东北走向。海拔1000米以上的山峰有90余座，最高峰白马尖，主峰天堂寨，集高、雄、峻、特为一体，气象万千。

天堂寨雄踞大别山隆起的核心部位，行政区划分属安徽省六安市金寨县与湖北省黄冈市罗田县、英山县。由于襟带两省，脉连三县，分界江淮，地处险要，所以天堂寨自古以来为兵家必争之地。据查证，天堂寨的第一座屯兵大寨和第一座烽火台均为楚国所建。吴楚江淮之战近百年，此处有史料记载的大仗就有20余次。清代姜廷铭《咏天堂寨》云："巉岩古寨插云间，吴楚东南第一关。"相传天堂寨山顶有一天然水塘，不涸不溢，人称"天塘"。徐寿辉、陈友谅起兵反元，在天塘结寨据守，取天塘谐音"天堂"，天堂寨的名字从此流传下来。

在大别山造山带核部的隆起过程中，经历了岩浆侵入、构造抬升、断块活动、风化剥蚀等一系列地质演化。环视天堂寨，燕山期花岗岩被断层分割成菱形断块，层峦逶迤，罗列于下，石燕岩、哲人峰、小华山等，峰头的名字个个不俗，拱卫着海拔1729.13米的"大别山主峰"天堂寨。

黄冈大别山世界地质公园天堂寨园区位于罗田县东北部九资河镇境内，和金寨县西南部接壤。

哲人峰，天堂寨的核心景点，是造山隆起过程中上覆盖层经风化侵蚀后使埋藏于地下的花岗岩体暴露于地表，在球形风化、雨水冲蚀及重力崩塌作用下，形成高达400米的巨大象形石。因酷似一位智慧老者凝神沉思，故名哲人峰。

薄刀峰，位于罗田县东北部大别山主峰南麓一条山脊上，由数十个群体山峰组成，主峰大孤坪海拔1404.2米，与天堂寨对峙。由于含中细粒斑状黑云二长花岗岩发育多组节理，尤以陡倾节理特别发育，经常年风雨侵蚀，形成高陡险峻的山脊，长达20多千米，最窄处宽仅20厘米，形如刀刃刺天，俗

薄刀峰

称"薄刀峰"。峰顶怪石嶙峋，峰脊裸岩地貌是奇松生长之地，如蛟龙蟠卧，吸引仙鹤来仪，所谓"鹤鸣于九皋，声闻于天"，故薄刀峰又名鹤噪峰，也作鹤皋峰，其迥绝凡尘丝毫不亚于天堂寨。

在天堂寨、笔架山、薄刀峰等诸峰之间，镶嵌着波平如镜的天堂湖。罗田天堂湖原名天堂水库，因汇集天堂寨、笔架山等诸峰山泉河流之水，"高峡出平湖"，遂更名为天堂湖。天堂湖周围村舍错落有致，天堂与白云深处的人间烟火构成一幅和谐的风景画。

天堂寨虽美，但因分属两省三县，光导游标示图一项便经常让游客一头雾水。沿天堂寨南麓东南行，由罗田进入英山南武当，南武当由吴家山改名没多长时间，标示牌也刻上"大别山主峰，海拔1729.13米"的字样，峰顶还设了一口大钟，似在警示这里才是湖北黄冈大别山主峰。湖北的罗田、英山

两县暗中较劲，而安徽金寨一侧的天堂寨又属于大别山（六安）国家地质公园，它恐怕也要和黄冈大别山世界地质公园名正言顺地"掰掰手腕"了。

安徽大别山确有底气，因为它手握两张"大牌"。一是大别山最高峰前三名都在安徽境内。大别山的最高峰白马尖，海拔1777米，地处安徽省六安市霍山县境内，成山于燕山晚期，似白马横空，一峰独秀，群山俯首；第二高峰多云尖，海拔1763米，与主峰白马尖一样，地处霍山县境内；第三高峰天河尖，海拔1755米，位于安庆市岳西县境内。大别山的三峰，成"品"字形三足鼎立。无论是峰峦嶙峋的白马尖，还是积翠拥黛的天河尖、云雾缭绕的多云尖，无一例外都是尖顶两翼沿岭脊展开，绵延十几至数十千米，首尾海拔相对落差在百米左右。此地地势嶙峋，人迹罕至。正因如此，大别山的主峰和最高峰分属二山，虽然都是大自然赐予人类的礼物，但因为主峰天堂寨更靠近人口稠密的地区而知名度超越最高峰白马尖。二是天堂寨的最高海拔点天堂顶本在金寨县，只不过湖北黄冈世界地质公园宣传"大别山主峰"天堂寨着实成功。游人一边留心挂壁栈道，一边欣赏山水风光，谁还有兴趣理会究竟它属于哪一家。

从长远看，两省三县景区合为一处，使大别山地质公园联为一体是大势所趋。未来游人信步游览，各处景观实至名归，游客特别是鄂皖两省游客停息嘴仗，不再纠结于各自为政带来的不便，跨越鄂皖两省只需有一副好脚力便行。

三、龙潭河谷

"华中第一谷"的龙潭河谷在英山县境内。喜马拉雅期该处构造运动隆起后，经风化剥蚀、重力崩塌及流水冲蚀深切而形成山谷河流地貌。峡谷两侧的变质地层有16亿年前的古元古代大别山群黑云斜长片麻岩，有1.6亿年前侏罗纪时代侵入的花岗岩，有燕山期侵入的基性岩脉，峡谷穿越了10多亿年的岩浆活动。"山因水秀，河缘瀑美"，全长10千米的峡谷，核心区段短短

龙潭河谷

5000米，却有将近400米的落差。深潭飞瀑，坚硬的岩石在流水的冲击下，没了棱角，变得圆滑润泽。

龙潭河谷的上游尚未开发，依旧保持其独有的原始生态。有的支流河床上纵横交错的长英质脉体色彩清晰，被称为"七彩溪"，还有"翠玉天泄""连心潭"等，几米一景，美如画廊。无数深沟浅壑，水流汩汩淙淙，向下汇成一股，寻找机遇砉（huā）然一跃，加入更大一股溪流。有人说至少经过三级接力，它们才最终汇入龙潭河，去赶赴龙潭峡谷漂流的盛宴。

四、龟峰山古杜鹃群

大别山是我国植物地理上的南北自然分界线，被誉为华中"绿色明珠"。大别山地质公园地处这一分界线的南坡，是重要的自然区系和生物物种的交会点，麻城龟峰山古杜鹃群落是迄今中国分布最集中、保存最完好的野生杜鹃群。

龟峰山又称龟山，是发育多组节理和缝隙的花岗岩断块山，也是经长期风化剥夺和雨水侵蚀作用形成的造型山，由龟头、龟背和龟尾等9座山峰组成。山南顶峰有一块突兀高耸的巨石，酷似龟头；中部的山峰，酷似龟背；北部的山峰翘起，直指云天，形同龟尾，山体造型挺拔，垂直高度达300余

龟峰

米，组合形成"天下第一石龟"。龟峰山最高海拔1320米，峰头近的有栈道、石桥、链桥、吊桥相通；远的还需下到谷底，重新寻路向上攀爬。

龟峰山在麻城市东30千米，"龟峰旭日"曾列"麻城八景"之首。清乾隆《麻城县志》载："人惟处之高，斯见之远，自龟峰以至海隅，日出不知其几千万里也。然游人于夜半后踞峭崖，东望苍茫，烟雾中忽见火轮平地迸出，俄而，金光万道，璀灿射人，盖旭日之方升也。泰山日观峰，不独称其奇矣。"

而今龟峰山以古杜鹃群落称"华中一绝"，这里的杜鹃树龄均在百年以上，连片面积达10万多亩，成为我国野生杜鹃花的最佳观赏地。景区"人间四月天，麻城看杜鹃"的旅游品牌诗意十足，大有把文青、网红一网打尽的诱惑。

在延绵起伏100多千米的黄冈大别山主脉，每当春风拂过，便可见到杜鹃花次第开放，先是一枝一簇，万绿丛中点点红；春意渐浓，大别山似竞相披上红飘带，一夜光景，万山红遍。

"万山红遍"的另一层含义是：龟峰山地区已成为世界上种群面积最大、分布最集中、保存最完好、群落结构最纯、树龄最古老、株型最优美、景观最壮丽的原生态古杜鹃植物群落，也是目前国内游览景区中最大的杜鹃林。每逢暮春，漫山遍野的古杜鹃红艳似火，犹如彩霞绕林，震撼世人，由此被上海大世界吉尼斯总部颁发《面积最大的古杜鹃（映山红）群落》证书。

古植物学家研究证明，杜鹃花的始祖类群起源于晚白垩世（距今约1.4亿年）到古近纪（6600—2300万年）的过渡期，至古近纪已遍布北半球。多数植物学家认为，自中生代以来，地史古老而自然条件优越的中国西南部至中国中部，最有可能是杜鹃花属植物的起源地，或者可能是杜鹃花的起源中心。中国中部就包括了大别山，难怪麻城龟峰山因杜鹃而走红。

五、大别山精神

八百里大别山既有北国的风光旖旎，也有江南的豫风楚韵，沉淀着深厚的历史文化底蕴。

宋代发明家毕昇发明的泥活字，标志着印刷术进入一个新阶段；明代医药学家李时珍的巨著《本草纲目》，被誉为中国古代百科全书；杰出的地质学家李四光（1889—1971）创立了地质力学学说，以力学的观点研究地壳运动现象，探索地质运动与矿产分布规律，得出中国陆地储油的结论，从理论上指导了中国油田的发现。

1920年3月，董必武创办武汉中学。为了以革命精神培养训练学生，董必武提出"朴、诚、勇、毅"四个字作为校训。"朴"即艰苦朴素，"诚"即始终忠诚，"勇"即勇当先锋，"毅"即坚忍不拔。从1921年中国共产党诞生到1949年中华人民共和国成立，大别山28年"红旗不倒"，这是大别山区革命斗争史的显著特征。大别山的山魂雪魄，铸就了朴诚勇毅、不胜不休的革命精神，使大别山成为一个中国革命的光荣地标。

黄冈作为一个大别山区的农业市，管辖1个市辖区、7个县及2个县级市，是湖北省管辖县市最多的地级市，总人口近600万。黄冈要带动这么多县区市发展，有点像"小马拉大车"。黄冈大别山世界地质公园的建立，不仅加强了对地质遗址遗迹的保护、获得世界级金字招牌，更多的还是促进人对自然的理解、传播人与自然和谐共处的理念。把地质遗迹、古老村落、绿色资源和红色故事串连起来，各美其美，交相辉映。"让居住在其中的人发自内心地有认同感、自豪感"，以拉动黄冈乃至湖北的跨越发展。

参考资料

[1] 黄冈大别山世界地质公园网站资料。

[2] 李雪燕：《大别山：造化钟神秀》，《地球》2021年第1期。

[3] 卫大将军：《为什么是大别山？》，公众号：地图帝，2020年11月23日。

[4]《巍巍大别山——走进湖北黄冈大别山世界地质公园》，公众号：自然资源科普与文化，2018年10月30日。

[5] 郭倩：《"朴诚勇毅"：大别山精神的内涵》，《中国社会科学报》2020年7月1日总第1957期。

[6]《天下第一龟——昂首吞日的龟峰》,《黄冈日报》2017年7月13日。

一柱擎天：天柱山世界地质公园①

　　"站在天柱山的谷岙里实在很难产生任何分割性的思维，只觉得山谷抱着你，你又抱着山谷，都抱得那样紧，逮不到一丝遣字造句的思维。猛然想起黄庭坚写天柱山的两句诗：'哀怀抱绝景，更觉落笔难。'当然不是佳句，却正是我想说的。"余秋雨先生在《寂寞天柱山》中说"哀怀抱绝景"不是佳句，如果问题出在"哀怀"，那可就冤枉古人了。黄庭坚《山谷外集》卷八《同苏子平李德叟登擢秀阁》云："哀怀造胜境，转觉落笔难。"杨万里《诚斋集》卷六八《答袁机仲侍郎书》也说："山谷云：哀怀对胜境，更觉落笔难也。"黄庭坚此处既没写过"哀怀"，也没有"抱"谁，余先生和山谷抱得那么紧，八成是看了安徽风光丛书《天柱山》里的句子"哀怀抱绝景"，人家错，自己跟着错，不然其"哀"与"抱"从何而来呢？

　　天柱山，位于今安徽省西南部的安庆市潜山市境内，又名皖山、潜山、皖公山、万岁山、万山等。春秋时期皖国封地于此，安徽省简称"皖"亦源于此。

　　清初顾祖禹《读史方舆纪要》载："盖以形言之则曰潜山，谓远近山势皆潜伏也；以地言之则曰皖山，谓皖伯所封之国也；以峰言之则曰天柱，其峰突出众山之上，峭拔如柱也。名虽有三，实一山耳。"让从事写作的行家

　　① 天柱山世界地质公园位于安徽省潜山市，西北襟连大别山，东南濒临长江，地理坐标为东经116°16′04″~116°33′41″，北纬30°35′17″~30°48′41″，总面积413.14平方千米。

里手都觉落笔难的天柱胜境，如今统统被纳入了天柱山世界地质公园，用地质眼来看，或许正是值得大书特书之处。

一、地球的泄密者

天柱山位于华北、扬子两大板块之间大别造山带的东南端和郯城—庐江断裂带的复合部位，郯庐断裂带[①]将这一北西西向延伸的山脉一刀砍断，北西侧为高度超过1400米的天柱山主峰，南东侧则为海拔不足100米的平原。如此截然不同的地貌景观完美记录了大陆板块碰撞、俯冲、折返的壮观地质历史过程，使之成为研究造山动力学最典型的地区之一。

1.28亿年前的早白垩世，燕山运动使地壳下部炽热的岩浆携带超高压岩石上升，侵入到距地表数千米的地壳深处，形成了"地下天柱山"，缓慢冷却结晶形成花岗岩，其上覆盖着古老的变质岩；6000万年前古近纪时期，斜贯天柱山地区的郯庐断裂带持续活动，西侧天柱山体抬升，"地下天柱山"出露地表，花岗岩体得以揭去盖头，也使超高压变质岩重见天日，东侧下降形成潜山陆相断陷盆地，进一步形成河湖相冲积平原，大量哺乳动物在此繁衍进化；2300万年前的新近纪以来，受喜马拉雅造山运动和郯庐断裂带的影响，天柱山多次间歇性抬升，加上长期的风化剥蚀，形成了今日高耸入云的天柱山。

尽管天柱山是"天柱山型花岗岩地貌"的命名地，但天柱山世界地质公园之所以遗世而独立，成为大别山超高压变质带立典之地，还要拜园区出露的"地球的泄密者"——超高压变质岩所赐。

20世纪末，在天柱山世界地质公园碧溪岭地区和新店的榴辉岩中相继发

---

① 郯庐断裂带是欧亚板块东部大陆上一条巨型主干断裂带，南端可到长江北岸的武穴，向北穿越中国东北三省达俄罗斯。在中国境内长达2400千米，宽数十至200千米，总体为北北东走向，切穿多个大地构造单元。

现了超高压变质矿物柯石英和金刚石，轰动世界，由此开始了中国超高压变质作用研究的"揭秘"之旅。

2019年，中国学者郭顺博士在国际知名刊物《地球化学与宇宙化学学报》上发表论文，报道了在天柱山世界地质公园韩长冲（双河）—白洋岭地区发现含电气石超高压榴辉岩，这是在全球最大的超高压变质带——大别山超高压变质带首次发现电气石榴辉岩，也是目前全球出露于大理岩中的含电气石榴辉岩的首次发现，为公园内丰富的超高压变质岩增加了新的岩石类型。电气石是一种硼硅酸盐结晶体，是一种宝石矿物，达到珠宝级的电气石称为碧玺，含电气石榴辉岩的发现也为寻找碧玺提供了重要线索。

二、天柱山型花岗岩地貌

"奇峰出奇云，秀木含秀气。清宴皖公山，巉绝称人意。"李白《江上望皖公山》一诗中，爱此山而不能登，情非得已，"默然遥相许，欲往心莫

天柱峰

遂"。留下"巉绝"二字高标称许，陆游谓之"不刊之妙也"。

天柱山主峰天柱峰，海拔1489.8米，一柱擎天，非"巉绝"无以名其雄壮。天柱峰是柱状山峰的代表，中丰顶锐，清人庄名弻有诗赞曰"皖山一柱倚天起，嵯峨特出星汉间"。天柱峰只可远观，不可攀援，在1000米外的观景台眺望，远近相宜，浮云或掩或遮，越看不真切越想看；山体节理交错，尤其垂直节理，如巨人脸上刻下的岁月留痕，越看越觉得有故事。

天柱山主峰腹地属于中山地貌，有海拔千米以上的山峰47座，多峡谷分割，每一座山峰都显得兀自独立。天池峰，海拔1426米，列天柱山第二高峰。峰顶石裂为三，由两段各一米多长的石条连接，俗呼"三步两道桥"。跨过两道桥，面迎天柱，下临深壑，触目惊心，又名"试心桥"。泰山、武当等地也有试心石、试心岩，明代王世贞游武当，有《试心石》一首："陡出三尺崖，下临千尺地。道人呼试心，无心可将试。"天地造化万物出于自然，原本无心，道人以有心待无心，何必配合他呢？

飞来峰，海拔1424米，列天柱山第三高峰。峰顶有一石，浑圆如盖，轻置于峰顶，似从天外飞来，又称"飞来石"。它同时也是一个"风动石"，其底部与山峰顶部只有很小的接触面，风吹石动，颤而不坠。飞来峰、飞来石当然不是天外飞来，它与山峰本为一整体，流水的切割与风化冻融，它周围的岩石悉数破碎脱落，惟残余留在山顶。

花峰，海拔1380米，峰顶怪石重叠开裂，如菊花含苞待放。花峰紧傍天柱峰西南侧，双峰之间中开一线如门，俗称"小天门"，又谓"花峰一线天"。一线天仅容一人攀登，直上直下数百级的云梯，只为寻幽探险之人而设。

天柱山花岗岩节理和裂隙发育，加上斜贯天柱山地区的郯庐断裂带持续活动，地壳稳定性差，极易造成山峰的崩塌和解体，尤其是高大孤立的尖峰、纤细的石柱，极易在地震中崩裂坠落。山体崩解后，垮塌下来的巨大岩块相互叠搭堆连形成棚洞，被称为"天柱山型"花岗岩崩塌堆积地貌，例如"天柱一绝"神秘谷。

神秘谷，全长400余米，一说600余米，垂直高差150米。巨石交错，叠成上百个洞穴曲折勾连，置身洞中，上下迂回，左右辗转；步道断踪，未见柳暗花明，已然别开洞天。神秘谷号称"中国花岗岩洞第一秘府"，原名"司元（玄）洞"，传说是道家九天司命真君居住的洞天府地。大洞四处皆以宫命名：逍遥宫、迷宫、龙宫、天宫。天宫是神秘谷最高一级的洞府，洞外黄杨苍古，虬松挂壁，出口处设有观景台，登台环眺，四周美景尽收眼底。东望炼丹湖时，不禁感叹神仙的"环保"意识，炼丹处远离洞府，避免烟熏火燎；如果不慎失火，湖水灭火方便至极。这番设计绝不逊色建筑设计师水准。

神秘谷虽以天柱山型花岗岩崩塌堆积地貌占得佳名，但天柱之美似无尽藏，被不断推出新游线：以天柱峰为起点，经仙人洞、青龙轩、莲花峰、炼丹湖至迎真峰，全程4250米，上下相对高度600米，是天柱山型花岗岩和山水生态景观最为集中的一条精品游览线路。

置身新游线，远眺西关天柱峰、东关莲花峰、覆盆峰、翠华峰诸峰，在野竹分青霭、飞泉挂碧峰间徜徉。联合国教科文组织世界地质公园评估专家易卜拉欣·库姆在考察天柱山新游线时说："天柱山是东方最美的花岗岩。"

三、化石宝库

随着恐龙统治地球时代的终结，哺乳动物们从"恐怖的蜥蜴"的阴影下走出，迅速"开枝散叶"，在新生代的第一阶段古新世，开始了新一轮的竞争和演化。

在被誉为世界啮（niè）齿类动物的起源地的安庆潜山，东方晓鼠和安徽模鼠兔登场，继续保持小巧且灵活的身躯。东方晓鼠可能是已知最接近啮齿类祖先的动物，而安徽模鼠兔很可能是已知最接近兔形类祖先的动物。

有的哺乳动物将身体进化变大，或食草，或食肉，成了不同的模样。余井高脊兽成了当时陆上最大的哺乳动物之一，可惜这种头骨粗壮的钝脚类家伙没有后代繁衍至今。

爬行动物安徽龟在进化的路上缓步前行，安徽龟属是目前已知的陆龟超科进步类群在古新世的少数代表之一，很可能是第一个甲壳具有铰链的陆龟超科成员。

李氏皖水鸡、抓握潜山鸟，在未来的几千万年，它们的后代和祖先一样，或飞或奔，扩散到了更远的地方，成为世界上为数极少的古新世鸟类。

以上潜山动物群的动物都变成了化石。1966年，安徽省区调队在潜山盆地发现了距今6500万年的古新世脊椎动物化石，化石随后被命名为怀宁始猛鳄和小市安徽龟，由此掀开了长达数十年的古生物化石发掘工作的序幕。

天柱山世界地质公园内，至今在20多个地点发现了50余种脊椎动物化石。潜山盆地独特的动物群化石，已成为全面认识全球古新世陆地生物群面貌不可或缺的组成部分，在研究新生代初期哺乳动物演化方面具有独特地位。天柱山世界地质公园与中国科学院古脊椎动物与古人类研究所，合作开展了古新世脊椎动物化石与古环境专题研究；中国地质大学2012级地质工程硕士班与天柱山世界地质公园管委会，达成共建"化石村"协议。"化石村"选址在潜山市痘姆乡求知村，即痘姆响蜥的发现命名地，有4位古生物化石专家被聘为"化石村"的科学顾问。2021年，"化石村"求知村入选首批全国地质文化村（镇）。

四、皖西南绿肺

地球神奇的北纬30°，造就了天柱山独特的地质地貌。地质专家称其为"东方最美的世界花岗岩景观"，文学家形容其为"山峰的丛林"。点缀其间的主要绿色景区，构成了天柱山国家森林公园。

天柱山国家森林公园主景区森林覆盖率达93%，植被以中亚热带常绿阔叶林为主，野生植物达1650多种，其中珍稀树种17种，占国家保护植物的85%，孑遗植物有一级稀有植物的水杉、二级珍稀保护植物银杏、香果树、

天柱山国家森林公园远眺

鹅掌楸等；二级重点保护植物有大别山五针松、连香树；二级濒危植物有天女花、天麻等。

天柱山森林公园空气中负氧离子含量是国际标准的20倍，有"皖西南绿肺"之称。良好的生态环境，让公园所在的潜山市于2019年荣获"中国天然氧吧"称号。2020年，天柱山国家森林公园被列为第一批国家森林康养基地，是集休闲观光、怀古寻幽、森林康养、科考科研于一体的综合型森林公园，与天柱山世界地质公园形成珠联璧合的二位一体关系。

五、人文资源

天柱山西北襟连大别山，东南濒临长江，得享"南岳"之尊号600多年。汉元封五年（前106），汉武帝刘彻南巡，来祭拜这中天一柱的高山，也因此次登礼，天柱山便得了皇家名号"南岳"。星移斗转，隋文帝诏改湖南衡山为南岳，此后天柱山便多以皖山、潜山等名世。

虽然"南岳"称号南移，但是天柱山的名气并未稍减，诗仙李白《江上望皖公山》更让人激起对"皖公"的兴趣。周景王五年（前540），周大夫封地皖国称皖伯，皖伯为政清明，受百姓爱戴，去世后百姓建庙祭祀不断，天神感动施法，在天柱山一方峭壁上刻画了他的神相。后世追封，皖伯变成了皖公，天柱山也因此称"皖公山"。

皇公头像伫立于神秘谷谷口，高近2米，五官分明，栩栩若生。不论是天工造化，抑或关键之处巧借人工，皖公与大山融为一体，既是刻在石头上的教化世范，也是古代传说天人感应的典型。

天柱山如此名山，如何少得了缁衣羽流！葛洪《抱朴子·内篇》云："昔左元放于天柱山中精思，而神人授之金丹仙经。"左元放即三国时方士左慈，他在天柱山龙吟虎啸崖的炼丹台炼丹，留下"丹灶苍烟"，被列为潜山古代十景之一；禅宗三祖寺（山谷寺）即建在天柱山南麓的凤形山上，初名菩提庵，系南朝梁高僧宝志

皖公头像

禅师所创。禅宗"一花开五叶"，二祖慧可向三祖僧璨授法传衣，岳西县司空山二祖寺和三祖寺两大祖庭与毗邻安庆的湖北省黄梅县四祖寺、五祖寺一起，构成一个赓续法脉、同沐法雨的禅宗发祥地带，蕴含着丰富的佛教文化内涵。

释道而外，天柱山天柱入云，诗崖写心，山谷流泉，布满题刻，成为"最是诗人争胜处"。宋皇祐三年（1051），王安石与友人游宿山谷寺，有《题舒州山谷寺石牛洞泉穴》："水泠泠而北出，山靡靡而旁围。欲穷源而不得，竟怅望以空归。"后世将该诗镌于崖石上，且给王安石筑亭，名之为"舒公亭"；30年后，黄庭坚从开封赴吉州太和（今江西省吉安市泰和县）之

任,在雨中访游天柱山,爱山谷寺名胜超绝,乃自号"山谷道人",效仿王安石的六言诗,作《题山谷石牛洞》:"司命无心播物,祖师有记传衣。白云横而不度,高鸟倦而犹飞。"此诗未予刻石。

在石牛洞东侧悬崖顶端,尚存一处据传是山谷真迹的楷书题铭:"李参,李秉夷、秉文,吴择宾,丘揖观余书青牛篇,黄庭坚,庚申小寒。"此处的"庚申"即元丰三年(1080)。该题铭由左往右竖书,亦是一奇。

山谷道人虽说"衰怀造胜境,转觉落笔难",但还是留下了《题潜山》的长篇题咏:"潜山带荆衡,凌厉首开辟。撑空云霞断,半岭阴晴隔。潜峰竞巉岏,司命最矜绝。遥看芙蓉峰,削立矫秋色。"潜山亦作潜山。清代汤右曾虽不及黄庭坚大名鼎鼎,一首《望天柱山》也颇见高致:"峨峨天柱峰,可望不可梯。苍然紫翠内,大有幽人栖。"

参考资料

[1]天柱山世界地质公园网站资料。

[2]《天柱山世界地质公园发现含电气石榴辉岩》,公众号:潜山都市网,2020年5月6日。

[3]李忠东:《天柱一峰 洞开千仞——安徽天柱山花岗岩地貌探秘》,《国土资源科普与文化》2019年第2期。

[4]黄波、程小青、黄雯:《蕴秀皖地亿万年 天柱十载焕新光》,公众号:保护地故事,2021年9月17日。

[5]《安徽天柱山 皖西南绿肺》,《中国绿色时报》2020年8月10日。

毓秀中原：伏牛山世界地质公园①

2021年7月21日，中国恐龙蛋学术论坛暨"腾飞中国龙·百枚恐龙蛋珍品展"在河南省南阳市西峡县拉开帷幕。此次展览汇聚了中国首次从国外追缴回来的恐龙蛋化石——"恐龙宝宝"，世界上发现的最大恐龙蛋及恐龙胚胎——"中华贝贝龙"，世界罕见的龙、蛋、胚胎共生标本——"茜茜公主"等数百枚珍品恐龙蛋。这是恐龙蛋化石界的稀世珍宝百年来第一次聚在一起展览。

由22枚恐龙蛋组成的化石"恐龙宝宝"，是我国政府首次通过外交途径索还流失国外的化石。2011年12月1日，化石正式从美国移交给了我国，并由中国地质博物馆接收。对于它的回归，时任国务院总理温家宝批示："此事办得好！"

"中华贝贝龙"（漂泊期间称"路易贝贝"）海外漂泊18年后，于2013年被捐赠给河南省地质博物馆，这件轰动世界的8600万年前的恐龙胚胎和蛋化石标本终于荣归故里，回到中国。

"中华贝贝龙"和"茜茜公主"等化石之所以珍贵，是因为对此类化石的研究发现，不仅昭雪了"窃蛋龙"百年污名——盗窃别的恐龙蛋之冤，还揭开了恐龙孵蛋之谜。

---

① 伏牛山世界地质公园位于河南省伏牛山脉的腹地，以南阳市西峡、内乡，洛阳市栾川、嵩县境内的伏牛山为主体，兼及淅川、南召、镇平、邓州等县市部分区域，两次扩容后面积达5858.52平方千米。

一、恐龙孵蛋之谜

科学家研究了小型兽脚类恐龙窃蛋龙（Oviraptor）巢（也称蛋窝）的化石，巢化石中的成年窃蛋龙大约100千克重，和今天一只普通鸵鸟差不多。通过胚胎解剖发现，所谓窃蛋龙窃蛋，其实是它在孵化自己的蛋，它们是在孵蛋时和蛋一起被埋葬的。

那窃蛋龙是如何孵蛋的呢？科学家对窃蛋龙蛋壳的"孔率"研究发现，窃蛋龙像鸡妈妈一样趴窝孵蛋，而不是像乌龟一样把蛋埋在地里，靠土壤温度自然孵化。体型较小的恐龙会按照菊花花瓣的形状摆放自己的蛋——所有蛋都相互紧挨着，而大一些的恐龙会在开阔地上把蛋摆成一个更大的圆圈，之后成年恐龙坐在中间，全身大部分的体重压在地面上，这样就避免了蛋承受太多重量。

由此，科学家得出结论：恐龙（并非所有的恐龙）是能够趴窝孵蛋的，体型较大的恐龙更演化出了改良版的"布蛋方式"，即便恐龙体型变大，也能继续孵蛋。在目前发现的窃蛋龙巢标本中，最大的窃蛋龙蛋的直径约45厘米。

1993年，在南阳市西峡县发现了多达数万枚恐龙蛋的遗迹化石群，其数量之多举世罕见，在此之前全世界恐龙蛋化石数量不足500枚。为保护这些珍贵的恐龙蛋化石，打击盗采走私，人们在当地建立了第一座以恐龙蛋化石为主题的西峡恐龙遗迹园。

西峡恐龙遗迹园是一大型恐龙主题公园，主要由地质科普广场、恐龙蛋化石博物馆、恐龙蛋遗址和仿真恐龙园等组成。恐龙蛋遗址属于白垩纪断陷沉积盆地，保留了恐龙蛋化石的原始埋藏状态，蛋化石层是西坪—丹水盆地的最高层位，已暴露的蛋化石达1000多枚，在它的下部地层至少还有16个产蛋层。研究者发现，这里的白垩纪恐龙蛋化石已达8科12属36种，其中西峡巨型长形蛋化石为世界首次发现，戈壁棱柱形蛋化石为稀世珍品，是西峡蛋化石的标志。

2003年，南阳恐龙蛋化石群国家级自然保护区建立，包括西峡、淅川、内乡、镇平四个县，保护区面积780.15平方千米，预计有10～40万枚恐龙蛋化石埋藏于此。该保护区特别是其中的西峡恐龙遗迹园，已成为伏

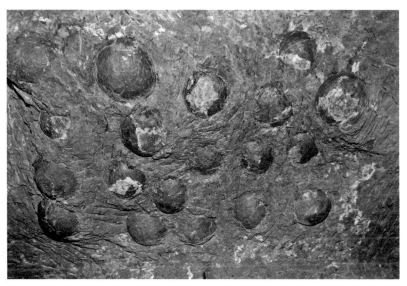

恐龙蛋化石群

牛山世界地质公园之精品园区。

在伏牛山世界地质公园的伏牛山北坡，还发现了大量的恐龙骨骼化石，白垩纪恐龙动物群初见倪端，河南西峡龙、张氏西峡爪龙、栾川霸王龙、诸葛南阳龙、河南栾川盗龙、河南宝天曼龙等纷纷亮相，加入全球恐龙大家族。伏牛山已成为研究恐龙生殖习性、破解生物物种灭绝等重大问题的重要区域。

二、八百里伏牛山

伏牛山属于秦岭山脉东段余脉，西北接熊耳山，东南在"方城缺口"处断开，遥接桐柏山。山脉西北—东南走向，长约400千米，俗称800里，宽40～70千米，传统说法是其形如卧牛，故名伏牛山。

伏牛山规模巨大，延续着秦岭的雄伟峻拔。西北段山体宽阔完整，是豫西山地的主体；延向东南分支解体，山势也逐渐低缓而分散，变为低山丘陵。山脉一般海拔1000～1500米，三大主峰之鸡角尖，海拔2212.5米，为伏

牛山最高峰，其次玉皇顶2211.6米，老君山2192.1米。[①]

伏牛山西北段主脉老界岭，雄踞中原大地，形似巨龙之脊，有中原"龙脊"之称。老界岭既是北亚热带气候与暖温带气候的地理分界，又是长江支流汉江与黄河支流伊河的分水岭。伏牛山南坡属南阳市西峡县，南坡上部建有老界岭保护区；北坡属洛阳市栾川县，建有老君山保护区。它们先后都被纳入伏牛山世界地质公园。

老界岭隐藏着伏牛山最健美的身段：锯齿峰奇异雄伟；骆驼峰形神兼备；最高峰鸡角尖，远看像引吭高歌的雄鸡，是西峡、栾川、嵩县三县界山。明嘉靖《南阳府志》载："老界岭突峰悬崖，隐现云表，世传老子学道于此，药灶、丹炉遗迹俱存。"

老君山是秦岭造山带构造地貌最为充分的地段，有花岗岩滑脱峰地貌景观、构造岩洞穴景观、瀑水钙化景观和栾川特大型钼矿等地质遗迹。

老君山，我国云南丽江，四川绵阳、宜宾都有，它们无一例外均与老子有关。伏牛山脉的老君山在洛阳市栾川县东南部，原名景室山，西周时期老子西行到此修炼学道。李唐建立，老子被追认为"李姓始祖"，备受尊崇，唐太宗将景室山更名为"老君山"，并在山巅建铁顶老君庙，成为中原道教圣地。驻足老君山峰巅，可"西瞻秦阙，南望楚地，北眺龙门，东瞰少林"，饱览万千气象，有飘飘欲仙之感。

伏牛山东南段在白云山玉皇顶以东的主脊分为两支，东南分支山势逐渐低缓而分散，变为低山丘陵；北支从南召、嵩县、鲁山交界呈近东西方向延伸到方城缺口，长达100余千米。

白云山位于嵩县南部伏牛山腹地，伊河、汝河、白河三水分流，使山下海拔仅有1320米的跑马岭成为全国唯一的黄河、淮河、长江三大水系的分水

---

① 李明森等编《中国大百科全书（普及本）：中国山川》（1999）一书中写道："主峰老君山2192.1米、玉皇顶2211.6米，位于其西北的鸡角尖海拔2212.5米，是伏牛山最高峰。"另有资料显示鸡角尖2222.5米，老君山2217米，玉皇顶2216米。

岭，在气象学上成为我国南北气候的过渡带。临熊耳，眺外方，白云千载空悠悠，白云山已被揭开神秘的面纱，并被并入伏牛山世界地质公园。

伏牛山世界地质公园依托伏牛山优良的自然环境，汇聚了丰富的古生物遗迹、花岗岩、石灰岩地貌组合，以及迷人的植被、水体等自然景观。

三、地貌集萃

伏牛山脉是华北板块、扬子板块长期相互作用的主要区域，大自然在这里谱写了一部中央山系大陆造山运动的壮丽史诗。

伏牛山世界地质公园出露的花岗岩地貌呈现变异类型。晋宁期、加里东期主造山期强力侵位花岗岩"锯齿岭"构造侵蚀地貌、伸展拉张期被动侵位花岗岩"岩盘山"构造侵蚀地貌、壳幔混染型花岗岩的"石柱峰丛"构造侵蚀地貌，表现出与造山运动紧密的亲缘关系；板块机制下碰撞型花岗岩的"卸荷裂解"地貌景观等，体现了板块机制下花岗岩地貌类型的特点。

"锯齿岭"地貌，以西峡园区老界岭、栾川园区老君山为代表。主造山期花岗岩侵入遭受到挤压后强力侵位，沿三个方向在内部形成"菱形"破裂面，受到风化侵蚀后扩大成裂隙，最后岩石松动崩塌，保留下来的成为锯齿状或箭镞状峰丛，峥嵘毕露。

老界岭山脊

老界岭峰丛

宝天曼"摞摞石"

狭窄陡峭，多呈锯齿状或锥状，一般北坡陡，常有悬崖峭壁出现，坡度多在40°以上，有的超过80°；南坡稍缓些，坡度25°～40°。这也是老界岭有别于黄山、华山等其他花岗岩山体景观的独特之处。

"岩盘山"地貌，花岗岩向上侵入，围岩席状剥落，岩体球形风化，形成剥落穹窿地貌景观，以西峡园区黄花曼岩盘山、五道幢为代表。

"石柱峰丛"地貌，以西峡园区龙潭沟为代表。伏牛山混合花岗岩基底，地貌景观受构造侵蚀和差异风化双重控制，形成小型"桌状山"和沿片麻理倾斜的石柱、峰林、峰丛地貌景观群。

"卸荷裂解"地貌，以内乡园区宝天曼"摞摞石"（见上图）为代表。摞摞石是在花岗岩体的原生冷凝收缩节理系统和席理构造系统基础上，经风化剥蚀形成的释重地貌景观。

"滑脱峰林"地貌是释重地貌的一种。老君山花岗岩岩体相对年轻，是在距今1.4—0.8亿年秦岭造山带抬升造山过程中形成的。经过喜马拉雅运动影响，形成犬牙交错的"滑脱峰林"，也称老君山石林。老君山南侧绝壁上依山修建了一条栈道，人们由此在石林之间移步换景，犹如置身十里画屏。

在喜马拉雅新构造运动时期，嵩县园区白云山的千尺崖独树一帜。燕山期玉皇顶岩体受喜马拉雅运动时期伏牛山推覆构造作用的影响，岩体在自北向南的逆掩推覆，上盘脱离母体向下滑行，在形成深邃的断层谷的同时，下盘则异峰突起，构成连绵数千米、平行排列的断层崖景观群。当地有一首民谣唱道"千尺崖，百丈绝。鹞鹰飞不过，神仙上不来"。由此可见其高凌险峻。

伏牛山中各式花岗岩争奇斗艳之时，石灰岩则形成了鸡冠洞、天心洞、蝙蝠洞等岩溶洞穴。

据《栾川县志》记载，"鸡冠洞，有四殿，如龙蛇之窟"，因洞内"蝙蝠如织，险象四伏"，少有人探幽，致"北国第一洞府"隐在深山与世隔绝。

1992年，鸡冠洞得以开发，现已探明洞长5600米，上下分五层，落差138米，已开发面积23000平方米，主要由玉柱潭、溢彩殿、叠帏宫、洞天河、聚仙宫、瑶池宫、藏秀阁、石林坊8个景区连缀而成。第三景区叠帏宫，8根石笋高低错落，一根石笋顶上形似三个罗汉叠坐；第五景区聚仙宫，是鸡冠洞的大客厅，各路神仙——石笋相聚一堂，闻听落水叮咚、流水淙淙的音乐会，好不惬意。该区不知为何又名"快活林"，让浓浓的水浒气无端惊扰了一方清幽。

在长期的地质作用下，伏牛山世界地质公园不同时期的花岗岩，形成了以老界岭"峰丛"、宝天曼"峰墙"、七星潭"摞摞石"、黄花曼"石瀑"、老君山"石林"、白云山"断层崖"、木札岭"断褶山"等为代表的地貌景观，石灰岩则形成了鸡冠洞、天心洞、蝙蝠洞等岩溶洞穴，展示了公园地貌景观的多样性。故此，笔者将伏牛山公园归为构造形迹及地貌类型的地质公园。

四、宝天曼生物圈

宝天曼世界生物圈保护区位于伏牛山南麓、内乡县的北部山区，是伏牛山世界地质公园的核心园区之一。

骆驼峰小环线的"峰墙薄壁"是宝天曼的标志景观，因重力侵蚀，沿构造裂隙形成数十米落差薄壁状峰墙，集奇、险、秀于一体。但宝天曼最早并不以此成名，而是以原始生态保存完备受到瞩目。

由于得天独厚的自然条件和广袤的原始森林，孕育了同纬度生态结构保存最为完整的区域。2001年，宝天曼被纳入联合国教科文组织世界生物圈保护区网络，并以保护过渡带综合性森林生态系统和珍稀野生动植物为主。

宝天曼地处暖温带向北亚热带的过渡区和地势第二级阶梯向第三级阶梯的过渡地带。每当东南季风从沿海北上，高大的伏牛山脉便会拦住其去路，一路挟云带雨的季风至此顿时没了脾气，无可奈何地纳上"水汽"通融，即使偶尔越过伏牛山几个垭口，也是强弩之末了。

白河大峡谷是截获水汽的"存放地"，左邻右舍利益均沾。傍晚时候，一阵急雨骤停，双层彩虹旋即悬挂在密林之上，浓浓的雾气从谷底升腾，酝酿第二次的骤雨。这幕景象不是发生在烟雨江南，而是伏牛山南麓宝天曼最寻常的一天。

宝天曼年平均降水量接近860毫米，平均相对湿度是68%，根本不存在缺水的问题。几十条溪流一年四季从山顶泻下，飞龙瀑、玉银瀑、玉琴瀑、飞线瀑等汇成激流，绕行于峡谷。九曲三叠瀑最为壮观，一叠似玉龙游行于岩壁之间，曲曲折折，落差达120多米；二叠在石壁上散而复聚，悄然落下；三叠积聚了气力和能量直泻谷底，瀑水击石，水花四溅。

丰沛的水源滋润着生物圈里的生灵植被，目前发现植物种类3231种，有国家重点保护植物银杏、水杉、红豆杉、珙桐等66种，国家珍稀濒危植物105种，包括紫斑牡丹、麦吊云杉、金钱槭、青檀等。宝天曼又是野生动物的乐园，生活着野生脊椎动物442种，金钱豹、金雕、白肩雕、原麝、林麝、黑鹳、大鸨等14种国家一级重点保护动物，国家二级重点保护动物更是多达72种。区内昆虫2257种，以宝天曼作为模式命名的新种121种，中华虎凤蝶和裳凤蝶被列入我国二级重点保护昆虫名录。

宝天曼之所以能满足生物圈保护区保护功能、发展功能和后勤支持功能三项功能，保存了丰富的生物多样性资源，除了自然条件得天独厚，还得益于千百年来人为干扰活动较少。

如何在旅游开发与生态保护之间建立平衡，让"白云遥入怀，青霭近可掬"的实景地宝天曼不被破坏，是一项十分棘手但有意义的工作。

五、内乡县衙

山水有灵先蕴玉，圣人继出济黎元。伏牛山世界地质公园以南阳独山玉、内乡县衙、南阳府衙、南阳四圣（科圣张衡、医圣张仲景、商圣范蠡、智圣诸葛亮）为补充，向世人展示了其丰富厚重的人文资源。

笔者印象最深的当推内乡县衙中的几副对联，其一："得一官不荣，失一官不辱，勿说一官无用，地方全靠一官；吃百姓之饭，穿百姓之衣，莫道百姓可欺，自己也是百姓。"其二："宽一分，民多受一分赐；取一文，官不值一文钱。"作者佚名，却深谙古人为官之道。对联不以深邃之湛思示人，朴实的文字道出官与民、荣与辱、得与失的关系。都说"一座内乡衙，半部官文化"，须知官文化的"命脉"其实是廉政文化。与法治相比，劝与戒的力量也许是有限的，但"民心不可欺，民意不可侮"的古训，终究是法治建设的历史镜鉴。

六、毓秀中原

不论是伏牛山南坡蕴含的包含着举世仅见的西峡巨型长形蛋的海量恐龙蛋化石，还是宝天曼"峰墙"、七星潭"擦擦石"花岗岩地貌景观，抑或有"中国钼都"之称的伏牛山北麓栾川钼铅锌多金属矿、早已声名远播的南阳独山玉矿山公园，任意拈出其一，它都可以在化石类、花岗岩地貌类、矿床矿物类地质公园中占得一席之地，而伏牛山世界地质公园经过扩容，将以上化石群、地貌、矿床等整合为一，这在世界地质公园大家庭中也许面积不是最大的，但就其地质遗迹多样性而言，肯定无出其右者。

将伏牛山地质公园归为构造形迹及地貌类型的地质公园是否妥当，尚须方家读者审定，但笔者对其融合南北、毓秀中原的气质的由衷赞赏坚定不移。

参考资料

[1]《脑洞题：恐龙怎么孵蛋？》，公众号：大自然探索，2018年7月20日。

[2] 张天义、赵鸿燕等：《中国中央造山系秦岭造山带伏牛山构造花岗岩带的地质学与地貌学意义》，《地质论评》（增刊）2007年第53卷。

[3] 脚爬客：《八百里伏牛山：河南屋瓴，老子隐居地，恐龙蛋之乡》，公众号：保护地故事，2020年10月15日。

[4] 江吉洁：《亿万年滴水恩情，今报答一洞繁华——鸡冠洞的感恩》，公众号：忠言慧语，2018年7月23日。

[5]《"智守"宝天曼生物圈保护区》，公众号：国家公园及自然保护地，2021年10月18日。

[6]《地景探秘：世界地质公园——河南伏牛山》，公众号：中国旅游协会地学旅游分会，2020年7月13日。

[7] 国土资源部地质环境司、国家古生物化石专家委员会办公室、中国地质博物馆编：《砥砺奋进的中国化石保护》，地质出版社2017年版。

沂蒙"崮"事：沂蒙山世界地质公园①

"人人（那个）都说（哎），沂蒙山好，沂蒙（那个）山上（哎），好风光……"唱遍大江南北的山东民歌《沂蒙山小调》中的沂蒙山，作为一个地域概念，历史并不久远。

1938年，毛泽东主席复电同意在山东建立沂蒙山区抗日根据地的战略计划。从此，"沂蒙山"伴随着抗日战争和解放战争，伴随着中华人民共和国的建立、社会主义建设和改革开放，成为临沂乃至山东一个具有丰富历史文化内涵的地域名称。

在地理上看，沂蒙山是泰沂山脉的两个支系，指的是沂山、蒙山为地质坐标的鲁中南山地丘陵地区之一，沂山居鲁中，蒙山居鲁南，向南还有沂河（沂水），临沂便是因为濒临沂河而得名。

从行政区划看，狭义的沂蒙山区最初指抗日战争时期鲁中区的沂蒙专区，主要包括今天的沂水、沂南、蒙阴、沂源的全部以及费县北部、平邑北部、新泰东部的区域；广义的沂蒙山区包括今临沂市所辖的三区九县，兼及周边县市，共18个县市区，统称"沂蒙革命老区"。②

---

① 沂蒙山世界地质公园位于山东省临沂市，总面积1804.76平方千米，由蒙山、钻石、岱崮、孟良崮和云蒙湖五个园区组成。

② 沂蒙革命老区，临沂市三区九县（兰山区、罗庄区、河东区、沂南县、沂水县、郯城县、费县、平邑县、兰陵县、莒南县、蒙阴县、临沭县），潍坊市临朐县，淄博市沂源县，济宁市泗水县，泰安市新泰市，日照市五莲县、莒县。

　　2019年，沂蒙山世界地质公园获批设立，位于临沂市境内。虽称"沂蒙山"，但地处潍坊市临朐县南部的沂山并不在地质公园之内。

一、岱崮地貌

　　在沂蒙山腹地临沂市蒙阴县的岱崮镇，山峰顶部平展如砥，峰巅周围峭壁如削，峭壁以下是逐渐平缓的山坡。远处观望，像是山顶上放置了一张方桌，或是戴上了一顶礼帽，当地称之为"崮"。

　　"崮"主要分布在鲁中南低山丘陵区域，素有"沂蒙七十二崮"之称。蒙山之北的岱崮镇，面积仅180平方千米左右，辖区内崮群簇集，聚集了南北岱崮、神佛崮、龙须崮、大崮、小崮、油篓崮、板崮、瓮崮、卧龙崮、獐子崮等大小30余崮。

　　岱崮镇群崮几乎全是由寒武纪石灰岩经受了强烈的地壳切割和抬升运动后，所形成的特有的帽式崮顶、页岩基座，地貌学上称之为"方山地貌"。

岱崮地貌

在世界范围内的方山中，顶部大多为砂岩、玄武岩这类坚硬的岩石，而岱崮镇的方山非常罕见。

2007年，中国地理学会依据岱崮镇全国最集中的崮形地貌现象，将原称"方山地貌"正式更名为"岱崮地貌"，与"丹霞地貌""张家界地貌""嶂石岩地貌""喀斯特地貌"并称中国五大地貌。

"岱崮地貌"作为沂蒙山独特的地貌类型，为沂蒙山成功申报世界地质公园增加了一枚重要砝码；天下第一崮乡、"岱崮地貌"的命名地岱崮镇，成功入选中国首批11个"中国最美小镇"。

"岱崮地貌"的发现者李存修认为崮不是一座山，而是像草帽一样扣在山顶部的一块巨石，他撰写的《中国第五地貌——山东岱崮地貌发现记》中讲到，这些巨石"惟妙惟肖、难以理解地立于高山之巅"。

崮上草原，周边悬崖绝壁，仅一处隘口可达崮顶，崮顶平坦，可见石灰岩的剥蚀面正处在崮体成熟期。登崮弥望，芳草萋萋，犹如镶嵌在半空的塞上草原。崮上草原是天然的观景台，四望群崮低昂，一条小径蜿蜒相连。有的崮顶虬松葳蕤（wēi ruí）；有的崮层层叠叠，似堆叠的假山；有的崮似发髻高挽的妇人，迟迟不愿转过神秘的面庞……

神佛崮，海拔511米，与崮上草原通过"天梯"相连。远观"神佛"，或正襟危坐，安如禅定；在观佛长廊上换个视角，又见"神佛"嘴唇微张，双目慈悲，审视着尘世间的芸芸众生。

獐子崮，早年獐子出没的贫瘠之地，如今已旧貌换新颜。30多年前，獐子崮下新愚公——家庭农场场长公茂田怀抱绿化荒山的信念，植树造林，引进培育瓜果优良品种，将獐子崮变成了梯田如玉带环绕、林丰树茂、瓜果飘香的"花果山"。

二、"亚岱"蒙山

蒙山，古称东蒙、东山，绵亘于平邑、蒙阴、费县和沂南境内，西接泰山，东至沂水，长75千米，面积1240平方千米，1000米以上的山峰14座，主峰龟蒙顶海拔1156米，位于平邑县境内，为山东省第二高峰，居岱宗（泰山）之亚，素称"亚岱"。

为了方便识别，临沂市对绵长的蒙山山脉做了划分：龟蒙（属平邑）、云蒙（属蒙阴）、天蒙（属费县）、彩蒙（属沂南），四蒙同属蒙山保护区。沂蒙山世界地质公园的蒙山园区包括龟蒙和云蒙景区。

蒙山处沂沭断裂带以西的鲁西地块上，山体由27—25亿年前新太古代至古元古代时期的多期侵入岩构成，是"蒙山岩套"的命名地。可以说蒙山是一座古老的花岗岩山，历经多次地壳运动的沧桑巨变，于距今1亿年左右的中生代末期，在燕山运动断裂的辅佐下崛起成山。

龟蒙景区的龟蒙顶，因酷似神龟俯卧蒙顶而得名。蒙顶神龟，是由距今25.39亿年的龟蒙顶单元片麻状花岗闪长岩，在节理的切割和风化侵蚀作用下，形成的龟型石景观。

蒙顶神龟隐藏着远古时期东夷部落颛臾（zhuān yú）祭祀蒙山及先祖太昊氏的信息，太昊氏"以龙纪"的形象与龟有关。龟作为古代的瑞兽，在传统文化中寓意长寿，"神龟虽寿，犹有竟时"。今人誓将"长寿"文化进行到底，在龟蒙顶西北侧，依南极仙翁形象，对"寿星崖"裸岩采用高浮雕手法，雕刻出巨型"蒙山寿星"。鹰窝峰，主体岩石同为片麻状花岗闪长岩。其岩石沿节理被切割破碎，后又经历长期的风化剥蚀、崩塌垮落，最终形成高低错落、陡峭高耸的悬崖绝壁景观。

鹰窝峰东侧绝壁如削，峻岩裸露，草木不生；南侧峭壁罅隙，奇松横偃斜卧，"云来聚云色，风度杂风音"，千姿百态。只有苍鹰盘旋相伴，筑巢其上，因而得名"鹰窝峰"。

云蒙景区的最高峰云蒙峰，古称玉柱峰，位于费县境内，海拔1026米。《费县志》载："玉柱峰，横列三峰，中峰最高，秀出云表，自远望之，俨若卓笔。"明代诗人公鼐仰坐云蒙极顶赞曰："蒙山最高是双峰，上有云烟几万重。我欲峰头一伫立，却从天外数芙蓉。""双峰"便是大小云蒙峰。云蒙峰三峰并立，形状似"山"，相传仓颉造字，"山"字的灵感即来源于此。

如果没有水的滋润，再伟岸的山峰也缺失了一份灵气。"中国瀑布"应运而生，且因悬挂瀑布的崖壁轮廓酷似中国版图而得名。中国瀑布为三叠式，上下落差高达60米，水花溅跳，飘逸洒脱。公鼐曾作《蒙山瀑布》赞之："岂是银河落，飞来万丈余。谪仙如可见，不复问匡庐。"

公鼐此诗，绝非凭空比拟，因为谪仙李白开元末年的确寓居东鲁多年，具体地点有任城（今济宁）、兖州沙丘（今肥城）等几说未决，但蒙山终究错过谪仙光临。有人以杜甫《与李十二白同寻范十隐居》之"余亦东蒙客，怜君如弟兄"，声称李杜曾同游蒙山，此说问题出在对"东蒙客"的解释上。"东蒙客"本指老莱子隐居不仕，后世泛指隐士、处士，所以以此作为李杜同游蒙山的证据太过牵强。

杜诗"东蒙客"的不同解释乃小事一桩，蒙山"拦马墙"的争论则兹事体大。

云蒙峰

在蒙山南麓的佛塔谷中，有一段由巨石垒成的墙，民间称为"拦马墙"，佛塔山前的明代摩崖石刻已有记载。拦马墙残存长200余米，宽10米，高4～6米，由巨石叠置而成，小者几百公斤，大者数百吨。拦马墙如何形成，千百年来，成了一个未解谜团。

沂蒙山世界地质公园王照波总工程师认为：拦马墙属于第四纪冰川遗迹的一种——侧碛垄，是冰川由山谷向下移动过程中，被冰裹挟的巨型岩石在山谷一侧堆积而成，与其相配套的冰川遗迹还有擦痕、磨光面、颤痕等。除了拦马墙，在蒙山南坡存在有数条规模宏大的冰碛垄，如王母池、情人谷、西山神等。情人谷中的一块巨石之上，书法家范曾题写的"爱"字，熠熠生辉。

王照波等根据巨石堆宇生核素测年结果等证据，提出"全新世冰期"的概念，即在过去不足1万年的全新世，蒙山还存在着冰川环境。末次冰期（距今约7万年）时，蒙山地区的雪线高度约为700米。

兰州大学王乃昂教授反对拦马墙巨石堆的冰川成因说。2017年开始，王乃昂等先后撰文将拦马墙巨石堆（后称峨峪口砾石堤）与1668年发生的郯城大地震相联系，最终强调成因为泥石流堆积。

自从1933年李四光先生率先发现庐山存在第四纪冰川遗迹以来，中国东部第四纪冰川问题的争论从未停止。围绕蒙山拦马墙巨石堆的成因问题，二王所持"冰川成因"与"泥石流成因"的争论仍将继续，而争论——科学进步的助推器，终将揭开蒙山拦马墙的成因真相。

三、蒙山金伯利钻石矿

我国迄今发现的最大的3颗钻石，依次为"金鸡钻石"（重281.25克拉，郯城县，1937年）、"常林钻石"（重158.786克拉，临沭县，1977年）、"蒙山1号钻石"（重119.01克拉，1983年）。其中，"蒙山1号钻石"产自原生矿脉，即我国第一个富含金刚石的原生矿——红旗1号金伯利岩脉。

　　1965年，山东当地地质队在蒙阴县常马庄发现了红旗1号金伯利岩脉，这里成为我国第一个金伯利岩型原生金刚石产区，在此建立了701矿，其储量和露天开采规模均居亚洲之首。自1970年投产以来，累计产出了180万克拉金刚石，为我国尖端工业的发展做出了重要贡献。

　　地质公园钻石园区（原沂蒙钻石国家矿山公园）位于蒙山北麓的白马关下，其胜利1号金伯利岩管、胜利2号岩脉和红旗1号矿坑（金伯利岩脉）都是金伯利岩相关的地质遗迹点。

　　蒙山金刚石形成于距今约27亿年的地下200千米深处，距今5—4.5亿年，地下的幔源岩浆携带着金刚石晶体，沿着深断裂呈岩管、岩脉和岩床状向上侵入，后经剥蚀作用出露地表，形成金刚石矿母岩——常马庄金伯利岩。

　　金伯利岩、金刚石、钻石之关系如下：

　　金伯利岩（kimberlite）是以南非金伯利市命名的岩石（金伯利地区在1869年发现了世界上第一个原生金刚石矿，后来又以该地区名命名了这种

金伯利岩钻石矿坑

岩石），属岩浆岩。金伯利岩多呈暗灰、灰绿、黄绿、墨绿或黄灰色，一般以岩筒、岩管或岩脉的形式成群出现。

金伯利岩最著名的特性就是它可以产出"宝石之冠"——金刚石，在20世纪70年代之前，金伯利岩被认为是金刚石的唯一成矿岩石。金刚石由碳元素组成，摩氏硬度为10，宝石级的金刚石加工后称为"钻石"，也可以说金刚石是钻石的原石。钻石是最早被人类发现和使用的宝石矿物之一，以"硬度之王""大地之花"等美名享誉世界，被赋予财富和地位、爱情和坚贞的象征。

山东金刚石主要分布在鲁南沂沭河流域的砂矿（如金鸡钻石、常林钻石）和蒙山金伯利岩原生矿中。蒙山金伯利岩原生矿701矿随着开采深度的增加，开采难度变大，现已进入闭坑停采状态。

在钻石园区可以见到开采后遗留的露天采坑，像是在纪念"中国金刚石之都"逝去的辉煌。这座全国唯一一家钻石主题公园如今已成为花海求"爱"、爱情铭"钻"的浪漫之地。

四、孟良崮

"沂蒙七十二崮"中最知名者莫过于孟良崮，发生在解放战争中的孟良崮战役，使其家喻户晓。

孟良崮坐落在蒙山南麓，相传宋朝"杨家将"杨六郎的部将孟良屯兵于此，故而得名。孟良崮由主峰、大崮顶、大庵顶等山峰组成，主峰（536米）及最高峰大庵顶（575.2米）在沂南县境内，大崮顶西坡属蒙阴县，东坡属沂南县。

1947年5月13日，孟良崮战役正式打响，一方是张灵甫的国民党军整编第七十四师，一方是陈毅、粟裕指挥的华东野战军。张灵甫采用中央突破的方式，直接攻击华野指挥中心，粟裕认为敌第七十四师已经处于我军正面，我军无需过多调整即可在局部形成5∶1的兵力优势，遂决定以中央突破应对中央突破，直接"猛虎掏心"锁定敌第七十四师。战至16日18时许，华野攻克大崮顶，击毙敌中将师长张灵甫，全歼国民党军五大主力之一的整编第七十四师。17日，毛泽东特发贺电："歼灭七十四师，付出代价较多，但意义极大。"

在英雄孟良崮，孟良崮战役纪念馆由纪念馆、烈士陵园、战役遗址区、雕塑园四部分组成。烈士陵园安葬着2859名烈士遗骨；战役纪念馆通高19.47米，主体外形由两面红色战旗组成大崮顶山形，中夹一组雕塑，红色外立墙上镶嵌着19.47万枚弹壳，两个数字均指向战役打响的时间——1947年。

1947年春，陈毅司令员写下《如梦令·临沂蒙阴道中》："临沂蒙阴新泰，路转峰回石怪。一片好风光，七十二崮堪爱。堪爱，堪爱，蒋贼进攻必败。"该词作预示了蒋介石国民党军进攻解放区必将失败的结局。

孟良崮的主体由距今约25.16亿年形成的二长花岗岩构成，露头可见清晰而典型的流动构造及形态多样的揉皱。构造节理形成的"刀劈石"，侵入岩中似"心"形的包裹体，美称"金桃石"，凸显了孟良崮的科学内涵。

距今18亿年左右，基性岩浆沿张性深裂隙上侵就位，形成了南北向分布的辉绿岩岩墙群，岩墙岩石成分、结构具有较高的均一性，沿后期节理容易产生球形风化。在孟良崮园区内，存在较多的球形风化现象。

与岱崮镇群崮相较，孟良崮反而缺少"崮"的特征，已呈老年"崮"态。岩株裸露，节理发育，难以蓄水成潭。当年张灵甫固守的大崮顶缺乏水源，所部约3万人在山上因缺水导致士气低下，是全军被歼的原因之一。据说孟良崮战役结束之后仅数小时，那里就下起了滂沱大雨，如此天意，更增加了孟良崮的神秘。

五、云蒙湖

蒙山北部云蒙湖是山东省第二大水库，坐落于蒙阴县境内东汶河与支流梓河的交汇处，1960年4月建成蓄水，总库谷7.49亿立方米。

云蒙湖东邻孟良崮，西接蒙山国家森林公园，三面群山环峙，烟波浩渺。每到阳春三月，成千上万只野鸭、鸳鸯、鸿雁等水鸟飞到云蒙湖。湖上小舟轻荡，人与鸟同框；湖岸桃花绽放，人与花同醉，构成一道道美丽的风景线。

六、继往开来

"孔子登东山而小鲁，登泰山而小天下"（《孟子·尽心上》），将蒙山（东山）与圣人写进了经书。蒙山之人文情怀源远流长，2014年，中华人民共和国环境保护部将蒙山命名为生态名山，源于蒙山是以山水林景观为依托，渗透着人文景观的综合体，集自然风光、文化、宗教、教育等多种因素为一体，是研究生态名山的理想范例。这是我国首座生态名山。2019年，沂蒙山世界地质公园的建立，将这里特有的岱崮地貌、龟型地貌景观与厚重的历史、红色文化高度融合，为沂蒙山开辟出了新的保护利用之路。

荣誉的背后，是沂蒙山革命老区人民脱贫攻坚、不懈奋斗的创业史，是军民"水乳交融，生死与共"在改革开放伟大实践中结出的硕果。八百里沂蒙的变迁，凝结成山东省乃至全中国变迁史的缩影，成就"新中国故事"精彩的一章。

小贴士

科马提岩（komatiite）是一种含镁很高的超镁铁质火山岩，因其于1969年在南非的科马提河谷被首次发现，故名。科马提在当地语中是"牛"的意思，它的形成年代非常古老，是沂蒙山世界地质公园最古老的岩石之一，约形成于27.5亿年前的新太古代。这么古老的岩石只有很少一部分保留到现在，牛气的科马提岩就是其中之一。

参考资料

[1] 临沂沂蒙山世界地质公园公众号资料。

[2] 武法东、蔡胤璐:《巍巍沂蒙山——记沂蒙山世界地质公园》,《国土资源科普与文化》2019年第3期。

[3] 杨文:《"崮"乡故事:草地·神州风物》,《新华每日电讯》2021年11月19日。

[4] 王照波等:《山东蒙山全新世冰川遗迹的发现及确认——来自宇生核素年龄证据》,《山东国土资源》2018年第6期。

[5] 王乃昂等:《山东蒙山峨峪口砾石堤的成因类型和泥石流发生历史》,《冰川冻土》2021年第4期。

云台奇迹：云台山世界地质公园^①

　　2004年，中国第一批8处国家地质公园入选《世界地质公园名录》，相对于鼎鼎大名的黄山、庐山、丹霞山等，那时的云台山可谓名不见经传，且河南一省两处（另有嵩山）申报成功，云台山能够脱颖而出，实属"异数"。

　　早在1997年底，联合国教科文组织倾向在中国率先进行国家地质公园试点，为推广世界地质公园做准备。河南云台山闻风而动，通过成功申报首批国家、世界地质公园，提振名气，凝聚人气，赢得财气，创造了一连串的"云台奇迹"。

一、云台地貌

　　太行分一脉，蜿蜒入云台。30亿年前，太行山岛在东亚海平面上崭露峥嵘；6500万年前的古近纪开始，新构造运动持续至今。尤其是2300万年以来，喜马拉雅运动的强烈抬升和水蚀作用的深度下切，在太行山南段形成山地断块或掀斜抬升，其寒武系—奥陶系地层中以"之"形长崖、线形长崖、环形长崖、台阶状长崖和瓮谷、围谷、悬沟、深切障谷为特色的滨海—浅海相碳酸岩地貌，称为"云台地貌"。

----

　　① 云台山世界地质公园位于河南省焦作市的太行山南麓，地理坐标为东经112° 44′40″~113° 26′45″，北纬35° 11′25″~35° 29′40″，面积约556平方千米，分为云台山、青龙峡、峰林峡、青天河、神农山五个园区。

云台地貌兼具峭壁、石墙和峰墙的雄浑，瓮谷、围谷和嶂谷的深邃，峰丛、溶洞、钙华群、悬泉飞瀑的秀美，各种奇妙组合形成云台山悬泉飞瀑、青龙峡深谷幽涧、峰林峡石墙出缩、青天河碧水连天、神农山龙脊长城等中原绝境云台山的奇山秀水，辅以丰富深蕴的文化内涵，使"云台奇迹"成为现实。

二、盆景峡谷：红石峡

太行山把最美的风景留在了云台山，云台山把最奇的画面印在了红石峡。

红石峡全长1500米，最宽处不过20米，最窄处不到5米，在云台山峡谷群中属于微型峡谷，却能小中见奇。

第一，地下嶂谷，红石峡为水流沿密集的张性破裂带下切而成，整条峡谷处于距地表86米深处，峡底观天，晴空一线。两侧红岩绝壁，恰是控制了云台山地貌格局的最新活动形成的黑龙王庙断层面；丹崖断墙，则属中原地区少有的丹霞地貌景观。

第二，瀑飞泉涌，集泉、瀑、溪、潭于一峡。横跨一线天的石桥之下，一条瀑布跌宕而下，足有50余米，状若白龙施法布雨，美称白龙瀑，也称红石峡"迎宾第一瀑"。白龙瀑日夜倾泻汇入白龙潭，潜通暗河，一路奔流至修武

红石峡

红石峡盆景峡谷

县的海蟾宫才露出地面。

第三，四季如春，舒适宜人。每当炎夏时节，峡谷凉风习习；隆冬腊月，谷内依旧流水潺潺，青苔绿藓，当地人习惯叫它"温盘峪"。不论是称红石峡还是叫温盘峪，这条峡谷自成一山水小世界，抑或为放大了的艺术盆景，因此享有"盆景峡谷"的美名。

以上三奇，得其一者可称美景；而三奇集于一谷，实属罕见胜景。

三、峡谷群

在云台山世界地质公园内，自西而东的5个园区内分布有仙神河峡谷、云阳河峡谷、逍遥河峡谷、丹河峡谷、峰林峡、青龙峡、红石峡和葫芦峡8条峡谷，构成特色鲜明的峡谷群。

青龙峡，地处河南与山西两省分界线上，在东亚裂谷背景下产生，经河流深切而形成。全长7500米，宽10余米，最窄处仅几米，峡深达600～700米，是云台山第一大峡谷。青龙河流水潺潺，沿山谷蜿蜒，若青龙盘绕；因地势起伏，形成瀑布、急流、涧溪、碧潭；望龙瀑波澜壮阔，倒流泉妙不可言，七彩潭色彩变幻。一瀑一姿，飞琼溅玉；溪潭相连，鱼游蝶戏。

崖壁上溶洞绿色掩映，两亲家洞洞穿山脊，青龙洞神奇奥秘。三官洞洞深300余米，洞内长年流水，钟乳石如莲花似玉柱悬挂洞顶，钙华地貌异彩纷呈，钙华坝、钙华滩随处可见。

峰林峡，原名群英湖，位于修武县境内，是峰林峡园区融山水神韵为一体的"云台天池"。峰林峡以峰墙与峡谷并行为特色，流水沿着破碎带深切形成的裂隙谷，把山岭分隔成了一道道高数十米至数百米、两侧均是悬崖绝壁的峰墙，峰墙的顶部在不均匀的崩塌中表现为棱角分明的峰林。峰林与峡谷间河流蛇曲蜿蜒，形成多处牛轭湖和离堆山。九曲十八弯的峰林峡谷，弯弯有洞天，真好比云在天上走，人在画中游，因此就有了"云台天池"之美名。

当巨力万钧的新构造运动和旷日持久的水动力作用对厚达千余米的碳酸盐岩实施雕琢时，除了形成峡谷、峰林，还可形成一种龙脊岭状的峰墙地貌。在神农山园区，夹持于两条峡谷间、由近水平产出的层理和两组垂直节理共同将石灰岩切割成大小不一的块体，好像一块块巨石堆砌的天然石墙——龙脊长城。龙脊长城绵延11.5千米，高100～200米，大多地段宽仅数米，仰视为峰，俯视为岭，平视为墙，为云台地貌一绝。

四、山水交响曲

联合国教科文组织地学部原主任、"世界地质公园之父"德国人沃尔夫冈·伊德（F. Wolfgang Eder）博士实地考察该景区后感叹道："我不得不承认，云台山是一个独一无二、不可比拟的地质公园。它给我的印象是一部乐章，是一首贝多芬的交响乐，是一首最美妙的山水交响乐。"

"乐章"的开始无疑是红石峡悠扬的快板，充分撩拨起游人的情绪，带人进入红色峡谷与碧绿河水组成的山水画廊，欣赏乐曲跌宕起伏的旋律。

云台天瀑，未见其身，先闻其声，初似钟声杳杳，由远及近，轰轰然夹带阵阵清凉扑面而来。

在云台山园区泉瀑峡景区的尽端，天瀑峡围谷的"U"形崖壁上，一道6米多宽的水束，突然从两峰豁口跌落，形成20余米宽的瀑面，直泻老潭沟。急泻而下的瀑布溅起"千堆雪"，又化成一团水雾，把瀑布罩在白蒙蒙的雾气中。经测量，这条瀑布从流水的落点到围谷的谷底为314米，是我国

天瀑峡

乃至亚洲单级落差最大的瀑布，是名副其实的"华夏第一大高瀑"，故称"云台天瀑"。

有人说云台天瀑白衣素裹，因风作态，宛如天女下凡，那必然是初春时节，天瀑伴着万物复苏，轻轻舒展开身子；有人说云台天瀑上吻蓝天，下蹈崖石，犹如擎天玉柱，那必然是阳春三月，天瀑元气生发，已然跃跃欲试；还有人说云台天瀑似银河裂岸，天降飞琼，那必然到了天瀑和淫雨相约的日子，你侬我侬，不负卿卿；若逢大雨倾盆，天瀑变得气势磅礴，风驰电掣，形若吟龙，声似烈马，奏响云台山水乐章的最高潮——预示着云台山之旅尖叫体验季的正式开启。

山水若斯，在整个太行山脉，上天予云台山独厚。特殊的构造部位和地层岩性条件，使云台山区水体和水动力作用极为发育。

首先，以黑龙王庙断层为界，断裂以北的水文地质单元，垂直节理（裂隙）发育，地下水在上部含水层中向沟谷方向渗透，遇泥质灰岩形成的不透水层，以泉的形式出露地表。地质公园处于断裂北盘太行山前倾斜地带，泉水得以出泄地面，自然泉源玉女泉、王烈泉、长泉、一线泉、黄龙洞泉、滴水泉、青龙洞泉等星罗棋布。

其次，云台山地区的石英岩状砂岩和馒头页岩等隔水层正好出露在山体的半山腰，泉水集中出露在崖壁30～100米的高度，形成了罕见的飞瀑流泉景观。

再次，云台山地区的山顶夷平面面积很大，主峰茱萸峰周围形成万亩草甸景观，为地表水的蓄存创造了条件。"山中一夜雨，树杪百重泉"，虽不是专为云台所写，云台山却得其神似。

云台山深谷幽涧，悬泉飞瀑，瀑、泉、溪、潭点缀其间；长墙危嶂、瓮谷悬沟间，辅以水的灵动。河谷起起伏伏，随岩石台阶出现众多跌水，高则3～5米，低则数十厘米，形成中国北方岩溶特点的溪泉和河流钙华阶地、钙华瀑、钙华滩等，为园区再添一道美丽的风景线，不妨称之为云台山水乐章的尾声吧。这些极为常见的岩石台阶和溪潭，也是太行山快速和间歇性抬升的直接证据。

五、云台极顶：茱萸峰

云台山古时候称"覆釜山"，是因为云台山的主峰——茱萸峰，孤峦秀矗，如同一口巨锅倒扣在群峰之上。这口巨锅并非一般的锅，应和道教炼丹用的"釜"有关。道教在汉末形成后，就将云台山列为七十二福地之一，当年道教兴盛时，道士支釜炼丹是大概率的事。因其和南顶武当遥相呼应而称"北顶"，又因伏牛山脉的五朵山也称"北顶"，且海拔较高，为了区分，土俗遂称覆釜山为"小北顶"。

在唐代，王维《饭覆釜山僧》云："晚知清净理，日与人群疏。将候远山僧，先期扫敝庐。果从云峰里，顾我蓬蒿居。"注家以为"山名覆釜者，不止一处，然右丞所指，疑在长安"，但从"远山僧"看，长安恐不确，会不会指的今云台山呢？

把覆釜山改称茱萸峰，也离不开王维的诗意。适逢重阳节气，17岁的王维身在长安，摆弄随身佩带的茱萸囊，香气氤氲之间，写下《九月九日忆山东兄弟》:"独在异乡为异客,每逢佳节倍思亲。遥知兄弟登高处,遍插茱萸少一人。"

如今这个故事被附会到云台山茱萸峰头上,并说茱萸峰因此得名。质疑者认为王维的家乡在蒲州(今山西永济),其"山东兄弟"(唐代山东指崤山或华山以东,蒲州在山东)跑到云台山(覆釜山)登高插茱萸,是不是有点跑偏了?

不管怎样,"小北顶"是不能要了,茱萸峰的名头已越来越响。这次佳名移植是很成功的。

云台山主峰茱萸峰,海拔1297.6米。登上峰顶,极目远眺,可见黄河如银带;俯视脚下,群峰形似海浪涌。山顶气候多变,倏忽间风起云生,白雾从山间涌出,红日随即隐去。茱萸峰是观看云海的最佳地,山中林木茂盛,空气中水汽充沛,湿度大,极易成云致雾。山峰在云雾中出没,云腾山浮,如临仙界。

峰顶有玄帝宫(云台寺)。唐玄宗时,下令在全国修建专门敬奉玄元皇帝老子的玄元庙36座,此为其中之一。明清两代,每逢农历三月初三,朝"北顶"的信众到云台寺烧香。不管是神灵护佑、心诚则灵,还是一路登山、舒筋活血,哪一步对信众都不可缺少。

峰腰有药王洞,深30米,直径10米,相传是唐代药王孙思邈采药炼丹的地方。药王洞口有古红豆杉一株,高约20米,树干粗壮需三人合抱,枝繁叶茂,树龄在千年左右,是国内罕见的名木。山上另有"厨灶洞""阎王洞""黄泥洞"等10余个洞穴。景点内的名泉一斗水,泉状若小井,水涌平地面,终年不涸不溢。

茱萸峰下,崖壁陡峻,在海拔1080米的半山腰上,依崖而建了云台山玻璃栈道,其中一段沿崖壁呈"U"形,另一段悬于千米悬崖之上,总长400余米,宽约1.6米,地势险要,上下临空,视野开阔。上面可以观看茱萸峰、重阳阁等景点,脚下可望万善寺、小寨沟、地质博物馆等景点,大山与大平原景观在这惊心动魄的崖壁栈道上自由切换,美不胜收。

在茱萸峰的周围，有上万亩的高山草甸，植被属于高寒草甸，以密丛而根茎短的小嵩草、矮嵩草为主，并常伴生多种薹草、圆穗蓼和杂类草。

草甸的生长必须要有高山草甸土（夷平面上的风化层），气候以寒冷、中湿、冻结期长为特征；年平均气温-6℃～4℃，年降水量400～700毫米。

山茱萸为暖温带阳性树种，生长适宜温度为20℃～30℃，花期在3—6月。花期最忌冻害，在高山草甸种植很可能会被冻死。不然，在茱萸峰周围广植茱萸，每当春末初夏，芳香浓烈、色泽艳丽的茱萸花盛开……漫游至此，不禁为忽然冒出的想法发笑，因为九月九日山茱萸花期已过，何能"登高""遍插"？有人力证重阳插的是茱萸果，看来此说更可信。

六、魏晋风流

魏晋时期，热衷玄学的7位名士山涛、嵇康、刘伶、阮籍、阮咸、向秀和王戎，常集于竹林之下，肆意酣畅地饮酒纵歌，世谓"竹林七贤"。"竹林七贤"寓居地为河内山阳，因在太行山之南而得名，地望即今河南焦作修武西北，今已划为云台山世界地质公园百家岩景区。

魏晋士人素有服食石髓的风尚，石髓即石钟乳（钟乳石），七贤之一的嵇康曾与隐士王烈"共入山，烈尝得石髓如饴，即自服半，余半与康，皆凝而为石"。嵇康没有吃到像软糖一样的石髓，王烈带他一同前往流出石髓的地方，而山已复如故，只留一涌泉，二人饮之，清冽甘甜，后世称其"王烈泉"。

王烈所食"石髓"，既不出自溶洞，也不出自河流，而是与泉共生，泉源夹带"钙华"沿裂隙流出地表。由"石髓探源"来看，王烈必然懂得些地质学的道理。

王烈泉周围还有"刘伶醒酒台"、"嵇康淬剑石"和"孙登啸台"，都是当年"竹林七贤"嵇康、刘伶、向秀等人谈玄清议、啸饮竹林，和隐士王烈、孙登互相倾慕、交游往还的遗迹。

嵇康之"恬静无欲，性好服食"，阮籍之"纵酒昏酣，遗落世事"，皆与信奉道家、道教有千丝万缕的联系。他们倾慕的得道高人王烈据传食黄精、石髓，寿达300多岁。孙登穴洞而居，无喜无愠，一声长啸，引得凤凰来仪，与"竹林七贤"都成了中国文化史上特立独行的文化符号，无论是在诗文还是在图画上，都是中国文学或艺术常见的表现题材。与此相伴，云台山声誉日隆，"竹林七贤"的流风遗韵，成为诠释云台山水的最佳注脚。

东晋顾恺之的《画云台山记》，画面以云台山的高山、洞流、树石、草木为背景，以道教天师张道陵及其弟子之间的人物故事情节贯穿全篇，可以看作是山水点景人物画题材的一个开端。

当代画家傅抱石于1940年至1942年连续三年创作《〈画云台山记〉图》，其绘制基础是1940年2月撰成的《晋顾恺之〈画云台山记〉之研究》一文。中华文化一脉，源远流长，继承和发扬，千载如斯。

七、"云"系列

云台山拥有14亿年的地质构造史，也是一座有3000多年人文历史的名山，其从"养在深闺"走向闻名遐迩，是从争创国家地质公园乃至世界地质公园开始的。

2022年，是云台山开景33年和入选世界地质公园18年的日子。已过而立之年的云台山，在让无数游客看到它雄胜与灵秀兼具的太行山水的同时，已然成为河南递向全国乃至全世界的一张闪亮名片。

山水为墨，绘就秀美云台；文旅做毫，书写奇幻珠玑。红石峡碧水丹崖，盆景峡谷；青天河峡谷曲折迂回，碧水连天；神农山崖墙似云中青龙，又像天然长城；青龙峡深谷幽涧，叠瀑连连；峰林峡峡谷与峰林形成绝妙组合。凭借如此绝妙景观，在开景而立之年前后，具有云台山文化特色的"云系列"也拉开大幕。云台山景区谋划实施了云台山夜游、云台山小吃城、360°云景球幕影院、茱萸峰索道、文化旅游学院、猕猴谷生态营地、云藤七贤精品帐篷营地、云阶康养旅游小镇、云台山亲子综合体等近20个"云系列"转型提升项目。以文塑旅,以旅彰文,云台山丰富的人文资源,必将征服前来考察投资和旅游观光之人。

小贴士

> 太行山南段(包括南太行和西太行)主要地貌类型,除了云台地貌,还分布有嶂石岩地貌。二者成因基本相同,主要不同是云台地貌发育于碳酸盐岩地层,而嶂石岩地貌发育于石英砂岩地层。在中元古界长城系石英砂岩中,地质作用以侧向楔状的水流侵蚀和重力崩塌为主,形成丹崖长墙连续不断、阶梯状陡崖贯穿全境、"Ω"形嶂谷相连成套、棱角鲜明的块状结构、沟谷垂直自始至终等特征的地貌,甚为壮美,被命名为"嶂石岩地貌"。该地貌主要分布在河北省西南部赞皇县的嶂石岩景区。

参考资料

[1]章秉辰:《太行明珠——云台山联合国教科文组织世界地质公园》,《国土资源科普与文化》2020年第4期。

[2]《云台山十大最为奇特的地质景观》,公众号:云台山世界地质公园,2018年10月18日。

[3]《【Go to 地质公园】中国云台山世界地质公园》,公众号:中国古生物化石保护基金会,2016年4月1日。

[4]张忠慧:《解读"云台山水资源丰富"之谜》,公众号:云台山世界地质公园,2016年11月16日。

[5]高亚峰、焦慧元:《太行山嶂石岩地貌与云台山地貌特征》,《城市地质》2007年第4期。

燕山物语：延庆世界地质公园[①]

  1926年，在日本东京举行的第三次泛太平洋学术会议上，翁文灏[②]提交论文《中国东部地壳之动作》，首次提出以"燕山运动"定义中生代（距今2.52—0.66亿年）中国东部广泛发生的构造运动。

  "燕山运动"是翁文灏研究北京西山（属太行山脉）和辽西北票地区后提出的观点，以北京西山乃古燕国属地而命名。但"燕山运动有时间上之特征而无空间上之限制"，是三叠纪东亚大陆雏形形成后的一次重大地质构造事件，对燕山山脉影响巨大。

  燕山山脉东起山海关，西至张家口洋河（洋河是永定河主要支流），长约420千米，地势西北高、东南低。延庆世界地质公园处于山脉南麓，有距今18.5—8亿年形成的数千米厚的海相碳酸盐岩，表面出露形态多样的波痕和泥裂，燕山运动时期形成规模宏大的山前断裂、近乎直立的岩层、红石湾穹窿、六道河背斜、书剑峰单斜构造；有1.7—0.8亿年前中生代燕山运动形成的多种侵入岩、喷发岩和构造地质遗迹，还有众多1.5亿年前晚侏罗世硅化木和恐龙足迹化石，以及距今4千万年以来岩溶作用塑造出的北方喀斯特地貌等，是集构造、沉积、古生物、岩浆活动及北方岩溶地貌为一体的

---

  ① 延庆世界地质公园位于北京市西北部，地理坐标为东经115°45′36″~116°34′12″，北纬40°21′~40°46′12″，总面积620.38平方千米，由西部的龙庆峡园区及古崖居园区、东部的千家店园区和南部的八达岭园区组成。

  ② 翁文灏（1889—1971），字咏霓，浙江鄞县（今属宁波）人。中国第一位地质学博士，中央研究院第一届院士。

综合性地质公园。

一、燕山形胜：八达岭园区

"且说燕山形胜，左环沧海，右拥太行，北枕居庸，南襟河济"，《二刻拍案惊奇》中的这段话常被引用。形胜之地——燕山山脉，仿佛一张弯弓，向东北延伸而去，横亘在内蒙古高原与华北平原之间。宋代苏辙出使契丹有诗云："燕山如长蛇，千里限夷汉。首衔西山麓，尾挂东海岸。"

随着15世纪后期"小冰期"[①]的到来，气候变冷使得灾害多发，农牧界线向南退缩，来自北方游牧民族的威胁加剧，明朝进入多事之秋。冷兵器时代，据"形胜"之地为防守的关键，明朝依托燕山南部山脊走向筑城，重点扼守燕山众多谷地的南部出口，形成一系列以"口"命名的要塞，如南口、古北口、喜峰口、冷口等。

在燕山山脉余脉军都山与太行山脉相交处有一个巨大断裂带，形成绵延约24千米的沟谷，南口属昌平区，北口属延庆区，因沟谷设居庸关，故称关沟，即"太行八陉"最北的军都陉，被认为是太行山与燕山之间的分界线。

八达岭处于关沟的北口，海拔高达1015米，两峰夹峙，一径中开，夹径设关，筑关为城。关城为一不规则的四方形，东、西两面各有关门一座，东门题额"居庸外镇"，西门题额"北门锁钥"。八达岭位居居庸关的前哨，向东南俯视居庸，势若高屋建瓴，自古有"居庸之险不在关城，而在八达岭"之称。

从八达岭关城南、北两侧依山建立的长城，似磅礴巨龙，蜿蜒在军都山

---

① "小冰期"（Little Ice Age）的概念首先由美国冰川学家弗朗索瓦-埃米尔·马泰（Francois-Emile Matthes，1874—1948）在1939年提出，最早用来描述"全新世暖期之后冰川中等规模复活的寒冷时期"。在我国，通常将15世纪后期至19世纪末20世纪初气候寒冷期称为小冰期，又由于这一时期恰是明清时期，因此在中国也被称为"明清小冰期"。

崇山峻岭之中，腾跃于悬崖峭壁之上。八达岭长城既是著名的世界文化遗产地，又是燕山运动晚期（距今约1.1亿年）形成的著名八达岭杂岩体的命名地。八达岭长城的基础便是八达岭杂岩体，主要为二长花岗岩，质地十分坚硬。

从八达岭沿延庆与昌平、怀柔边界，八达岭园区向东北延伸，经大庄科、莲花山，到四海、珍珠泉、宝山寺等地，折向西北和千家店园区连接。园区拥有众多典型的地质遗迹，如莲花山花岗岩地貌、大庄科流水侵蚀地貌和其他地质遗迹、珍珠泉独特的构造裂隙泉水等，四海地区发育有距今1.45亿年、具有完美的六边形柱状节理的潜火山岩——安山玢岩。

八达岭园区的地质景观和人文古迹常常浑然一体。历史上八达岭下辖7个关口，水关是其中之一。八达岭水关长城地处关沟中部，崇山峻岭间两山夹峙，一水中流，可以控水御敌，故得名"水关"。水关长城地势险要，双面箭垛，素以奇、险、陡、坚著称。抗倭名将戚继光将军曾任蓟镇总兵，主持北方军务，督兵修建过水关长城。

八达岭

　　水关长城因修建京张铁路而被截断。清宣统元年（1909），担任京张铁路工程司（师）的詹天佑设计"人"字形铁路，火车从张家口开来，经过青龙桥利用人字形铁轨折返下山，用延长距离的方法减缓火车的爬坡坡度，解决了坡度大机车牵引力不足的问题，实现了中国自主设计建设的第一条铁路——京张铁路的全线通车。

　　2018年12月13日，长度超过12千米的京张高铁八达岭隧道顺利贯通。八达岭长城脚下，新旧两条京张铁路穿越百年时空，在这里交会，它们见证了中华民族的崛起。可以告慰詹公的是，引领智能高铁的技术完全掌握在中国人自己手里。

二、塞外漓江：龙庆峡园区

　　延庆，永定河上游——妫水发源于此。妫（guī）水，又称妫川、妫河，史上有沧河、清夷水等称呼。妫水一脉自海坨山东麓，涓涓细流自云端飞下，形成瀑布、深潭，然后偎山漱石，穿涧越谷，经玉渡山，汇入龙庆峡。

龙庆峡局部

　　龙庆峡，距北京城区85千米，得名于元代延庆称谓"龙庆州"，宛若一条大龙活灵活现地盘旋在延庆古城村的半山腰，旧称"古城九曲"，风光秀美，有"北京小漓江"之誉。1981年龙庆峡拦河筑坝，建成长90米、高72米的大坝，高峡出平湖，泛舟湖上，可以一览山峡溪涧风光。

舟行水上，明镜开阖；峰回路转，微澜不惊。但见两侧壁立千仞，奇峰竞秀。苍山古幽，一石突兀，远望似如来佛祖，螺髻翘然，因此得名"镇山如来"；凤冠岛，三面环水，一面连山，似一顶凤冠嵌入碧潭，轻盈不失庄重，已成为龙庆峡园区地标；棋盘石，孤峰平顶，似一位仙人推枰认负，起身告辞，身后留下一局棋枰；壁立山石，由于差异风化，壁后中空，而前壁依然直插水底，形成"水上屏风"。

整个龙庆峡园区，岩溶作用塑造出的龙庆峡，既有北方峰崖的雄伟峻峭，又不失南国溪涧的灵动娟秀。密集的节理和断层将出露地表的中晚元古代海相碳酸盐岩分割裁剪；峡谷两壁上完美地保存着典型的海相沉积标志，如水平层理、叠层石、风暴沉积构造等。此番景色直与漓江山水相媲美。舟行至此，游人可以尽情发挥奇思妙想，方不辜负7000米之水上画廊。

如果兴致未阑，龙庆峡上游的玉渡山不可不游。传说离群索居的玉渡山形似柴火垛，故当地村民称其为"一垛山"，又名"离堆山"。随着旅游业的发展，海拔860米的"一垛山"摇身一变成了"玉渡山"。名字换新，朴野风貌幸自保存。"高山草坪"、"三泉泻玉"和"忘忧湖"，共同构成玉渡山的三大招牌景点。

早在辽、金、元三代，龙庆峡就被作为皇家巡幸之地了。据当地州县志记载，早在1000多年前，辽萧太后的避暑宫就建在龙庆峡绿障翠屏间。此处溪鸣鸟啼，可独享清幽，萧太后给出评价："斯境胜地，天地间共有几乎？"此事真伪固难稽考，一代女政治家萧绰的名字和龙庆峡的名山秀水联在一起，说明"江山还要伟人扶"所言不虚，何况伟人还是美人呢！

三、西奚之谜：古崖居园区

古崖居园区位于延庆世界地质公园最西端，面积25.9平方千米，以古崖居遗址著称。

古崖居遗址位于延庆张山营镇，10万平方米的悬崖峭壁之上，大致分为前、中、后三个区域，据统计，此处共有洞窟147座。洞窟的类型主要有马厩、居室、储藏室、议事厅等，开间有单间、两套间、三套间不等，有的上下层之间相互通联，最大的有20多平方米，

延庆古崖居

小的仅三四平方米，洞穴内的高度一般为1.5～1.8米，深为1～6米不等。各个洞穴布局十分合理，里面分别凿有石门、石窗、石炕、石灶、马槽、壁厨、气孔、排烟道、廊柱等，一应俱全。其中，有一处开凿相对豪华的居穴被称为"官堂子"，据推断，应该为头领的住处。总之，古崖居遗址是目前华北地区已发现的规模最大、规格较高的一处古人洞窟聚落遗址，开凿年代、功用等至今仍存有争议，因此被誉为"中华第一迷宫"。

早在四五万年前，延庆就有人类生息，出土有大量新旧石器，有多处文化遗存。燕山南北是古文化极为发达的地区，最早进入"古国"阶段，在中华文明缔造史中占有非常重要的地位。古崖居遗址为人工开凿于山崖之上的洞窟遗址，位于中生代燕山运动时期形成的花岗岩中，岩体完整，三组原生节理发育。古人巧妙利用岩体中三组节理凿石筑室，成为地质遗迹与文化历史完美结合的典范。

关于古崖居开凿的年代及用途，史料并没有记载。其山体和石窟内均无石刻图案和文字，唯一的出土文物是生活区前的一个石碾。因此，关于其身世及用途，至今史学界的专家学者众说纷纭，提出了不同的观点。有

学者认为古崖居属于契丹燕王家族墓地，也有学者认为属于西奚人的居所。从目前的研究成果来看，多数学者倾向古崖居是距今1000余年五代时期的少数民族——西奚族聚居的崖居山寨。

考古学者解释说，因为奚族正好活动于那个时期、那个地区，这是有历史记载的，而且遗址跟其他地方不太一样，所以认为它属于奚族的居住遗址。

在历史学者包伟民教授看来，这个推理的跨度有点大。包伟民举例说："挖到一个脚趾骨，就可以知道整个恐龙的样子，这是因为我们对恐龙骨架有一个总体的认识。但是有时候，我会吐槽考古学界，觉得他们的论断可能有那么一点猜想的成分，因为知道的太片段了，就要设想给出一个很大的答案，这中间的差距还是存在的。"

四、木石奇缘：千家店园区

千家店园区东邻怀柔，西、北与河北省赤城县接壤，南面是延庆盆地。园区沿白河两岸，东西长26千米，南北宽6000～8000米，总面积约226平方千米，由原来的北京延庆硅化木国家地质公园发展而来，有硅化木群、恐龙足迹、乌龙峡谷、滴水壶、小昆仑、燕山天池等景点，点缀在山水画廊之间。

硅化木，即传说中的"树精儿"。古树由流水搬运至沉降凹地环境，迅速被泥沙掩埋，在漫长的地质历史时期，地下水溶液中的二氧化硅、碳酸钙、氧化铁等不断渗入树干，填充树木细胞腔和细胞间隙，经过石化、重结晶作用，树木蜕变为硅化木化石。硅化木化石保留了树木的形态轮廓、木质结构和纹理。

硅化木景区位于千家店园区的东北部，保护面积约20平方千米。在距今约1.4亿年的上侏罗统土城子组一、二段的海相沉积砂页岩中，出土硅化木有57株。表面呈黄褐色或灰白色，直径1米左右，最粗者可达2.5米，大部分呈直立状。其露出地面一般高0.4～0.5米，最高可达1米多；还有一部分为横卧状。化石纹理清晰，质地坚硬，年轮可辨，形态完好且原地埋藏，是华北最大的硅化木化石群。

2012年初，延庆硅化木景区首次发现了恐龙足迹群，为生活在距今约1.5—1.4亿年晚侏罗世的恐龙所留，属覆盾甲龙类、兽脚类、鸟脚类及疑似蜥脚类恐龙。这一发现不但证明北京地区晚侏罗世有恐龙生存，而且种类丰富，既有同时代相邻地区常见的肉食性恐龙，又有相邻地区未发现的植食性恐龙，极大丰富了该时期的恐龙类群。

延庆恐龙足迹出露于上侏罗统土城子组三段紫红色砂岩地层，和千家店硅化木化石保存地层同为上侏罗统土城子组，为研究华北地区古地理和古气候提供了样本。早白垩世的"热河生物群"承接其后，为研究燕山南北的生物辐射提供了重要资料。

乌龙峡谷原名黑龙潭，是河流下切作用形成的典型河流峡谷地貌景观，长约2000米。进入新生代，园区以垂直抬升为主，黑河沿中生代燕山期火山岩中的裂缝下切，经过长期冲刷和侵蚀，最终形成了乌龙峡谷。

滴水壶景区位于黑、白河交汇处的下方，终年流淌的高山溪流从几十米高的黄崖山峭壁垂直泻下，散珠成帘，珠帘遮挡的洞中一派北方喀斯特岩溶景观，石笋、石钟乳发育，不啻道家壶中别有洞天，由此得名"滴水壶"。

延庆区东北的"燕山天池"坐落在白河堡火山沉积盆地之上，林带环绕，碧水清幽，水面海拔600米，总库容约1亿立方米，是北京最高的水库，承担着为密云水库、官厅水库、十三陵水库补水调节的任务。

北京市延庆区作为2022年北京冬奥会三大主赛场之一，设立了2个竞赛场馆群，进行了高山滑雪、雪车、钢架雪车、雪橇4个分项的比赛，各国冰雪健儿会集"百里山水画廊"。这期间，不但吉祥物"冰墩墩"和"雪容融"大受追捧，延庆地方特色的纪念品比如恐龙脚印印章也广受青睐，因为这款印章脱胎于延庆世界地质公园千家店蜥脚类恐龙足迹，保证是原址原创，不设分号。

五、延庆：北京夏都

中国延庆世界地质公园，一个被誉为"百里山水画廊"的地方，一个恐龙曾经走过的地方。亿万年的地质变迁，以燕山运动为主雕琢出延庆世界地质公园内丰富的地质遗迹和如画的自然风光，同时也造就了灿烂的历史文化。

地质公园秉承"颂造化之神奇，谋区域之长兴"的发展宗旨，全面开展公园建设。借助良好的资源禀赋，与属地政府密切合作，在地质遗迹资源保护、地质科普宣传和带动本地经济社会发展等方面均取得显著成效。专家团队对硅化木的保育工作，使游客更容易近距离地观察硅化木的颜色、形态、年轮和纹理等信息，增强了地质遗迹的观赏性，激发了游客参与地学旅游和探索地质奥秘的兴趣；恐龙足迹化石点吸引着众多专家、学生、游客、驴友前来探访，地质公园适时开发地学旅游产品，推出15条地质公园精品自驾、骑游、徒步旅游路线，深挖地质元素和文化符号，合作开发纪念品，因地制宜，全面提升了民宿、餐饮产业，走出一条"地质人文互补，景区民俗同步"的发展之路。

延庆是北京的生态涵养区和生态屏障，林木覆盖率达72.5%，是多种野生生物的乐园。八达岭国家森林公园、野鸭湖湿地等与世界地质公园，你中有我，我中有你。各方立体联动，一方面，打造以龙庆峡、松山、玉渡山为代表的延庆风景，挖掘以八达岭长城、古崖居、大庄科辽代矿冶遗址、九眼楼、青龙桥火车站为代表的深厚历史文化底蕴，展现妫川广场、夏都公园、妫水公园等人文景观，另一方面，又为八方游客提供完善的旅游基础设施，使这里成为人们亲近自然、了解地球奥秘、休闲度假的绝好场所，让"北京夏都"延庆的名号更加响亮。

小贴士

　　"热河生物群"于1928年首先由美国古生物学家、地质学家葛利普
（Amadeus William Grabau，1870—1946）提出，因化石典型产区属当时热
河辖境，故有此称。1962年，我国著名古生物学家顾知微院士在无脊椎
动物与生物地层研究的基础上，发展了葛利普的"热河动物群"学说，
建立了"热河生物群"概念。研究发现，北京延庆、承德滦平、赤峰宁
城、朝阳北票等古燕山南北麓系列盆地中保存有一个早白垩世的古生物
化石宝库，包括带羽毛恐龙、鸟臀类恐龙、早期鸟类、哺乳动物、龟鳖
类以及早期被子植物等门类，例如兽脚类恐龙中的中华龙鸟、翼手龙类
的东方翼龙、尾羽龙科的早期窃蛋龙、原始鸟类有角质喙的孔子鸟、哺
乳类的热河兽和被子植物辽宁古果等化石。热河动物群种类繁多，化石
保存精美，与辽宁北票化石群共同构成中生代生物群落，形成完整的从
爬虫到鸟类的生物进化链条。

参考资料

[1]《跨过燕山》，公众号：中国国家地理，2018年1月12日。

[2]《中国延庆世界地质公园 美在青山画廊间》，公众号：北京杂志官
方，2017年3月27日。

[3] 罗哲文：《秋雨初歇，游最险长城八达岭》，公众号：大家小书，
2019年10月6日。

[4] 毕德广、王策：《延庆古崖居遗址的年代与族属》，《华夏考古》2017
年第1期。

[5] 郑嘉励等：《读城：考古、历史与地理》，《文汇网-文汇报》2018年3
月23日。

中国的古人类、古动物、古植物化石类世界地质公园

　　世界地质公园强调地质景观的科学意义，但并非所有的地质现象都可作为地质景观，只有那些能够反映地球演化重大事件的古人类、古生物遗迹和地质构造遗迹才能作为地质景观。

　　房山世界地质公园（含河北白石山、野三坡）以周口店遗址闻名于世，古人类活动遗迹丰富。周口店北京人遗址代表了人类迈向"天地玄黄，宇宙洪荒"的鸿蒙初启，与琉璃河流域北京城之源——西周燕国都城遗址和"中国地质摇篮"西山，共同打造了无与伦比的房山世界地质公园。

　　我国古生物埋藏特别是恐龙化石遗迹丰富，湖北郧县（今十堰市郧阳区）恐龙蛋化石群国家地质公园、山东诸城恐龙国家地质公园、河南西峡恐龙遗迹园（归入伏牛山世界地质公园）、内蒙古二连浩特白垩纪恐龙国家地质公园里比比皆是，但唯有四川自贡拥有连续完整的中生代地层，以及多处恐龙化石发掘点。该地质公园拥有恐龙化石的"首发地"和第一具较完整的恐龙化石——荣县峨眉龙，另有以"活化石"之称的桫椤子遗植物群景观。这些具有重大科学价值的保留在岩层中的化石遗迹，使曾经统治地球的恐龙首次步入世界地质公园的殿堂。

地质摇篮：房山世界地质公园①

北京城三面环山，西面从昌平南口关沟到房山拒马河一带是太行山脉东北缘的山地，泛称西山。中科院院士、地质学家李廷栋在为中国地质博物馆张亚钧主编的《中国地质的摇篮——北京西山》所作序言中说：

19世纪后半叶，国外地质学家首先对西山进行了详细的地质考察。20世纪初，在章鸿钊、丁文江、翁文灏等地质学先驱的带领下，我国培养的第一批地质学子对北京西山进行了较系统的地质调查，编写了第一本由中国人自己完成的地质学专著——《北京西山地质志》②，从此开启了中国近现代地质调查的先河。后来，又陆续提出了著名的"燕山运动"，发现了"北京猿人头盖骨"，建立了我国第一座地震台，中国的地质学研究开始兴起和繁盛，涌现出了大量的地质学大师。北京西山是我国最早培养地质人才和开展地学研究的基地，因此被称为中国地质的摇篮。

循着先贤的足迹，1984年，北京大学地质系学生在周口店一带野外实习。

---

① 房山世界地质公园地跨北京市房山区和河北省保定市涞水县、涞源县，地理坐标为东经114°36′48″~116°08′16″，北纬39°09′57″~39°43′08″，总面积1045平方千米。

② 1920年，农商部地质调查所章鸿钊、丁文江和翁文灏培养的叶良辅、王竹泉、谢家荣、刘季辰、徐渊摩、谭锡畴、朱庭祜、卢祖荫、马秉铎、李捷、仝步瀛、陈树屏、赵汝钧共13人共同撰写出版了《北京西山地质志》。

褶皱、断裂、背斜、向斜这些书本上的"熟脸"在野外统统不再好认。穿剖面时，一步之遥，跨越数亿年时光，稍微大意，便可能漏掉一组地层。好在老师和眼尖的同学多有提醒，有的同学对地形图情有独钟，专司预测里程，何处有陡坎，何处有水沟，尽在掌握。一个多月跑下来，才对西山有个大概了解。

如今，以西山为核心的房山世界地质公园建立起来，它包括8个园区，周口店北京人遗址、石花洞、十渡、百花山—白草畔、上方山—云居寺和圣莲山园区属地为北京房山区，野三坡和白石山园区属地为保定市涞水县、涞源县。

在笔者眼里，周口店最带"校园感"，实习时的一鳞半爪，既是这座地质摇篮的续曲，又是记录世界地质公园的首章。

一、周口店

猿人牙齿现遗踪，考古命名赖"二生"。
发掘惊天头盖骨，同乡校友裴文中。

1918年，北洋政府农商部矿政顾问，瑞典地质学家、考古学家安特生（Johan Gunnar Andersson，1874—1960）考察周口店一带。1921年，安特生和奥地利人师丹斯基（O. Zdansky）等人在周口店进行发掘。1927年2月，中国地质调查所所长翁文灏与北京协和医院解剖系主任、加拿大人步达生（Davidson Black，1884—1934）签署《中国地质调查所与北京协和医学院关于合作研究华北第三纪及第四纪堆积物的协议书》，开启了对周口店遗址的大规模发掘。步达生根据之前"猿人洞"发现的2颗牙齿和新发现的1颗左下白齿，正式命名了"中国猿人北京种"。1929年12月2日，裴文中在周口店发现了首个完整的北京人头盖骨。

诗中的"二生"，即安特生、步达生；裴文中（1904—1982），河北丰南

周口店遗址：山顶洞

人，1927年北京大学地质系毕业。第一个北京人头盖骨发现时他刚毕业两年，这一惊天发现使裴文中跻身中国古人类研究奠基人的行列。

周口店遗址坐落在北京城西南约40千米房山区龙骨山脚下，70万年前，"北京人"选择了这块宝地，经历了从直立人到早期智人再到晚期智人等发展阶段，从"北京人"、"新洞人"到"田园洞人"、"山顶洞人"，构成一个连续的古人类演化序列，在世界人类发展史上具有独一无二的代表性，是人类化石的宝库。

迄今为止，周口店有4处地点发现了古人类化石，分别为：周口店遗址第1地点（距今50万年）、第4地点（距今约20万年）、田园洞（距今约4万年）、山顶洞（距今约3万年）。在发现古人类化石的同时，考古人员还在周口店发现了大量刮削器、砍砸器等石制工具，以及灰烬、烧过的骨头、烧过的种子等用火痕迹。制作石器的石料多为脉石英，硬度大，性脆，质细致密，有贝壳状断口，产自周口店的变质岩夹层。一系列的发现证明"北京人"不仅能够使用和保存火种，还拥有打制石器用来狩猎的能力，并从此告别对黑夜的恐惧，进入旧石器时代。他们是人而不是猿，随着科学认识的进步，"中国猿人北京种"已被改称为"北京直立人"。

1987年12月1日，周口店北京人遗址被联合国教科文组织列入世界文化遗产名录。2014年5月18日国际博物馆日，周口店北京人遗址新博物馆隆重开馆。新馆建筑线条简约、粗粝，多折面的面与面之间形成锋利的石器"刃口"结构，创意源于"北京人"制作和使用的工具——石器。走进博物馆大厅，一个右手持木棍、肩上扛着一头猎物的"北京人"塑像首先跃入眼帘，直立行走的步伐充满动感，生动地再现了"北京人"的狩猎场景。

1921年，安特生在龙骨山发现肿骨鹿、犀牛、鬣狗、熊等动物化石和具有锋利刃口的石英石片，并断言："我有一种预感，我们祖先的遗骸就躺在这里。"当裴文中发现第一个"北京人"头盖骨之后，安特生的断言部分实现。那么，是否可以说"北京人"就是现代人的祖先呢？换句话说，中华先民是不是"北京人"的直系子孙呢？这一系列疑问仍是古人类学家们努力探索的课题。

最新研究表明：距今30—10万年，中国境内可能生存有多种类型的古人类成员，他们具有东亚直立人、欧洲古老型人类和更新世晚期人类的体质特征。以北京田园洞个体（距今约4万年）为代表的人群，相比于古代和当今的欧洲人，他们与古代和当今的东亚人及大多数东南亚人和美洲土著人关系更近，说明至少在4万年前亚洲和欧洲的人群已经分离，而田园洞人这一支系的东亚人没能繁衍至今。

二、野三坡、十渡

发源于太行腹地的拒马河，自西向东穿越太行山主脉，在河北涞源县浮图峪到北京房山区张坊镇之间，形成了太行山最长的曲流峡谷。清代易州诗人赵春熙《拒马河》云："风来波卷雪，石走地翻雷。绕塞惊重险，投鞭惮再来。"古时拒马河河水汹涌，夏季常有山洪暴发，河上难以架桥，只能靠舟楫以渡，形成每湾必有渡，人称"十八渡拒马河"。

以拒马河为纽带的野三坡、十渡，是华北地区最为典型的河流侵蚀与岩溶地貌发育区。野三坡位于北京西南100千米，地处太行山深断裂东支——紫荆关深断裂带构造运动最强烈的北端，主要构造遗迹为岩溶峰丛与峡谷，有壁立万仞的峰丛、造型奇特的溶洞、不同类型的沉积构造、变幻多姿的河流地貌等，分为百里峡构造—冲蚀嶂谷景区、龙门天关花岗岩断裂构造峡谷景区和佛洞塔—鱼谷洞构造岩溶洞泉三个景区。

百里峡由海棠峪、十悬峡、蝎子沟三条峡谷组成，形如鹿角交叉，全长52.5千米，合105华里，故称"百里峡"。峡谷内奇岩耸立，在谷底甬道行走，曲折通幽，间或豁然开朗；头上蓝天一线，透着斑驳的日光，可以审视岩溶峡谷的深邃、冲蚀溶蚀造型的奇特，与溪流、植被构成原生态之美。

龙门天关断裂活动强烈，山峰挺拔，断崖绝壁高耸入云，山谷中溪流奔腾，不时有游人振臂高呼，只为一试"喊泉"是否灵验。

鱼谷洞泉自然天成，幽深莫测，每逢农历谷雨前后，泉洞会不断向外喷出鱼来，因此称"鱼谷洞泉"。据说鱼谷洞泉已被列为世界"八大怪泉"之一。泉水甘洌清凉，长年不息，洞内石钟乳千奇百怪，别有洞天。

十渡园区位于北京市房山区西南部，地跨十渡、张坊两镇，园区总面积313.68平方千米。从张坊至平峪，蜿蜒奔流的拒马河形成十个渡口，百米一桥，千米一渡，构成青山野渡，可泛舟漂流且饱览沿岸群山竞秀。

十渡园内地质遗迹点可见沄汐水洞、石香肠、密集节理带、叠层石、

十渡"太阳升"

千层岩、飞来石、石中石，是名副其实的野外实习大课堂。如七渡背斜，拒马河在其轴部汇聚成潭，背斜岩层犹如旭日跃出水面且放射光芒，故人们形象地把它称为"太阳升"（见上页图）。

三、石花洞

石花洞又名潜真洞、十佛洞或石佛洞，位于房山区中北部，园区36.5平方千米，以岩溶洞穴中规模大、洞层多、沉积类型全、次生化学沉积物数量大著称，堪称石头开花的艺术殿堂。

石花洞穴位于距今4.9—4.5亿年形成的下古生界奥陶系中统马家沟组灰岩中，距今约十几万年开始形成，是中国北方温带气候条件下岩溶洞穴的典型代表。既有奇特壮观的石钟乳、石笋、石柱、石幔、石瀑布，又有精巧瑰丽的石花、石晶、石珊瑚，千姿百态，最为著名的则是石花洞和银狐洞。

一般认为，石花洞为7层多枝的层楼式结构，第1层至第5层为旱洞洞道，第6、7两层为充水型洞穴及地下暗河；银狐洞为一单层含地下河溶洞。前者以产月奶石及大量石花为特征，后者以产由银白色的针状钙质毛刺构成形似"倒挂银狐"景观为特征。

2010年，地质学家吕金波等提出北京西山新构造运动经历了8次隆升，依据是永定河山峡8级阶地和拒马河支流大石河山峡南岸石花洞拥有8层溶洞。但地质学界对石花洞的层次划分尚有争论。

石花洞

四、百花山—白草畔

百花山—白草畔园区位于北京市房山区史家营乡和霞云岭乡，十渡的正北方。在距今2—1.4亿年的中生代侏罗纪，华北地区发生了强烈的火山喷发和地壳抬升。燕山运动使古生代石灰岩层变形弯曲，形成了百花山向斜构造，加上受断层影响所形成的大型花岗岩石壁，还有挺拔陡峭、造型奇特的火山岩地貌景观，共同见证了中生代轰轰烈烈的造山运动。

百花山，海拔高度1991米，在百花山南坡的岩溶盆地中先后形成了穿洞、笔架山、孤峰、晾马台、翠屏峰、佛椅山、神牛岭、隐仙洞等地貌景观。经风化剥蚀作用形成的球形风化花岗岩石蛋、馒头山（奶头山）、火山岩"摇摆石"惟妙惟肖，震山石"锦簇攒天"气势不凡。山顶和山下气候差异明显，云雾飘渺，气象万千，"一山有四季，上下不同天"。至春夏季节，这里植物繁茂，百花盛开，因此被誉为"仙山神韵，上帝花园"。

《百花山志》载：白草畔主峰称五指峰，上具5块耸天而立、形如五指的巨岩，海拔2161米。山体岩石形成距今约1.5亿年。

五指峰由流纹质集块角砾熔岩构成，火山成因，为北京第三高峰，亦为京西南第一高峰，居房山世界地质公园地势之冠。目前，"五指峰秀"已成为网红打卡地。园区植被垂直分带明显，由西北向东南，沿平缓的山脊铺开20千米长的高山草甸，正是白草畔的灵气所在。春看杜鹃，夏赏百花，秋观红叶，冬眺瑞雪，一年四季皆可观景。

百花山—白草畔是天然的生态旅游区。据专家考察，白草畔现有种子植物92科1000余种，蕨类植物15科近100种，脊椎动物159种，其中国家重点保护动物15种。这里既是植物大观园，也是野生动物活动的乐园。

五、圣莲山

《百花山志》载：圣莲山位于柳林水村西北，古时称"鹤子山"。山上有

"圣米石塘"遗址。2004年5月，莲花山改称圣莲山。

圣莲山园区位于大石河上游，属于岩溶地貌区。地质遗迹点丰富，如鳄鱼石、斑马石、圣米石塘、鲕粒状灰岩、豹斑灰岩、墙状山、隐仙洞、三碰水等。整个园区秀峰翠叠、峡谷纵横，高大的石壁犹如画屏，飞落的山泉似白练飞舞。漫山郁郁葱葱的森林，把它装扮成一个山绿水秀的世界。

圣莲山佛道共处。2014年6月6日，第四届北京圣莲山老子文化节在房山世界地质公园圣莲山园区开幕，文化节以挖掘和弘扬圣莲山传统道教文化为主要内容，展现了秘境圣莲浓郁的道教色彩。

六、上方山—云居寺

上方山是大房山的一条支脉，受黄山店褶皱—逆冲断层构造的影响，南侧断崖雄险壮观，次级断裂造成的沟谷断崖也很发育。

上方山国家级森林公园，超过3.5平方千米的原始次生林孕育了北京地区最大的名木古树群。公园内共有一级古树名木51株，二级古树名木4000余株，松树王、柏树王、槐树王、银杏王为首的四大千年树王各显王者风范。茫茫林海，层峦叠嶂，有水皆清，万籁鸟鸣。上方山有9洞12峰72寺庵，分别以云水洞、天柱峰、兜率寺为最。云水洞是华北地区开放最早的溶洞，12峰中以天柱峰最为秀丽，兜率寺规模为72寺庵之首。

隋代雕刻的云居寺石经山藏经洞，以取自当地的大理岩石刻藏经而闻名。天然的溶蚀洞穴、顺向坡的岩层和易于雕凿的透水性岩石结构，奠定了云居寺千年藏经的地质基础。考古专家认为：秘藏石经的雷音洞经过缜密测量和设计，四壁为人工构建，内砌牢固的石衬墙，外镶石经板，经板的数量和字数也都经过计算，刻成之后再镶于事先凿砌好的洞壁。石经数量众多，计1122部3572卷，主要有《华严经》《法华经》《涅槃经》等，刻成经板14278块，秘藏和完整保存1400余年，是研究中国佛教文化的宝库。

2009年6月12日，世界上仅存的两粒佛祖肉身舍利从首都博物馆被迎请至其出土地——云居寺，从6月23日至7月2日，在云居寺最大的殿堂毗卢殿内接受了信众为期10天的观瞻。此次舍利回归云居寺，是佛祖肉身舍利10年来第一次亮相，也是出土28年后首次"回家"。

七、白石山

涞源县中南部的白石山位于太行山、燕山、恒山三山交会处，主峰佛光顶海拔2096米。战国时"度岭分燕赵"，辽宋时"一山分两国"。古人因山多白石（大理岩及汉白玉），故名白石山，素有"太行之神"的美誉，经常出现云雾、云海等自然奇观。

白石山为群泉喷涌、风景如画的拒马河源头之一，拒马河由西北向东南穿行于群山之间，深切峡谷，大弯大拐。拒马河源构造泉群和十瀑峡花岗岩瀑布群，跌岩为瀑，积水为潭，素湍绿潭，植被蓊郁，被誉为"太行第一屏"。

在新构造运动中，白石山山体迅速抬升，上部白云质大理岩层盖产生了两组以上的垂直节理，风化作用使垂直裂隙不断扩大，岩层变成了根根伫立的奇峰。简单地说，在肉红色花岗岩基座上，伫立着水平的白云岩，形成巨型"顶盘悬挂体"，宛似红色制服的士兵佩戴银白色的头盔，整装列阵，等待检阅。

2013年，白石山园区建设长95米、宽2米的"国内最长悬空玻璃栈道"。玻璃栈道是1.3千米长的白石画廊的支线，徐步其上，云在脚下，风在身旁，步步惊心，如临仙境，能完美欣赏白石山"雄秀双并融，一山兼四季"的美丽风光。如今已对白石山园区原有的玻璃栈道进行了改造升级，把玻璃栈道和音乐、灯光结合起来，给游客带来新的深度参与体验。

拒马河属大清河水系，水势凶猛，如巨马奔腾，汉代称巨马河，"晋刘琨守此以拒石勒"，改称拒马河。拒马河支流大石河，流域开阔，适于人类生存发展。大石河下游称琉璃河。自古以来，拒马河、琉璃河便是历史长河里的"要角"。

清代潘祖荫在《秦辂日记》里记下了一首有关白沟镇的题壁诗："拒马河边古战场，土花埋没绿沉枪。至今村盲鼓词里，威震三关说六郎。"作者已不可考，诗却广为传诵。琉璃河更不一般，周口店北京人遗址、北京城之源——始建于公元前1045年的西周燕国都城遗址都在琉璃河流域。据《日下旧闻考》载："琉璃河，又名刘李河，在涿州北三十里，水极清泚，茂林环之，尤多鸳鸯，千百成群……"南宋范成大早有诗为证："烟林葱蒨带回塘，桥眼惊人失睡乡。健起褰帷揩病眼，琉璃河上看鸳鸯。"流风遗韵，装点着拒马河、琉璃河的淙淙流水，为房山世界地质公园增添了一个个千秋美谈。

参考资料

[1] 中国房山世界地质公园公众号资料（作者：张海龙等）。

[2] 张明、付巧妹：《古DNA洞察欧亚大陆东部现代人演化历史》，公众号：中科院古脊椎所，2020年7月20日。

[3] 切丝儿：《一起去看地质公园：北京房山世界地质公园》，公众号：地质公园之家，2016年8月26日。

[4]《【Go to 地质公园】房山世界地质公园》，公众号：中国古生物化石保护基金会，2016年8月3日。

[5]〔南宋〕范成大著，辛更儒点校：《范成大集》，中华书局2020年版。

[6]《考古大咖纷纷为北京寻根，两任队长讲述西周燕都发掘记》，公众号：《北京日报》2021年2月23日。

见龙在田：自贡世界地质公园

　　1936年炎炎夏日，一队挑夫肩挑背扛24个大小不等的木箱，从四川荣县西瓜山向东缓缓行进，经过两百多里的跋涉，到达当时成都至重庆之间最大的中转站——内江椑木镇车站。木箱被装上汽车启运至重庆，再由邮运公司继续转运，辗转数月后，终于运抵北平的地质调查所。

　　木箱被开启，箱子里面全是"龙骨"——古生物学家杨钟健（1897—1979）在《荣县掘骨记》中挖掘出的化石。"故友"重逢，杨钟健兴奋地开始整理修复，他将这些化石拼合成发现时的模样——一具完整的恐龙骨架。1939年，杨钟健在《中国地质学会志》第19卷上发表了研究报告，认为荣县西瓜山的化石标本代表了一种新的蜥脚类恐龙，并以四川著名的峨眉山为属名、以化石发现地荣县为种名，将其命名为荣县峨眉龙（Omeisaurus junghsiensis）。荣县峨眉龙不仅是自贡地区发现的第一具完整恐龙骨架，也是最早被科学命名的自贡恐龙，在中国恐龙研究史上具有里程碑的意义。

　　早在1915年8月30日，受北洋政府农商部邀请寻找油矿的美孚石油公司技师美国人乔治·D.劳德伯克（George D. Louderback），就在荣县通往自流井的旭水河畔的一处砂岩崖壁上，发现了一枚恐龙牙齿和一段恐龙股骨化石。1935年，美国古生物学家查尔斯·L.甘颇（C. L. Camp）对这段恐龙股骨化石进行了切片研究，在《加利福尼亚大学地质学通报》1936年第23卷第14期上发表了研究简报，认为这是一种大型的肉食性恐龙化石，与美国的异特龙有亲缘关系，将其归类于肉食龙类中的巨齿龙科。荣县恐龙化石的研究成果发表后，引起了杨钟健的极大关注。1936年夏天，为了考察四川盆地的中生代地层和恐龙化石埋藏情况，他特邀甘颇教授来中国一道赴川考察，于是便有了荣县峨眉龙的发现。

自杨钟健发现荣县峨眉龙之后，自贡地区的恐龙发现沉寂了一段时期，直到1974年3月伍家坝恐龙化石群的问世。伍家坝化石群埋藏丰富，经重庆市博物馆和自贡市盐业历史博物馆为期3个多月的发掘，共采集到至少17个恐龙个体的骨骼化石100余箱。他们向中国科学院古脊椎动物与古人类研究所寻求技术支持，时任古脊椎动物与古人类研究所所长的杨钟健教授给予了大力扶持和帮助。化石后经双方专家系统整理和研究，鉴定出4种恐龙，其中包括一具骨架完整的剑龙类恐龙，被命名为多棘沱江龙。

1975年9月，杨钟健教授应邀来到重庆市博物馆北碚陈列馆审查伍家坝恐龙复原和陈列情况，得知1972年大山铺发现过恐龙化石，便立即前往实地考察。在大山铺，他面对崖壁上依稀可见的化石露头和印痕，风趣地感叹道："四川恐龙多，自贡是个窝。"他对陪同考察的董枝明等年轻学者说："这里很有希望，层位也很重要，以后应组织力量挖一下。"自贡这片神奇的土地，并没有让杨钟健的预言等得太久，"恐龙窝"里的史前霸主即将被唤醒，见龙在田，注定要石破天惊。

大山铺位于自贡市东北郊，这里浅丘起伏，连绵不断。在镇北约500米的公路边，有一座名叫万年灯的小石山，1972年有地质队员在此捡到恐龙的尾椎骨化石。时光流转，万年灯迎来"跳焰"时刻，1979年12月，四川省石油管理局川西南矿区在大山铺扩建停车场，开山炮一响，一个巨大的恐龙公墓被揭开。

12月下旬，承担中国—英国联合恐龙考察计划选点工作的董枝明一行途经大山铺万年灯，被眼前的景象惊得瞠目结舌，恐龙化石像被刨出的红薯般随意堆放。"这是失望之冬，这又是希望之春"，悲喜交集的董枝明等人急忙劝说暂停施工，保护恐龙化石。

大山铺恐龙化石的发掘工作开始了，从1979年12月到1984年6月四年半的时间里，中科院古脊椎动物与古人类研究所、重庆自然博物馆、成都地质学院（现成都理工大学）、自贡市盐业历史博物馆和自贡恐龙博物馆先后经过三个阶段的清理和发掘，在约2800平方米的范围内，共清理出上百吨化石，获得了200多具恐龙及其他脊椎动物化石骨架，10多个珍贵的恐龙及其他脊椎动物头骨化石，包括蜥脚类、鸟脚类、肉食龙类、剑龙类等恐龙化石，以及鱼类、两栖类、龟鳖类、鳄类、翼龙类、蛇颈龙类、似哺乳爬行类等各种门类的脊椎动物化石共26属29种（包括16个新属28个新种），含恐龙化石12属13种（包括10个新属13个新种）。

　　大山铺恐龙化石的发现可谓石破天惊，多国媒体竞相报道，说这是"世界恐龙化石发掘研究史上近二三十年来最大的收获"。古生物专家认为这里的中侏罗世恐龙化石填补了恐龙演化史上的一段空白，是"世界侏罗纪恐龙研究的圣殿"。大山铺一部分清理发掘原址从此被保留下来，成为自贡恐龙博物馆的核心展示区——恐龙遗址。

自贡恐龙博物馆内的大山铺恐龙发掘现场

　　迄今为止，自贡地区共发现恐龙化石21属26种。恐龙化石的发现使自贡成为举世闻名的"恐龙之乡"，还为自贡带来一张闪亮的世界级名片——联合国教科文组织世界地质公园。

一、恐龙园区：恐龙博物馆

　　自贡世界地质公园北起荣县观山镇，南至荣县东佳镇，西达自贡市与乐山市界，东抵自贡市大安区三多寨镇，面积为1630.46平方千米，超自贡市总面积的三分之一。

　　自贡恐龙博物馆是自贡世界地质公园的核心景区，距市中心9000米，是在世界著名的"大山铺恐龙化石群遗址"上就地兴建的一座大型遗址类博物馆，也是我国第一座专门性恐龙博物馆，首批国家一级博物馆。

　　自贡恐龙博物馆占地7万多平方米，以收藏、研究、展示中侏罗世恐龙及其他伴生脊椎动物为特色。馆藏化石标本几乎囊括了距今2.05—1.35亿年侏罗纪时期所有已知恐龙种类，成为与美国国立恐龙公园、加拿大艾伯塔省恐龙公园齐名的世界三大恐龙遗址博物馆。相较于后两者，自贡恐龙博物馆不仅数量更丰富，种类更众多，埋藏更集中，保存更完整，埋藏现场规模也更为宏大，被美国《国家地理》评为"世界上最好的恐龙博物馆"，享有"东方龙宫"的美誉。

　　博物馆好似一块块大砂岩状体错落有致地散布在一片亚热带植物群之中。其中，一座中空的椭圆球形石砌体坐落在一片绿色环状草坪之中，远看像一个硕大的恐龙头，又好似一个巨大的恐龙蛋，这就是大型石雕"史前魂"。博物馆主馆建筑粗犷朴实，简练浑厚，气势雄伟，其造型呈岩窟状，远望如一堆黄色巨石，与周围中生代残存植物相映生辉，给人一种远古洪荒的印象。主展馆包括"恐龙世界

自贡恐龙博物馆内的恐龙骨架标本

厅""恐龙遗址厅""中央大厅""恐龙化石珍品厅""恐龙时代的动植物厅"五个常设展厅和一个临时展厅。

博物馆收藏有丰富的中生代脊椎动物化石，除了大量的恐龙化石，还有鱼类、两栖类、龟鳖类、鳄类、翼龙类、海生爬行类、似哺乳爬行类等的化石，其中模式标本29种。藏品中有20余种被列入首批国家重点保护化石名录（包括一级15种、二级5种），包括很多世界之最：最原始、最完整的剑龙——太白华阳龙，保存最完整的原始的蜥脚类恐龙——李氏蜀龙，最完整的小型鸟脚类恐龙——劳氏灵龙，以及首次发现的蜥脚类恐龙尾锤——蜀龙和峨眉龙尾锤、剑龙皮肤化石——四川巨棘龙皮肤化石等。恐龙小伙伴们纷纷被冠以诨号："中生代第一剑客"太白华阳龙，"恐龙界博尔特"劳氏灵龙，"侏罗纪震天吼"和平永川龙，"恐龙巨人"合川马门溪龙……恐龙时代的伴生动物化石有"最晚的迷齿两栖类动物"扁头中国短头鲵、"中国最大硬骨鱼"鳞齿鱼、"包打听"长头狭鼻翼龙等。另外还有珍贵的活化石：铁树、银杏、桫椤树……

恐龙博物馆的恐龙化石基本上全属侏罗纪中期。"恐龙遗址厅"现场展示了半个足球场大的化石发掘地。凭栏俯瞰，化石横陈，呈现出一幕大批恐龙非正常死亡的景象，酷似被活埋的"万龙坑"。何以中侏罗世恐龙被埋藏于此？它们经历了什么？要想回答这些疑问，必须重回恐龙时代一探究竟。

二、重回恐龙时代

距今2.52—0.66亿年，是地质史上的"中生代"，即相对于更早的古生代和更晚的新生代而言的"中期的生物时代"。这一时期由于裸子植物非常繁盛，又称"裸子植物时代"；同时爬行动物也非常繁盛，被称为"爬行动物时代"，其中因恐龙发展得最为成功，所以又称"恐龙时代"。中生代分为三个纪：三叠纪（距今2.52—2.01亿年）、侏罗纪（距今2.01—1.45亿年）和白垩纪（距今1.45—0.66亿年）。

在2亿多年前的中三叠世以前，四川盆地还是一片汪洋大海。受三叠纪末期强烈的地壳运动影响，四川西部龙门山地区逐渐隆起并发生构造位移，形成了四川盆地的雏形，沉积环境由海盆环境逐渐转换为内陆湖盆环境。当时，整个盆地是一个大湖，史称"古巴蜀湖"。进入侏罗纪以后，盆地四周被山地与丘陵包围，中间由一个大湖变为河湖交错的盆地；同时，盆地内的气候也由干旱、半干旱逐渐变得温暖湿润，特别是在中、晚侏罗世时期，变为典型的炎热潮湿气候。这样的地理和气候环境使得以桫椤为代表的蕨类植物和以银杏、苏铁、松柏为代表的裸子植物大量繁盛。植物的繁盛为恐龙提供了丰盛的美食，整个四川盆地从而成为恐龙生息繁衍的乐园。

自贡恐龙的出现与消亡与侏罗纪时期的地质演化关系密切。蜥脚类恐龙在早侏罗世开始出现，在中侏罗世大量繁盛，其中的部分种类开始向大型化方向发展（如峨眉龙）。在晚侏罗世早期，马门溪龙开始出现，并逐渐繁盛，成为侏罗纪晚期蜥脚类恐龙的典型代表。到了侏罗世后期，四川盆地的气候逐渐变得干旱，植被不再繁盛，盆地开始出现沙漠化，严重影响了恐龙的生长和繁衍，恐龙的种类开始大量减少。到了侏罗纪末期，盆地的南部、中部和东部逐渐抬升，盆地向西北方向收缩，范围大大缩小，气候日趋干旱，恐龙赖以生存的水和植物急剧减少。因此，在侏罗纪非常繁盛的马门溪龙等恐龙逐渐灭绝，而一些能够适应恶劣环境的新的恐龙种类开始兴起，并逐渐成为白垩纪的霸主。

在大山铺死亡的及经流水作用从远处搬运来的恐龙尸骸，被浅滩上的泥沙掩埋起来，这是自贡恐龙堆积的成因。尸骸地堆积与泥沙的掩埋交替进行了很长时期，以后再经过一两亿年漫长岁月的积压，终于形成了今天所见的中侏罗世含化石的砂岩层。至于恐龙的死亡原因，有一种观点认为可能与砷中毒有关。因为大山铺恐龙骨骼的骨质格架的矿物成分为碳氟磷灰石，腔隙主要为单晶方解石填充，经化验，恐龙骨骼中砷含量高达100PPM～160PPM，比有机体正常含量高出两个数级。但其砷中毒的具体成因仍在研究中。

探寻恐龙的死亡之谜属于世界热点，各国科学家不断推出新的研究成果。2020年8月3日，美国有线电视新闻网报道，研究人员在从1989年加拿大艾伯塔省恐龙公园出土的尖角龙恐龙化石中诊断出恶性肿瘤。看来，7700万年前的恐龙也会得癌症。从砷中毒到恶性肿瘤，恐龙之死的研究已进入精细化时代。

三、马门溪龙的研究

相比恐龙之死，恐龙复原更能吸引人们的关注。其中，有"亚洲第一龙"之称的马门溪龙，还经历过一个"张冠李戴"的故事。

马门溪龙是具有东亚特色的大型植食性蜥脚类恐龙，目前只在中国西部发现。马门溪龙科共有4属16种，4属分别为通安龙属、峨眉龙属、秀龙属和马门溪龙属。除了云南马门溪龙、中加马门溪龙和合川马门溪龙的甘肃永登标本，其余各属种均产自四川盆地。在马门溪龙属中，不同种体形有很大差别，体形最大的是中加马门溪龙，体形最小的是杨氏马门溪龙。

1954年杨钟健命名的马门溪龙的属型种建设马门溪龙标本不太完整，没有头骨材料保存；之后发现的合川马门溪龙虽然头后骨骼保存十分完整，但遗憾的是仍然没有头骨材料保存。限于头骨证据匮乏和国内对比材料欠缺，在研究和复原时，杨钟健和赵喜进只好将马门溪龙与国外发现的一些大型蜥脚类恐龙进行对比，由于它的头后骨特征近似于在美国发现的梁龙，研究者就给马门溪龙配上了一个类似梁龙的头骨。

1988年岁末，在自贡市大安区新民乡（现为新民镇）发现了一具保存相当完整的大型长颈型蜥脚类恐龙化石，层位为上侏罗统上沙溪庙组中部。它的牙齿呈勺状，长长的颈部由19个椎体组成，最长的颈椎约为最长的背椎的3.5倍，科研人员判断它应当属于马门溪龙类。它不仅保存了完整的头后骨骼，还保存了一个非常好的头骨。研究证明，马门溪龙具有一个窄而高、结构轻巧、头上开孔很大、口中具有排列紧密的勺状齿的头骨，与梁龙的头骨差异很大。至此，马门溪龙的头骨之谜被彻底揭开，国内众多博物馆内的马门溪龙骨架结束了"张冠李戴"的历史，逐渐换上了真正属于自己的头骨。

　　1996年，为纪念中国古脊椎动物学奠基人、中国恐龙研究泰斗杨钟健教授，经皮孝忠等科研人员研究，把这具在新民乡发现的恐龙命名为"杨氏马门溪龙"。下面以杨氏马门溪龙为例，看一下恐龙（分蜥臀目和鸟臀目）标本的完整科学分类：

> 蜥臀目 Saurischia，1888
>
> 蜥脚型亚目 Sauropodomorpha，1932
>
> 蜥脚次亚目 Sauropoda Marsh，1878
>
> 勺齿蜥龙超科 Bothrosauropodidea Young，1958
>
> 马门溪龙科 Mamenchisauridae Young et Chao，1972
>
> 马门溪龙属 Mamenchisaurus，1954
>
> 杨氏马门溪龙 Mamenchisaurus Youngi.Pi et al.，1996

　　杨氏马门溪龙的种名"Youngi"为杨钟健姓氏，"Pi et al."为皮孝忠等，1996为命名时间。杨氏马门溪龙复原后骨架长17米，现藏于自贡恐龙博物馆。需要说明的是，在2002年，Wilson建立了峨眉龙科（Omeisauridae）来取代马门溪龙科，并包含峨眉龙与马门溪龙两属。

　　马门溪龙的四肢骨骼粗壮，主要生活在广阔的冲积平原，以高大乔木的树冠为食。据研究，马门溪龙最大觅食高度为10米，低于腕龙的14米和重龙的12米。马门溪龙这类颈肋特别细长的蜥脚类恐龙，当脖子抬起来时，动作可能不是很灵活，活动幅度也不能太大，特别是脖子的弯曲度不能太大。早先马门溪龙的形态复原都是长长的脖子将头高高抬起，一副"昂首阔步"的姿态，取食高大乔木的细枝嫩叶，现如今则无一例外地降低了高昂的头颅。

　　侏罗纪时代，桫椤是恐龙喜欢的食物之一，素称"蕨类植物之王"，也称树蕨，至今在地球上已经生活了3亿多年。荣县东佳镇境内的桫椤植物群落生长有近2万株侏罗纪时代的古孑遗植物——桫椤，它们被称为"活化石"，对重现恐龙时期的古生态环境、研究恐龙的兴衰有着重要的价值。随着原始森林逐渐减少，仅剩不多的桫椤已被列为国家一级保护植物。

1995年，自贡恐龙博物馆的工作人员在自贡市汇东新区挖掘出一具保存非常完整的马门溪龙骨架，在这具化石的尾巴末端竟然有通常甲龙才有的尾锤。2009年，邢立达和叶勇等运用3D扫描和有限元分析方法，对自贡发现的合川马门溪龙的末端尾椎化石进行了分析研究，发现该尾锤在打击时最大可以产生450.8牛顿的打击力。看来形象略显笨拙的马门溪龙并不像我们想的那样缺乏防御手段，当遭到肉食性恐龙袭击的时候，它们会转过身挥动尾巴上的骨锤予以还击。

四、因盐设市

自贡位于四川盆地南部，是一座历史名城，自贡之名就是由"自流井"和"贡井"两个盐井名字合并而来。"因盐设市"的自贡，其盐业历史迄今已有2000多年，是名副其实的"千年盐都"。盐都自贡由卤井、灶笕、盐号直接演变而来的街名、桥名比比皆是，穿城而过的釜溪河过去被称为盐井河，可见过去沿河两岸盐业之兴旺。

燊（shēn）海古盐井位于自贡市大安区阮家坝山下长堰塘，凿成于清道光十五年（1835），历时13年，井深1001.42千米，是我国采用"冲击式钻凿井法"凿成的第一口超千米深井，也是当时世界上第一口超千米的盐井。燊海井天车（井架）有18米多高。180多年屹立不倒的天车仿佛一位历史老人，从高处默默地注视着芸芸众生。古老的天车、绞车和传统制盐古作坊，已成为盐业活化石。

位于四川省自贡市区龙凤山下的西秦会馆，是自贡市盐业历史博物馆所在地。西秦会馆是清代陕西籍盐商聚会议事的同乡会馆，六根赤红大柱撑起了层层飞檐，塔形屋顶富丽奇特，堪称中国古建筑的精品。

1959年，邓小平倡议建立自贡市盐业历史博物馆，并亲自选址西秦会馆，郭沫若题写馆名。这是中国独家井盐史专业博物馆，馆内珍藏有世界上唯一的一套古代钻井、治井工具群，完整

自贡传统制盐作坊

再现了晚清民国钻井、采气、制盐的生产场景，是中国井盐生产技术发展的历史画卷。自贡市盐业历史博物馆是国家一级博物馆，和自贡恐龙博物馆齐名，同属自贡世界地质公园的核心景区。

五、"龙"的传人

　　自贡恐龙博物馆于1987年正式对外开放，其藏品在几十年间多次出国巡展，备受瞩目。自贡恐龙化石如今已经走向全球五大洲，被世界各地友人称为"来自一亿六千万年前的使者"。骑在一个高2米的仿真恐龙身上，穿梭于各种恐龙间，在阵阵嘶吼声中，跨越了1亿年的光阴。"穿越到侏罗纪，化身探险家"不是梦想，在自贡恐龙博物馆就能实现。

　　生活在中生代的恐龙，一直是最受大众喜爱的古动物类群之一。在自贡大小商家展示出的各式恐龙不再惊悚骇人，反而成了八方游人喜闻乐见的吉祥物。操着"川普"腔调揽客的商家，不时号称自己是"龙"的传人，资深点的还能攀上不同谱系各路亲戚。游人不要怀疑人家瞎扯，人家是邀你来看

看，摆个生财有道的龙门阵。

据说在全世界随意抓两只恐龙，就有一个是老家自贡的，导演斯皮尔伯格在创作最大恐龙IP时也得从自贡大山铺汲取灵感，才拍出了享誉国际的大片。

笔者认为完成这篇世界地质公园游记，只有从中华典籍中起个名字才配得上自贡"恐龙之乡"的大名。2020年12月26日，中国科学院古脊椎动物与古人类研究所汪筱林教授做了一场题为《见龙在田，飞龙在天》的演讲，主要是介绍他如何研究恐龙的，题目出自《易经》，其上半句正合笔者之意，故借来一用。

小贴士

6600万年前的白垩纪末期，一颗小行星毫无征兆地从天而降，猛烈撞击在墨西哥的尤卡坦半岛上。这次事件引发了一系列重大的环境变化，最终导致了称霸地球长达1.6亿年之久的恐龙退出自然历史的舞台。小行星撞击说是众多恐龙灭绝假说中影响最大的一种，由美国科学家父子路易斯·阿瓦雷斯（Luis Alvarez）和沃尔特·阿瓦雷斯（Walter Alvarez）于20世纪70年代共同提出。其主要证据是在古近纪/白垩纪（T/K）界线层的一层黏土中稀土元素铱的浓度异常高。目前已在西班牙、丹麦以及北美等地找到70多处铱元素浓度异常的T/K界线层。他们推测，这些铱元素极有可能是从外太空坠落的小行星带来的。2010年，全世界41位著名科学家联合宣布，确认6600万年前那颗坠落地球的小行星是造成地球物种灭绝的罪魁祸首。

据推测，这颗毁天灭地的陨石来自火星和木星之间的小行星带，整颗星几乎全部由金属构成，直径大约12千米，重量预估超过2.5兆吨（1兆吨等于1万亿吨）。在重力的影响下，它撞击地球时的时速高达每小时10万千米，因此在地面撞出了直径180千米、深度25千米的大坑。这场撞击，使撞击现场地面溶解、发生怪物级海啸和森林大火，世界范围内的天空下起玻璃球，内陆湖掀起巨浪，雾霾遮天蔽日，全球连年严寒。撞击发生后的几秒钟到连续几年内接踵而来的各种连锁灾难事件，带来了恐龙的末日。但撞击坑是否就在尤卡坦半岛、"陨石雨和彗星"也能导致铱浓度异常等问题，各国科学家仍在研究探讨中。

2019年4月23日，美国科学家罗伯特·德帕玛（Robert DePalma）以 A Seismically Induced Onshore Surge Deposit at the KPg Boundary, North Dakota 为题，在美国科学院院刊（PNAS）上发表论文。他通过在美国中西部的地狱溪（Hell Creek）所做的考古发掘，揭示了6600万年前小行星撞击地球导致恐龙灭绝这一地球生命史上的最重大事件。该论文被学术期刊《科学》（Science）列为2019年度十大科学突破之一。

参考资料

[1]自贡世界地质公园官方网站资料。

[2]叶勇：《杨钟健教授与自贡恐龙的不解之缘》，《化石》2015年第3期。

[3]江山、龙宫一叶：《大山铺恐龙公墓现形记》，《化石》2015年第3期。

[4]《中国恐龙的新家：第七站"东方龙宫"自贡恐龙博物馆》，公众号：中科院古脊椎所，2020年8月29日。

[5]叶勇：《马门溪龙揭秘——头骨之谜》，公众号：中国古生物化石保护基金会，2021年3月19日。

[6]廖俊棋：《全球玻璃雨、怪物级海啸……恐龙灭绝的那一天到底发生了什么？》，公众号：中国科普博览，2020年3月18日。

中国的矿物矿床类世界地质公园

1923年，金属锂开始投入商业化生产，应用于心脏起搏器的锂电池凸显了锂的价值，在移动通讯方面的广泛应用更是奠定了其江湖地位。移动互联网深深地影响着人类的生活方式，其中金属锂的功劳无可替代，可以毫不夸张地说："多亏锂的发现，人们才能每天轻松地刷手机。"

金属矿床是矿产资源的重要代表，珍贵的金属锂曾以花岗伟晶岩型稀有金属矿床存在于可可托海世界地质公园的三号矿脉。作为三号矿脉当之无愧的"头牌"，它见证了可可托海走过的荣耀与屈辱。

1999年，可可托海矿坑停采；2013年，可可托海成为国家矿山公园；2017年，列入《世界地质公园名录》。从专业角度看，矿山地质公园是以人类矿业遗产景观为主体，反映矿业历史内涵，具有研究价值和教育功能。通过三号矿脉到三号矿坑的轨迹，人们不仅可以回溯共和国冶金工业建设的历史，而且能够诠释矿山城市由资源型向旅游产业转型的范例，践行了绿色发展理念。

目前以矿山地质公园为基础的世界地质公园仅有可可托海一家，但世界地质公园预备队中的国家矿山地质公园不在少数，首批就有28家，现在已经到第三批了，累计已达72家，有些还在建设中。可以预言，在不远的未来，可可托海的姊妹公园即将面世。

青色涅槃：可可托海世界地质公园

在2021农历辛丑牛年春晚上，歌手王琪的一首《可可托海的牧羊人》令人耳目一新。随着音符的流动，城市喧嚣造成的审美疲劳被可可托海、那拉提和伊犁一连串唯美的风情独特的草原、驼铃、杏花、毡房驱散，仿佛重新唤回人们心灵深处对纯美爱情的向往。

如果说"真正优秀的作品能在间断审美一段时间之后，重新获得审美接受，就像丰富的矿藏，值得继续开采"，那么《可可托海的牧羊人》便是这样一座宝矿，让人从继续开采（重新审美）中获得以往没有体验过的愉悦。而真正因矿而生、一度几乎被废弃的"功勋矿区"可可托海，面对资源枯竭的困境，未雨绸缪，凭借雄奇壮观的景色、独特的历史底蕴，转型为旅游胜地——可可托海世界地质公园。这幕中国西部凤凰涅槃的故事，不仅拥有歌曲《可可托海的牧羊人》所唱的草原、杏花，还有海蓝宝石、三号矿坑、额尔齐斯河大峡谷等，它们无不期待着人们重新审美，一睹其绝世风采。

可可托海的爱情离不开牧羊人，可可托海初次震撼世人同样离不开牧羊人。很早以前，当地哈萨克牧人在可可托海发现了绿柱石、海蓝宝石等矿物晶体，并将其打磨成珠宝饰物。到了19世纪末20世纪初的晚清民国初期，中国腹地成为形形色色外国人考察探险、为所欲为的"乐园"。苏联人沿着流经中苏两国的额尔齐斯河溯流而上，来到可可托海。苏联人从哈萨克人配戴的宝石饰品中得到启发，1935年，他们在地质图上标下8处哈萨克牧人的报矿点，蕴藏宝矿的可可托海即将被揭开面纱。

一、功勋矿山

三号矿脉位于新疆阿勒泰富蕴县可可托海镇，是阿尔泰造山带规模最大、分异演化程度最高和矿化元素最多（锂Li、铍Be、铌Nb、钽Ta、铯Cs、铷Rb、铪Hf等）的花岗伟晶岩型稀有金属矿床。1941年，苏联人开始对三号矿脉进行勘探和开采，然后派武装护卫把稀有金属矿石、宝玉石运往苏联。1950年中苏成立阿山矿管处，1955年移交矿山给中方。经过半个多世纪的开采，三号矿脉所在的山体被削平，复向地下掘进，深挖200多米，三号矿脉变成了"三号矿坑"，坑口直径达1000多米，宛如一顶倒置的硕大草帽。它承载着苦难和秘密的过往，任由雨打风吹。

没有人知道苏联人从可可托海、从三号矿脉挖走多少宝贝及价值多少。留给善良中国人记忆的，是每到夏季，额尔齐斯河涨水的时候，苏联人的货轮一直开到布尔津，载着经过选矿得到的精矿满载而归，留下低品位的矿石以及废弃的矿渣越堆越多，填平沟壑，由小丘变成小山，在可可托海绿色丛林里显得丑陋刺眼。

20世纪60年代中苏关系紧张，"老大哥"变脸，把账本摊在建设家园的中国人面前。经中央研究决定，以苏联急需的稀有矿产品来抵债。由于缺少设备，只能采用半机械化开采，原有的几座矿洞转为大规模露天作业，毛驴车一度成为运送矿石的"主力车型"。艰苦卓绝，玉汝于成，三号脉矿产品为我国偿还了苏联40%左右的债务。

为了把命运掌握在自己手里，我国一边偿还外债，一边兴举国之力创造了一个又一个奇迹，奇迹的背后离不开三号矿坑。无数冶金人"矿业报国"的人生豪迈写就在这里，数百名建设者的生命永远留在了这里。曾几何时，它只能使用代号"111矿"；为了保密，它获得早该得到的荣耀时已是垂垂暮年。然而共和国没有忘记，"英雄矿"和"功勋矿山"的名字属于而且只属于三号矿坑。直到今天，纪录片《中国有故事》之《可可托海的秘密》仍在讲述"功勋矿山"被尘封多年的传奇。

可可托海矿区三号矿坑

　　今天的人们或许觉得多达上万人能保守同一个秘密不可思议，无他，因为那是国家崛起的秘密。可可托海蕴藏丰富的稀有金属才是"国家机密"之所在。1964年10月16日，我国第一颗原子弹成功爆炸，使用的铍来自可可托海；1967年6月17日，第一颗氢弹空投爆炸，使用的锂来自可可托海；1970年4月24日，第一颗人造卫星"东方红一号"使用的铯，后来东风系列弹道导弹使用的铍、第一艘核潜艇使用的钽和铌，同样来自可可托海……目前世界上已知的178种有用矿物中，可可托海已发现86种，其中铍资源量居世界首位，铯、锂、钽资源量分别居全国第五、六、九位。这里的稀有金属，无论是削铁如泥的"兄弟"铌和钽，还是光彩照人的"姐妹花"铷和铯，品位之高世界罕见，在矿床学上具有重要意义，因此可可托海被誉为"世界天然矿物博物馆"。

　　可可托海矿区蕴藏的稀有金属钽、铌、钾、锂、铍等，主要含在花岗伟晶岩中的锂辉石、绿柱石、铌钽铁矿、锂云母、铯榴石等矿物里。三号脉根据位置不同分为九带，其中Ⅱ带常出现绿柱石骸晶、磷灰石；Ⅲ带为块体微斜长石单矿物带，出现呈集合状的云母，含锰铝榴石、电气石和片状钠长石，出现微斜长石被钠质流体交代的现象；Ⅳ带中云母呈巢状体，以石英为主，有绿柱石出现；Ⅴ带可见叶钠长石、锂辉石；Ⅴ、Ⅵ带有时出现白色绿柱石。矿脉以罕见的岩钟状形态和完美的同心环状内部结构分带闻名于世。

1994年，《新疆维吾尔自治区富蕴县可可托海稀有金属（锂、铍、钽、铌、铯）矿床勘探地质报告》完成审批，标志着对可可托海三号脉的勘探研究告一段落。三号脉成为现代"找矿勘探地质学"学科的诞生地之一，可可托海花岗伟晶岩型锂辉石矿床的成矿模式被奉为经典，写入地质学教科书。

二、宝石之乡

与众多稀有金属伴生的还有无数宝石，时至今天，沿着可可托海三号矿坑螺旋形盘旋的道路深入矿碉，偶尔可见绿柱石、锂辉石等珍稀矿种在岩层中最初的形态。裸露矿壁上点缀着泛出荧光的"石英河""云母巢"，无声地追溯着可可托海——西域北疆"宝石之乡"的美丽过往。

可可托海盛产绿柱石（Beryl）家族宝石。绿柱石家族宝石中，含铬（Cr）呈翠绿色者被称为祖母绿，含铁（Fe^{2+}）呈浅蓝色者被称为海蓝宝石，含铯（Cs）呈玫瑰色者被称为铯绿柱石，含铁（Fe^{3+}）呈黄色者被称为金绿柱石。其中以青翠艳丽的祖母绿最为名贵，同胞兄弟海蓝宝石稍逊一等。

祖母绿（Emerald），名称和祖母无关，而是来自古波斯语Zumurud的音译，意为"绿色之石"。传入我国后，译音演化成了"祖母绿"，赋予了顶级绿宝石的意思。在古希腊，祖母绿作为奉献给女神维纳斯的珍宝。现在西方认为祖母绿为5月的生辰石，代表初夏的美景和许诺，象征了忠诚和永恒。可惜的是，可可托海产的绿柱石，由于有瑕疵，难以达到祖母绿级的颜值，反倒因为其内部富含气液包体，如果切割得法，则可制作成本家族中另一种宝石——猫眼。

然而，真正扛起可可托海"宝石之乡"大旗的非海蓝宝石莫属。中国新疆的可可托海与美洲巴西、非洲马达加斯加鼎足而立，是当今世界三大海蓝宝石产地。

海蓝宝石（Aquamarine），希腊文原意为"海中之水"，形容它拥有海水一样的蓝色。西方神话传说，幽蓝的海底住着一群美人鱼，经常用海蓝宝石装扮自己，海蓝宝石因此有"人鱼石"的美称。欧洲大航海时代，人们通常将它制作为水手的护身符，称其具有抵御风浪、守护航行安全的魔力。海蓝宝石作为3月的生辰石，宁静、纯美，寓意安全、吉祥，被看成为幸福和永葆青春的标志。

海蓝宝石一般呈浅绿色、绿色调蓝色或浅蓝色，包裹体少，呈透明、六方柱晶体形状。其摩氏硬度7.5，耐磨损度中等，不及矿物成分为刚玉的蓝宝石（摩氏硬度9.0）。

不只是可可托海矿区，整个新疆阿勒泰山都蕴藏着丰富的海蓝宝石矿脉。在戈壁荒原，有的旅行者能在偶然闪过的耀眼光芒中捕捉到"戈壁海蓝宝石"的踪迹，发现在戈壁滩静静躺了亿万年之久的海蓝宝石。在杜热镇的戈壁滩上觅石寻宝，已经成为户外旅游的新宠。除了海蓝宝石，可可托海另有碧玺、紫水晶、石榴石、芙蓉石等多种宝石，是名副其实的"宝石之乡"。

三、世界地震博物馆

三号矿坑震撼心灵，富蕴地震则震撼大地。1931年8月11日凌晨，在可可托海以南的卡拉先格尔一带，发生了里氏8.0级大地震，史称"富蕴地震"。强烈的地震波迅速传遍全球，北京鹫峰台和上海徐家汇观象台记录下了这次地震波图形。南非开普敦、澳大利亚悉尼、加拿大渥太华、英国牛津在内的全球数百家地震台都记录到了这次地震。远离震区达12000千米的南美洲圣安胡地震台，也记录到长达两个半小时的震波。

地震极震区南起青河县的阿尔曼特山，北达可可托海盆地，震源深度19千米，有强烈震感的范围直径达2500千米。震中卡拉先格尔的烈度为11

卡拉先格尔地震塌陷区

度，接近1920年12月16日"环球大震"——宁夏海原8.5级特大地震的烈度（12度）。

　　大地以震撼的方式释放能量的同时，也给人类留下了丰富的地质遗产。在晚近地质时期，阿尔泰山区地震频繁。此次富蕴地震在阿尔泰山山麓及其山前倾斜平原的衔接地带，留下了一条近南北走向的地表断裂带——卡拉先格尔地震断裂带。断裂带长176千米，南、北两端最大水平位移分别达14米和11米，均超过了海原大地震10米的水平位移。卡拉先格尔地震断裂带规模宏大，连续性好，地震构造、地貌景观醒目，完整地保留了地震当年山崩地裂的场景，是国内外最好的地震遗迹现场，堪称"世界地震博物馆"。

　　"富蕴地震"重塑了可可托海的地貌，最为直接的结果，就是形成了可可苏里湖与伊雷木湖。

　　可可苏里湖湖面面积约2平方千米，水深约2米，每逢夏秋，湖面芦苇花开，20多座大小不等的芦苇浮岛随风飘游，成群的野鸭是浮岛的主人，密密匝匝，嬉戏巡游，像是在宣誓主权。无数的红雁、白天鹅、灰鹤、沙鸥、野鸭等翔集于此，喧宾夺主，生机盎然。白云、蓝天、层峦衬托下的可可苏里湖，一派草原泽国的迷人美景，被游人誉为"北国江南"。

　　伊雷木湖地处额尔齐斯河与它的支流卡依尔特河交汇处，是经拦河筑坝而成的水库型湖泊，也是额尔齐斯河上游第一湖，面积212.5平方千米。春暖花开时，捎带着未及消散的阿尔泰山冰川气息的河水注入湖中，使深达9米的湖水冰冷刺骨，1961年1月记录的年极端最低气温为-51.5℃，因此，伊雷木湖素有"冷湖"和"中国第二寒极"之称。虽然伊雷木湖湖水冰冷不适合植物生长，它却是冷水鱼的天堂。伊雷木湖深藏于地震断裂带形成的一系列断陷洼地之中，东西两侧雄峰屹立，南北两岸则绿树草原、村舍俨然，宛若露天的海蓝宝石镶嵌在可可托海，欲与三号矿坑里的单晶海蓝宝石媲美争妍。

　　早在2005年，新疆富蕴可可托海已凭借"世界地震博物馆"卡拉先格尔地震断裂带、"北国江南"可可苏里、"中国第二寒极"伊雷木湖和额尔齐斯大峡谷风景区成为第四批国家地质公园，为成为世界地质公园打下了坚实基础。

四、额尔齐斯河大峡谷

　　额尔齐斯河全长4248千米，流经我国境内546千米，在俄罗斯西伯利亚大平原上汇入鄂毕河后，流向北冰洋，是我国唯一注入北冰洋的河流。

　　额尔齐斯河发源于阿尔泰山的西南麓，冰川雪水交融，沛然壮大，以水滴石穿的精神对构造成因的额尔齐斯河大峡谷反复雕琢。由河源头到阿米尔萨拉桥约30千米，是大峡谷的精华。峡谷两岸石峰兀立，在高寒气候之下，花岗岩岩体沿层状节理不断分崩离析，形成表面光滑、异常陡峻的奇峰怪石，坡度多在60°～75°甚至以上。神钟山、飞来峰、骆驼峰、神鹰峰、人头马，兀立错落，恍如石雕长廊，引人遐想。

　　神钟山（阿米尔萨拉峰）酷似一口大钟，穹窿矗立，高达360多米，光滑的花岗岩绝壁上布满凝固的瀑布一样的竖直沟槽。可以想象，神钟山曾拦住额尔齐斯河，河水不甘心被阻，旷日持久的冲撞后败下阵来，吐着怨气，转

神钟山

身而去，形成神钟山"U"形峡谷。世人眼里的"金山银水"，在"地质眼"看来绝非岁月静好。

　　额尔齐斯河穿过神钟山峡谷，原本扎根于石缝中的零星树木变得多起来，花岗岩风化物为地表提供了大量的养分，杉树、松树、柏树不放过任何一块土地，茁壮成长，至山脚下的河边已成连片森林。由神钟山到可可托海镇，额尔齐斯河大峡谷叠石湍流，郁郁葱葱。

　　斗转星移，地质成矿的奥秘和人类工业文明在可可托海碰撞，政治博弈和民族精神在可可托海交会。1999年，可可托海矿坑停采，矿冶人的艰苦创业已成绝响，开始由资源型向旅游产业转型。新疆第一家世界地质公园，面积2337.9平方千米，由额尔齐斯大峡谷、三号矿脉、萨依恒布拉克、可可苏里，以及卡拉先格尔五大景区组成的可可托海世界地质公园应运而生。

　　走过辉煌，归于平淡，可可托海迎来青色的重生。今天的可可托海在中国北疆的山峦怀抱中享受着光阴流转，安静得如同江南小镇，在地质公园漫步的行人中或许就有当年的建设者和他们的后人。

小贴士

可可托海，在哈萨克语中的意思为"绿色的丛林"，在蒙古语中意为"蓝色的河湾"，其究竟源自哈萨克语（属突厥语系）还是蒙古语已不可考。笔者更倾向于把"可可"译为"青色"，例如可可西里，蒙古语意为"青色的山梁"，寓意"美丽的少女"；蒙古语"库库淖尔"，意为青海湖，也是青海省得名之所在。其中，"可可""库库"都是蒙古语kok（青色）的译音，因地域不同，译音用字略有差异。

参考资料

[1] 可可托海世界地质公园网站资料。

[2]《足不出户，恩菲人带你看"有色山河"之新宁蒙》，公众号：中国有色金属报，2020年5月8日。

[3] 周起凤：《地质圣坑——可可托海3号脉》，公众号：中科院地质地球所，2018年1月10日。

[4] 方远：《心上人，我来可可托海带你走@Ms Stone》，公众号：石头科普工作室，2021年8月31日。

[5] 郭静芸：《深海精灵的宝物——海蓝宝石》，公众号：中科院地质地球所，2018年3月21日。

中国的花岗岩地貌类世界地质公园

花岗岩是地球上重要的造景母体，著名的三山五岳，奇峰错列，灿若图绣，几乎都离不开大自然对花岗岩的鬼斧神工。花岗岩地貌景观同时揭示了现代地壳构造运动的节律。

黄山以峰高峭拔、雄峻瑰奇的中生代花岗岩地貌著称，九华山以清晰、壮观、美丽的花岗岩复式岩体闻名于世，三清山则作为世界花岗岩山岳峰林景观的典型代表，成就了中南部这个极具观赏价值的以花岗岩造景为主的地质公园。另外，文化视域中的黄山、九华山和三清山，不仅有将人物的出场最小化，以表现山体庞大与无所不能的生命力的传统绘画艺术，还有浓厚的宗教情愫，影响了中国人对大山的审美。

泰山以人文历史的厚重、文化与自然双重遗产而名动天下。泰山自然景观比较复杂，无论是花岗岩还是泰山岩群，其地质特征都具有科学、教育和美学价值，探索其自然壮美与中华民族共同体的精神家园的关系，预示了泰山世界地质公园名号的重要性。

有"浓缩的内蒙古"之称的克什克腾，其花岗岩石林是北方花岗岩地貌特征的典型代表，其在克什克腾世界地质公园中的卓尔不群，统领了火山、温泉、峡谷、沙漠等一系列地质遗迹。

五绝五胜：黄山世界地质公园①

　　黄山，从好事者伪托徐霞客赞叹"登黄山天下无山，观止矣"，到人人耳熟能详的"黄山归来不看岳"，萦绕在黄山头上的光环不可胜计。

　　惯以"奇松、怪石、云海、温泉"四绝闻名的黄山，加上"冬雪"，如今成为"五绝"，并将"历史遗存、书画、文学、传说、名人"合为"五胜"。凭借"五绝五胜"，黄山被打造成为世界文化与自然双遗产、世界地质公园、世界生物圈保护区。加冕"四顶世界桂冠"，如此黄山，"观止矣"。

一、黄山奇峰

　　想要了解黄山"五绝"之一的"怪石"，先看黄山之奇峰。清代程庭的小诗《别黄山》云："有约重寻世外缘，绿莎桐帽任悠然。归来醉把容成袖，一个峰头住一年。"相传黄帝与容成、浮丘在黄山炼丹，诗人奇思妙想，用"容成袖手以废历"的典故，妄想攀住黄帝的造历大臣容成，以便在黄山"一个峰头住一年"。

　　什么样的"峰头"要"一个峰头住一年"？通常人们认为黄山千米以上的高峰有72座（大峰、小峰各36座），其实不然。黄山世界地质公园内海拔千

_____

　　① 黄山世界地质公园位于安徽省黄山市，地理坐标为东经118°03′21.7″～118°17′57.4″；北纬30°04′40.1″～30°13′19.9″，面积160.6平方千米，包括温泉、玉屏、北海、云谷、松谷、钓桥、洋湖、浮溪、福固寺等景区。

米以上的山峰有88座，莲花峰、光明顶、胜莲峰、天都峰排名前四，一改天都峰名列第三的传统排名。

黄山诸峰以峰高峭拔、雄峻瑰奇而著称。最高峰莲花峰，海拔1864.8米。莲花峰位于著名的玉屏楼北侧，与天都峰相对，主峰突兀，四周小峰簇拥，巧生九瓣，宛如金莲绽放而得名。清施闰章《黄山游记》形容登莲花峰为"倾曲作蚁旋出花萼中"。

今莲花峰西北麓的峭壁上，开凿有登峰磴道"百步天梯"。起步缓坡处为"莲梗"，距莲梗不远两石，一形如龟，一形如蛇，磴道从两石间穿过，形同"龟蛇守云梯"。部分磴道坡陡至七八十度，游人拾级而上，从对面鳌鱼洞观看，"倾曲作蚁旋"，知描画入神。登上莲花峰顶，万里晴空时，可以东望天目，西瞻匡庐，西北窥九华与长江。海阔天高，胸中尘滓顿然为之一净。

当年徐霞客站在莲花峰顶，"其巅廓然，四望空碧，即天都亦俯首矣。盖是峰居黄山之中，独出诸峰上，四面岩壁环耸，遇朝阳雾色，鲜映层发，令人狂叫欲舞"。

黄山真山不似山，非海翻疑海。晚明诗人潘之恒半生痴游黄山，首创黄海之名，辑黄山志书《黄海》，因此黄山又称黄海。"海上"观莲花峰，作何景象？清初画僧石涛《前海观莲花峰》云："海风吹白练，百里涌青莲。壁立不知顶，崔嵬势接天。云开峰坠地，岛阔树相连。坐久忘归去，萝衣上紫烟。"

光明顶海拔1860米，为黄山第二高峰，其平坦高旷，日照充足，面积足有6万平方米。明万历年间，普门和尚在此建大悲院，今在其遗址上建有黄山气象台。

光明顶位于黄山中部，莲花峰东北。金庸《倚天屠龙记》说此处为摩尼教（明教）总舵遗址，六大门派围攻光明顶的桥段虽属小说家言，却使光明顶暴得大名。

光明顶西北方1000多米处的"飞来石"，在87版电视剧《红楼梦》片头作为青坡峰卜一颗石出镜。飞来石高12米，重有数百吨，孤零零竖立在一块平坦的岩石上。游人至此，无需纳闷，这在地质眼看来，绝对"小case"。飞来石和底下的岩石原为一体，是整块花岗岩沿构造裂隙风化侵蚀而成，不是"飞来"，而是"孑遗"。唯其"孑遗"得太有学问，如天造地设。从鳌鱼峰眺望飞来石，还有一个更好听的名字——仙桃石。

胜莲峰位于莲花峰北、鳌鱼峰东，海拔1848米，本来名不见经传，现在已超越天都峰，跻身黄山第三高峰。至今尚待开发，从它的名字——胜莲，隐约感到未来有胜出莲花峰之势。

天都峰位于黄山东部，西对莲花峰，海拔1829.2米。古人视此峰为"群仙所都"，故名天都峰。天都花岗岩墙状山以险峻著称，徐霞客"至天都侧，从流石蛇行而上，攀草牵棘，石块丛起则历块，石崖侧削则援崖。每至手足无可着处，澄源必先登垂接。每念上既如此，下何以堪。终亦不顾"。果不其然，下山时"前其足，手向后据地，坐而下脱。至绝险处，澄源并肩手相接"。

天都峰磴道迟至1937年开凿，有1564级石阶，石栏、铁索齐上阵，攀登条件比徐霞客登山时不知强过多少倍，但险段仍历历可数。"鲫鱼背"，难在爬"鱼身"，坡度陡直，手脚并用者不足为奇；上了"鱼背"，最窄处仅宽约1米，两侧悬崖，丰子恺《上天都》里说："望下去一片石壁，简直是'下临无地'。"过了"鲫鱼背"，还需通关"度仙桥"，方可达峰顶。峰顶较为平阔，有石如桃，称"天都仙桃"，看清楚摩崖"登峰造极"时，方预示大功告成。

鳌鱼峰位于黄山中部，莲花峰下、鳌鱼洞上，海拔1773米，居黄山传统三十六小峰之首。峰前数石，呈"鳌鱼吃螺蛳""老鳌下蛋"状；峰背大石，呈"鳌鱼驮金龟"状。另侧峰壁上，题刻"大块文章"四字，道出天下士子心中的梦想——独占鳌头。

清代沈宗敬《鳌鱼峰》云："黄海山如海，神奇靡不收。虬松能破壁，灵石欲吞舟。无意抟鹏翮，容谁下钓钩？云涛时起伏，任尔自昂头。"诗写得出神入化，为鳌鱼峰增色不少。

玉屏峰居黄山之中央，海拔1716米。在天都、莲花两峰间有文殊院，后倚玉屏峰，前有文殊台。文殊院也由普门和尚建造，几经兴废，是徐霞客登天都峰、莲花峰的后勤基地。1955年在其旧基上建玉屏楼宾馆至今。文殊台左右有狮、象二石，称"青狮白象守文殊"。

二、地貌回春

黄山的主体为花岗岩岩体，地貌形态多样，完整地记录了花岗岩发育不同阶段的地貌特征。

在距今约1.3亿年的中生代晚侏罗世—早白垩世，地下炽热岩浆沿地壳薄弱的黄山地区上侵，形成燕山期花岗岩，以粗粒似斑状花岗岩为主，出露地表面积约为107.81平方千米，约占地质公园面积的70%，构成了黄山风景地貌的主体。燕山期花岗岩近似同心圆状分布，有"内高外低、内新外老"的特点，岩性坚硬，抗风化能力较强，岩石节理发育，以斜节理为主，也有垂直节理和水平节理，多形成雄伟壮观的奇峰深谷，如莲花峰、天都峰、莲蕊峰、九龙峰、云门峰、云际峰等。

黄山峰林

另一种是1.23亿年前形成的狮子林岩体，或称补充期花岗岩体。岩石为细粒似斑状花岗岩，地表出露面积大约有8平方千米，具密集的垂直节理和水平节理，抗风化能力强。它位于黄山岩体的中央地带，除了核心部位，大部分已被侵蚀形成奇峰与秀谷，如始信峰、石笋峰、笔架峰、观音峰、白鹅岭、仙女峰等。

目前黄山花岗岩分期称谓学界小有不同，但均认为以上两期岩体上发育的山峰共同成为黄山风景的主体。黄山花岗岩体由于受新构造运动的作用而强烈抬升，海拔高度达1800米以上，加上断裂发育、雨量充沛、冲蚀作用强，且由于这些花岗岩体在矿物组分、结晶程度、矿物颗粒大小、抗风化能力和节理的性质、疏密程度等多方存在差异，造就出黄山绝胜之奇峰怪石，如穹状峰、塔状峰、箱状峰、柱状峰、锥状峰、石墙、石蛋、石锥、石柱、石岭、岩臼、石棚、一线天、峡谷等几乎所有的花岗岩地貌景观形态，精彩纷呈，俨然一座花岗岩地貌博物馆。

从山峰的形态看，自光明顶一带中心部位向四周呈放射状展布着众多的"U"形谷和"V"形谷。中心区域的山是穹窿状的，切割程度很低。向外围走，山峰先是从穹峰变成堡峰，从堡峰变成尖峰，然后再逐渐由高的尖峰变成低的尖峰，黄山最外围的山峰是又尖锐又矮小的。简单地说，这就是由流水侵蚀、切割的程度不同而产生的地貌变化。

对于黄山天都峰、北海等地段的峰谷地貌，有些地质学家认为它们与第四纪冰川有关。在1933年至1936年，李四光先生考察发现，处在低纬度温带的黄山花岗岩地区存在和发育有第四纪更新世时期冰川遗迹。他研究认为，在第四纪更新世时期，黄山曾先后三次出现冰期和冰川活动，冰川的刨蚀、侵蚀和搬运作用，留下了许多遗迹，造就了多种冰蚀地貌。黄山的冰川遗迹遍布园区，主要类型有"U"形谷、漂砾、冰臼、冰川擦痕、冰川悬谷、粒雪盆、冰斗、角峰、刃脊等。

近几十年来，学界出现不同声音，有人认为本区仍属温带湿润气候，气温没有达到终年积雪不化而形成冰雪积累的条件，且黄山的峰谷特征亦与冰川地貌不符，因而形成"冰川"与"非冰川"两个不同的学派，这是黄山地质研究史上最具争议的问题之一，至今尚无定论，这也是黄山世界地质公园的科学魅力之一。

三、五绝共生

黄山处于亚热带向温带的过渡地区，兼有亚热带动植物区系、温带动植物区系成分的双重特点，高大的花岗岩山峰与深切的峡谷相互交错，形成了特殊的局部小气候，花岗岩风化壳为黄山松及其他生物的生长提供了重要的物质保障。

黄山松是植物学上一个独立树种，祖先本是油松，以风鸟为媒落户黄山，1936年由中国植物学界正式命名为"黄山松"。一般把海拔800米以上分布的称黄山松，800米以下的则叫马尾松。

黄山松干曲枝虬，百态千姿，打破了树木生长中的对称和平衡，借地势风力，或偃蹇盘旋，或仰曲倒挂，或循崖度壑，无一例外"立根原在破岩中"。徐霞客游黄山，对黄山松倍加称奇："绝巘危崖，尽皆怪松悬结。高者不盈丈，低仅数寸，平顶短鬣，盘根虬干，愈短愈老，愈小愈奇，不意奇山中又有此奇品也！""有一松裂石而出，巨干高不及二尺，而斜拖曲结，蟠翠三丈余，其根穿石上下，几与峰等，所谓'扰龙松'是也。"徐霞客对"扰龙松"青睐有加，竟至"攀玩移时"。

黄山十大名松包

黄山迎客松

括迎客松、送客松、蒲团松、竖琴松、连理松等，最著名的无疑是国家一级保护名木"迎客松"。作为黄山的标志和文化符号，植根于文殊洞之上海拔1600米高处的迎客松，高10.2米，在山风中卓然挺立，寿近千岁，依然风度雍容。

玉屏楼右侧道旁有"送客松"，虬干苍翠，侧伸一枝，形似作揖送客，与国之瑰宝迎客松遥遥相望。距送客松不远有"蒲团松"，石涛作《蒲团松》图，图中松如伞盖，三高士跌坐清谈。清徽州知府丁廷楗有诗咏道："苍松三尺曲如盘，铁干横披半亩宽。疑是浮丘跌坐处，至今留得一蒲团。"

黄山无峰不石，无石不松，无松不奇，奇松怪石，往往相映成趣。"龟鱼争松"，老鱼鼓目运力，一松赫然在口，不知是鱼咬松，还是松咬石；"梦笔生花"，峰尖笔喙处一松玉立，巨笔成山。另有"喜鹊登梅"的梅松、"丞相观棋"的棋盘松、"仙女鼓琴"的琴瑟松，形态个个令人叫绝。黄山怪石，据说有名可数的石头达1200多块，难得有心人移情于石，赋予它们质感与温度，乃至灵性和才情。

登黄山穿云破雾常见，观云海却要碰运气。所谓云海，云底高度界于山腰，云顶高度低于山顶高度，不能和漫天迷雾混为一谈。

据观测，近年来黄山年平均有47个云海日，主要出现在9月至次年的5月，冬季最多。如同生物分类学有"界门纲目科属种"，云分成3族10属29类。黄山云海属于高、中、低三族中的低云族（云高低于2000米），层积云或积云属，云状为结构松散的大云块和大云条组成的云层。

每逢云海日，黄山大小山峰无不裹雾笼烟，披纱缠云，流云在诸峰之间，从半山腰里缓缓泻下，轻如鲛绡，飘过这座山头，又朝着另一座山头奔去。游人为云海奔波往复，玉屏楼观南海，清凉台望北海，排云亭看西海，白鹅岭赏东海，鳌鱼峰眺天海，谓之"赶海"。

2017年9月的一场雨后云海，被人描述为"瀑布流云"。在玉屏景区，气势宏大的快速云流迅猛磅礴，澎湃汹涌。瀑布云来时，似天幕下落，瞬间把天都、莲花等黄山名峰纳入自己的怀抱，只留下峰顶在云流中飘荡，似海中

的孤岛；极目远眺，黄山松石峰林宛若大海中的无数岛屿，愈显奇峻娇媚；峰尖破云，犹如叶叶扁舟远航，时隐时现，似见非见，恍若梦幻世界。

关于黄山温泉，南宋焦源《黄山图经跋》云："（黄山）下有汤泉，支分派别，愈人之疴，济时之旱，其功利有不可言，实神仙之窟宅，人寰之福地洞天也。"传说轩辕黄帝在此沐浴，返老还童，羽化飞升，故名"灵泉"。唐诗人贾岛《纪汤泉》亦云："一濯三沐发，六凿还希夷。伐毛返骨髓，发白令人黟。"黄山温泉似确有使白发变黑的神效。

据康熙《黄山志》载，南唐保大二年（944），中主李璟题名灵泉院，此泉供人沐浴一直至今。徐霞客两游黄山，皆止宿于汤院，"解衣赴汤池"。1979年7月，邓小平同志视察黄山，提出"把黄山的牌子打出去"，并为汤泉题写"天下名泉"。

汤泉又称朱砂泉，在紫石峰麓海拔650米处。水质清纯，无色无臭，现代科学鉴定其为重碳酸泉，水温常年在42℃左右，每小时流量40吨左右，长年不息。汤泉可浴可饮，李白《送温处士归黄山白鹅峰旧居》云，"归休白鹅岭，渴饮丹砂井"，继黄帝之后，为黄山温泉再添"仙"气。

冬雪晋升黄山第五绝为时较晚，却得四季胜景销魂之最。每到冬季，皑皑白雪，遍铺峰峦，玉砌冰雕，扑朔迷离。明婺源人潘旦曾赞叹："玉柱撑天，琼花满树，恍入冰壶，不知人世复在何处。"有人说，一下雪，黄山就成了徽州，像潘旦那样把浓浓乡愁投射到黄山的第五绝上。

黄山五绝，共生共荣，共同构成了黄山的整体美。世界遗产委员会认为："黄山以其壮丽的景色——生长在花岗岩石上的奇松和浮现在云海中的怪石而著称，展现了独特的自然美景和自然与文化元素的完美结合。"世界地质公园官网这样介绍黄山："怪石、云海和奇松构成了独特的景观，并共同孕育了艺术和文化。"

四、"徽色"黄山

黄山"历史遗存、书画、文学、传说、名人"，通通纳入人文之胜，其知觉模式在于丰厚底蕴的"徽色"。

黄山古称黟山，因峰岩青黑，遥望苍黛而名。唐玄宗崇尚黄老，敕改其称为黄山。不必说黄山相传乃轩辕黄帝"栖真之地"，也不必说陶弘景《杂录》"苦茶轻身换骨，昔丹丘子、黄山君服之"中的"黄山君"是否指今天的黄山，自隋文帝开皇九年（589）置歙州，宋徽宗宣和三年（1121）改名徽州府，辖休宁、歙县、祁门、绩溪、黟县、婺源六县，徽州之名一直沿用至1987年，长达866年。在800多年的时间里，黄山被染上浓重的徽色。

黄山脚下的徽派古村落，一条条狭小幽长的石板巷，一座座古朴陈旧的宅院，白墙墨瓦，青草乌檐，简约的灰、黑、白，构成了村子的主色调。这里走出过带着家人希冀、奔赴考场的士子，背井离乡、以求贸易发达的商人，吃苦耐劳的工匠，当兵吃粮的士兵，也迎来登山赏景的文人墨客，开山游方的僧侣、道士……一些人为梦想离开黄山，另一些人来到黄山为了实现梦想。

晚唐诗僧岛云最早登上天都峰，他的《望黄山诸峰》"峰峰寒列簇芙蕖，静想嵩阳秀不如。峭拔虽传三十六，参差何啻一千余。浮丘处处留丹灶，黄帝层层隐玉书。终待登临最高顶，便随鸾鹤五云车"，是黄山三十六峰最早的记载。南宋以降，黄山进入江南经济文化圈，天下知闻。宋代朱熹、王十朋，元代郑玉，明代的李东阳、梅鼎祚、汪道昆、袁中道、黄道周，清代的钱谦益、方以智、屈大均、施闰章、袁枚等皆到过黄山，并留下题咏。明嘉靖二十一年（1542），王寅、程诰、方弘静等16位诗人在黄山成立"天都诗社"，号"天都十六子"；60多年后，潘之恒赓续流风遗韵，修"天都盟社"，青出于蓝而胜于蓝。

自古诗画不分家，黄山的千山万壑、松涛云海也培育了许多杰出的画家。相传宋代马远到黄山以后，将以前的山水画付之一炬，决心以黄山为师；明代休宁人丁云鹏，长期寄居黄山，日察夜思，晚年绘成集一代之大成的《黄山总图》；清代沈铨游黄山，"凡山中怪石古松、奇葩异卉，咸为图绘，无不逼真"。

新安江是徽州人走出家乡的水道，在徽商雄视天下数百年间，"新安画派"在黄山崛起，渐江、查士标、雪庄、石涛等皆成一代宗师。渐江的六十帧《黄山图册》，雪庄的四十二（又作四十三）帧《黄山图》，石涛的《黄山八胜图》，均代表着当时画坛的最高成就。

近现代的画坛大师黄宾虹、张大千、潘天寿、刘海粟等都到过黄山，画过黄山。黄宾虹九上黄山，把徐霞客笔下"枫松相间，五色纷披，灿若图绣"的黄山精彩呈现，留下《黄山纪游》《黄山松涛十二图》《黄山松谷》等珍品。

刘海粟从1918年至1988年的70年，十上黄山，超越前贤。他创作的黄山主题作品有《黄山云海奇观》《黄山云海滴翠》《黄山狮子林》《黄山人字瀑》等，皆是在师法自然的基础上双向创新的结晶。

五、并非赘笔

20世纪40年代以来，徽州、屯溪、黄山地名接连变更，1987年11月国务院批复安徽省人民政府《关于撤销徽州地区和屯溪市、黄山市设立地级黄山市的请示》，撤销徽州地区、屯溪市和黄山市（县级），设立黄山市（地级）。设立黄山市屯溪区，其行政区域包括原屯溪市、歙县篁墩乡和休宁县梅林乡；改原县级黄山市为黄山区；设立黄山市徽州区，其行政区域包括歙县岩寺镇和潜口、呈坎、罗田、西溪南、洽舍、富溪、杨村7个乡和郑村乡的瑶村。

徽州改名黄山，打"黄山牌"，借助黄山的名气加快当地经济社会的发展，初衷很好，并取得了一定成效。但是地名作为个体地域的指称，黄山已在人们心目中形成固有的指位性，扩大其名称的指称范围，极易造成特定空间形象与地理区域范围上的名称混乱。黄山市、黄山区、黄山风景区，以及徽州区、徽州古城（在歙县），导致游客诸多莫名其妙，让源远流长极富古韵的徽州变成黄山，也使得徽州文化失去了安身立命之所。

有人说徽州改名黄山无非是争夺黄山管理权的问题，自有其合理性，但如何管理、如何回应各界的质疑，乃各级领导必须面对的问题。

以上对徽州改名黄山之议已属老生常谈，自可仁智各见。然而另一例由此衍生的老生常谈，则不可不辨。

常见有人以汤显祖诗"一生痴绝处，无梦到徽州"，表达对徽州"忆你当初，惜我不去；伤我如今，留你不住"的感触，此举实有误用汤诗之嫌。汤诗《游黄山白岳不果》有序："吴序怜予乏绝，劝为黄山、白岳之游，不果"，是说友人劝汤去游黄山、齐云山（白岳），拜会某权贵。汤显祖的表现很有气节，不要说附会权贵，即使做梦也不会梦到徽州，这才是汤诗"欲识金银气，多从黄白游。一生痴绝处，无梦到徽州"的本义。

小贴士

近人刘锦藻在《清朝续文献通考》卷三一三中说："徽州控赣、浙之冲，而江左之管钥也……地濒新安江之上游，又当黄山之阴，田谷稀少，不敷事畜，于是相率服贾四方。凡典铺、钱庄、茶、漆、菜馆等业，皆名之曰'徽帮'，敦尚信义，有声商市。休宁东南有屯溪镇，为茶市聚处，东下杭州，西达九江，北至芜湖，每岁输出可百万箱，而祁门红茶尤著闻。"数百年来，无数徽州人发扬"徽骆驼"精神，不懈努力，通过新安画派、新安医学、徽派建筑、徽州四雕（石雕、砖雕、木雕、竹雕）、徽派盆景、徽剧、徽菜、徽商等，发扬光大了"徽文化"。

参考资料

[1] 黄山风景区管理委员会官方微信公众号"中国黄山"资料。

[2] 徐弘祖：《徐霞客游记》，上海古籍出版社2010年版。

[3] 李维：《以地质多样性看待黄山自然美学价值》，公众号：世界遗产，2020年11月17日。

[4] 侯晏等：《黄山风景区出现壮美"瀑布流云"景观》，公众号：黄山广电台，2017年9月30日。

[5] 陈友冰：《案头山水》，合肥工业大学出版社2009年版。

[6] 梁仁志：《近代徽商衰落及身份界定问题再审视——兼论近代徽商研究的出路》，《安徽师范大学学报（人文社会科学版）》2020年第6期。

[7] 黄山志编纂委员会编：《黄山志》，黄山书社1988年版。

芙蓉秀出：九华山世界地质公园①

在地球上，北纬30°是个盛产奇迹的区域。当它穿过中国皖南黄山，带给世人神奇的"五绝五胜"；由黄山略微向西，北纬30°不偏不倚地与池州来了一个美妙邂逅，诞生了芙蓉秀出的九华山。

一、灵山开九华

九华山，唐人《九华山录》载："此山奇秀，高出云表，峰峦异状，其数有九，故号九子山焉。"九华山，原名九子山，唐天宝十三载（754）冬，诗仙李白前往江汉途中，和友人高霁、青阳县令韦仲堪等在九子山西麓相聚。酒酣兴起，几人联句唱和，李白率先吟出"妙有分二气，灵山开九华"，后题名为《改九子山为九华山联句》，有序："青阳县南有九子山，山高数千丈，上有九峰如莲华。按图征名，无所依据。太史公南游，略而不书。事绝古老之口，复阙名贤之纪，虽灵仙往复，而赋咏罕闻。予乃削其旧号，加以九华之目。"由此九子山更名为九华山。

次年，李白由金陵溯江赴浔阳，船行至秋浦江面，诗人遥望九华山，想起好友韦县令，写下《望九华赠青阳韦仲堪》："昔在九江上，遥望九华峰。

---

① 九华山世界地质公园位于安徽省池州市，面积139.7平方千米，主要包括九华街、闵园、天台、花台、莲花峰、九子岩、石台鱼龙洞、贵池区棠溪镇石门高村徽派古民居等园（景）区。

天河挂绿水，秀出九芙蓉。我欲一挥手，谁人可相从。君为东道主，于此卧云松。"晚唐杜牧出任池州刺史，登郡楼望九华山，玩味李白诗中佳句，写下"凌空瘦骨寒如削，照水清光翠且重。却忆谪仙才格俊，解吟秀出九芙蓉"诗句，把九华山的芙蓉意象发扬光大。至宋代王十朋"九芙蓉自九天来"，已将九华山与九芙蓉等埒。九华山，九座芙蓉般瑰丽的山峰，屹立皖南，尊享"东南第一山"的美誉。

二、"峰—丘—盆"地貌

九华山位列皖南三大山系（九华山、黄山、齐云山）最北，主体是由花岗岩体组成的强烈断隆带。距今约2亿年的三叠纪中晚期，印支运动使皖南地区上升为古陆地，并伴有花岗闪长岩侵入，形成青阳岩体，面积506平方千米。在距今1亿年左右的燕山期，构造运动奠定现代九华山的中低山地貌，燕山晚期在青阳岩体的中心部位有九华山花岗岩岩体侵入，面积400平方千米，形成青阳—九华山复式岩体，面积约860平方千米。

6600万年前的新生代开始，地壳强烈隆升，使覆盖在青阳—九华山复式

九华山

岩体的古老基底岩层逐渐被剥蚀夷平，九华山岩体出露，被南北向九华山走滑断裂切割，上升盘形成峰丛山体，下降盘形成丘陵盆地。在南北绵延近30千米、东西跨度6千米的区域，完成了海拔高度上的"三级跳"，从盆地（平均海拔30米）到丘陵（平均海拔270米）再到山地（平均海拔1000米以上），形成独特的"峰—丘—盆"地貌结构，以峰为主，丘陵、盆地、峡谷、溪涧、泉流交织其中，凸显了九华山花岗岩断块地貌奇峰异石的雄姿与发育机理。

清晰、壮观、美丽的九华山花岗岩复式岩体、大型花岗岩断块地貌与独有的富流体花岗岩结晶构造，融合北亚热带植被面貌和佛教文化景观，使九华山享誉世界。

三、造化一尤物

九华山古有"九十九峰"之说，现依普查资料实录71座，多为海拔700米以上的山峰，十王峰、莲花峰、狮子峰等均过千米，自北向南依次铺开，多以锥状（天柱峰）、柱状（蜡烛峰）、脊状（十王峰）、穹状（天华峰）、箱状（纱帽峰）等形态出现，构成了九华山地质地貌遗迹的精华。

九华奇峰

十王峰海拔1344.4米，为九华山最高峰，位于天台景区。构成该峰的中细粒花岗岩抗风化强，多组节理密布，形成尖峭的脊状山峰。

天台峰地藏寺

十王峰西南有钵盂峰，海拔1143米，极似僧人钵盂；西北有罗汉峰，海拔1280米；宴仙台位于十王峰西。登高揽胜，众峰俯首朝拜，尽显高旷之美。

天台峰海拔1325米，位于十王峰北，与十王峰有一山脊相连。清代池州知府李暲在天台峰东侧龙头峰平台上建捧日亭，为观日出的上佳之地，"天台晓日"为九华古十景之一。天台峰又称天台正顶，坐落在峰顶的地藏禅寺，始建于南宋，依山势建五层楼阁，是佛教徒朝拜地藏圣迹之所在。天台峰作为九华山的主峰，名气高过十王峰。

莲花峰位于九华山后山，由上、中、下三个莲花峰组成，最高海拔1042米。莲花峰的花岗岩网状节理发育，岩体分崩离析，易形成球状风化，使山峰圆滑，形似莲花瓣。莲花峰凸起于低缓丘陵之上，有利于垂直气流生成，常年云雾缭绕，得名"莲峰云海"，亦为九华古十景之一。

天柱峰海拔1006米，位于花台景区。峰如巨鳌，顶有角，突兀如危柱擎天。峰旁有五块危石，酷似银须老人，称"五老游天柱"。天柱峰南面的双峰，二峰并峙。天柱峰、五老峰、双峰皆因花岗岩岩体坚硬，垂直节理特别发育，且水平节理稀少，形成石骨峥嵘、四壁矗立的景观。而在一些垂直节理和水平节理均较稀疏的地区，由于山顶和山坡沿节理风化而形成了形态各异的巨石，如"双桃峰""打鼓峰"等。

大花台峰位于九华中心，海拔1299米，是花台景区最高峰。每年5月，簇簇丛丛的高山野生杜鹃娇艳如火，把山路装点成天街花市，故名花台。花岗岩构成的奇峰怪石宛若阆苑仙葩。依悬崖峭壁而建的花台栈道全长约1400米，平均海拔1141米，主要连接花台景区母子情深、仙人晒靴、会仙峰、龙脊等标志性景点。

九华奇峰，一峰晴明一峰雨，一峰崛立一峰舞，峰峰无石不迷人。九华山遍布众多象形石，它们或立于山脊，或挂于陡崖，或卧于山坡，或松石相伴，嵯峨堆叠，像人似物，仿禽拟兽，无所不奇，入选《九华山大辞典》（2001年）的怪石多达44处。

小天柱峰的九子岩，九根石柱耸立岩顶，高低不齐，酷似9个大小不等的孩童；天柱峰和双峰间的列仙峰，峰巅群石矗立，好像姿态各异的仙人；花台景区的母子情深石又被称为"千年一吻"，像一只小猴子依偎在母亲的怀中，又像一对亲密的恋人。

天然睡佛位于花台景区，略呈南北走向，由大小不同、高低不等的山岩或山峰组成。无论是从南向北看，还是从北向南看，皆成佛像，而且佛面五官清晰，神形兼备。

观音石位于天台峰西。一尊奇石峭立，身披斗篷，面向东北，酷似观音御风出行。

仙人晒靴又称地藏晒靴，位于宝塔峰南侧，该石形似长筒靴倒置在悬崖顶上，传说那是地藏菩萨穿过的一只僧靴。

大鹏听经俗称"老鹰爬壁石"，在天台峰西、拜经台寺后。其石伏贴于悬崖上，高30余米，喙及翅膀分明，状如大鹏。传说地藏菩萨在此诵读经书时，大鹏飞来聆听并感化为石。

大鹏听经石、金龟朝北斗、人面石等都处于看似失衡而恰能保持稳定的状态，似乎刻意检验万有引力理论。这种形形色色的"平衡石"，堪称奇石中的上品。

九华山的地质景点主要沿二圣殿至九华街、天台峰一线分布，其分列如下。

奇峰：十王峰、天台峰、天柱峰、莲花峰、罗汉峰等。

怪石：金龟朝北斗、观音石、仙桃石、棋盘石、老鹰爬壁石等。

洞穴：文殊洞、古长生洞、华严洞、道僧洞等。

清泉：金沙泉、龙女泉、甘泉、老虎泉、太白井等。

其他自然景观：龙池瀑布、碧桃瀑布、舒潭映月、平岗积雪等。

有了这份胜景名单，九华山还能藏得住吗？"奇峰一见惊魂魄，意想洪炉始开辟。疑是九龙夭矫欲攀天，忽逢霹雳一声化为石……"唐代刘禹锡为使声名不显的九华山扬名，作《九华山歌》。诗人想象瑰丽，跌宕有致，兼抒胸中磊落不平之气。"九华山，九华山，自是造化一尤物，焉能籍甚乎人间？"走笔至此，笔者不怨九华山"籍甚乎人间"为晚，刘禹锡不及见，惟恨刘禹锡略不世出，无人续写《新九华山歌》。

四、江山留胜迹

唐开元七年（719），一位朝鲜半岛新罗国的僧人释地藏跨海来唐，卓锡九华。他依靠开辟小片山地种植谷物和山间野果充饥，潜心修行30余年。至德初年，当地乡绅诸葛节等人登山，为地藏如此苦修而肃然起敬，遂与其共同筹划兴建禅舍。

释地藏卓锡九华75载，99岁时圆寂，生前逝后各种瑞相与佛经记载的地藏菩萨极为相似，僧众认为他就是地藏菩萨应世，从此便以金地藏称之，辟九华山为地藏菩萨道场。宋代，九华山渐有丛林规模。明清时期，僧众云集，寺院日增，九华山成为家喻户晓的中国四大佛教名山之一①，有"莲花佛国"之称。

---

① 四大佛教名山：五台山（山西）、普陀山（浙江）、峨眉山（四川）、九华山（安徽）。

"九华一千寺，洒在云雾中"，这是古人俯瞰九华全景时发出的感慨。诸葛节等当初为释地藏改建的化城寺，位于化城峰上，是九华山的开山祖寺，号"九华诸寺之冠"。以化城寺为中心，其他寺院百余座，包括"四大丛林"祇园寺、百岁宫、甘露寺、东岩寺等。位于九华街神光岭的月身宝殿，原名金地藏塔，金地藏示寂三年后建成，历代增饰，又名肉身宝殿，是供奉金地藏不腐肉身的地方。

金地藏遗爱九华山，无处不在。他披荆斩棘，择地栽茶，晚清《九华山志》载："金地茶，梗心如筱，相传金地藏携来种……在神光岭之南，云雾滋润，茶味殊佳。"闵园原名茗地源，今下闵园盆地所产的茶，汤色青绿，兰花香型，香气清醇，或与金地藏携来种有关。九华山寺院农禅方式生产的茶，已升华为修心养性的艺术载体。

"莲花佛国"，九华山花岗岩象形石多被赋予佛教文化的内涵。钵盂峰、弥勒峰、大鹏听经石、观音望佛国、定海神针柱状峰等，都是在奇峰怪石外在形态基础上，产生与佛教相关的联想而命名。仙人晒靴、大鹏听经石显示了佛教文化向民俗文化的渗透，但这种渗透有时则是可逆的。

九华山有二处金沙泉。一在地藏塔前，石刻"金沙泉"三字；一在无相寺南，大不盈瓯，四时不竭，金沙为底。地藏塔前金沙泉当与金地藏《送童子下山》诗"爱向竹栏骑竹马，懒于金地聚金沙"有关；无相寺南金沙泉传为李白命名，无考，笔者揣测，极有可能是借李白"灵山开九华"演绎而成的。

李白在九华山遗迹尚有多处，据说应韦仲堪盛情邀请，李白曾一度卜居于东崖的龙女泉侧，在那里留下了太白井、太白洗砚池、银杏古树等遗迹。九华街有"太白书堂"，又称"太白读书处"，初建于南宋嘉熙年间，是青阳县令蔡元龙为纪念李白二游九华而创建。院中有两株参天古银杏，相传为李白所植，树下有一口方形古太白井，四季不涸，清凉明净。众所周知，李白信奉道教，这些李白遗迹传说表明儒道与佛教文化在九华山的融合共生。

明代大儒王阳明对九华山情有独钟，其二上九华山，遇一僧一道点化，顿悟孕育出"致良知"学说，并力邀好友湛若水莅临九华开坛讲学。王阳明病逝后，他的弟子和青阳县令祝增等人在化城寺西建堂纪念，正堂匾额书"勉志"，堂后建仰止亭，合称"阳明书院"。晚清《九华山志》主纂周赟[①]题楹联"千载良知传道脉，九华晏坐见天心"，使王阳明"东岩晏坐"成为九华胜景。

周赟将王阳明在九华山55首诗作汇辑成《阳明先生九华诗册》，并为之作序："阳明先生涉险寻幽，探奇揽胜，枕漱泉石，出入烟霞，往复流连，歌咏成帙，于九十九峰爱之深，玩之熟哉!"为王阳明在九华山文化史上的贡献做出了鲜明的标记。

九华山是王阳明和湛若水的弟子、民族英雄柯乔的故乡，湛若水到九华山讲学，时为御史的柯乔游于其门下。柯乔，字迁之，世居池州府青阳县九华山柯村双峰山下，嘉靖八年（1529）进士，官至福建巡海道副使。嘉靖年间，葡萄牙殖民者盘踞宁波双屿港。嘉靖二十七年（1548），明廷命巡抚朱纨督率副使柯乔、都指挥卢镗等进剿。双屿之战，明军大败葡萄牙人，攻破双屿港。后柯乔蒙冤罢官回乡，在双峰下筑双峰草堂，用心诗文。现柯村"柯乔门坊"被列为省级重点保护文物。

五、"灵山"生灵

李白诗"灵山开九华"，定名九华山是印度佛教圣地灵山（灵鹫山）之一脉。笔者总觉得这层诗意并不明显，结合联句中李白的尾联"青莹玉树色，缥缈羽人家"，更具道教气息。不论怎样，"青莹玉树色"是说"坐眺松雪"，九华山玉树琼枝，应该没有疑问。

九华山峦绵延起伏多姿，生长于山石间的苍松翠柏如壮士披甲，充满

---

① 周赟（yūn，1835—1911），字子美，又字蓉裳，安徽宁国人。纂修《青阳县志》《九华山志》，首绘《九华山水全图》，提炼"九华十景"天台晓日、桃岩瀑布、舒潭印月、九子泉声、莲峰云海、平岗积雪、东岩晏坐、天柱仙踪、化城晚钟、五溪山色，并画图题诗。

豪气，给人雄美之感。最称奇的要数凤凰松，被画家李可染誉为"天下第一松"。

九华山蕴藏着丰富的野生植物资源，是我国东南地区众多珍稀植物荟萃之地。经普查发现，九华街、闵园、甘露寺景区及九华乡境内有百年以上古树名木449株。红豆杉、金钱松、青钱柳等第三纪以来孑遗植物在这里矗立了上亿年，水杉、银杏等国家一级保护树木更是成片生长，树种齐全、树龄悠久，因此这里被誉为"自然植物资源的宝库"，是植物研学的宝地。

九华山"峰—丘—盆"地貌，垂直隆升超过1000米，在北亚热带湿润气候区形成局部垂直气候格局，云山雾绕，美丽神奇，产生亚热带常绿阔叶林、落叶阔叶林、针叶林垂直镶嵌结构，有高等植物1463种，分属176科633属。国家二级保护植物有9种，国家三级保护植物有6种，省级保护植物有10种。以九华山命名的植物有九华蒲儿根、九华山母草、九华薹草等，其中九华山母草是国产狭义母草属当中最神秘的一种，九华蒲儿根则最为少见。

九华山山高林密，"居住"着众多奇趣生灵。据统计，九华山生活有253种动物，其中国家一级保护动物7种、二级16种；省一级保护动物8种、二级20种，其中不乏黑鹳、白鹇、梅花鹿、青羊、云豹等国家重点保护动物。

六、与"九"结缘

"九"在中华传统文化中有着至高无上的象征意义，九华山与"九"结缘，佳名之外，比比皆是。

从相传的99座山峰、99座庙宇、天台峰9999个台阶，到东晋末至中唐之前的道家修真的72福地中，九华山名列第39福地；从金地藏99岁圆寂，到笔架山和狮子峰下世界第一高地藏菩萨露天铜像（含莲花座）高度99米，2013年8月31日，来自海内外的99位佛教泰斗、高僧大德、诸山长老共同为地藏菩萨圣像开光；从公园2019年成为世界地质公园，到公园现有57处地质遗迹点，其中国家级地质遗迹9处……

　　万事不可求全责备，九华山因汉语拼音（英文字母同）排序关系，排在同一天被评为世界地质公园的沂蒙山之前，名列我国世界地质公园之第38位，与39失之交臂。

　　为了增加一个与"九"之缘，笔者推荐您9月来游九华山，体验"空山新雨后，天气晚来秋"的诗意。别忘了漫步花台，在融融的秋光里和糅杂了橙黄橘绿的嘉木彩林亲密接触，享受秋的浓情与浪漫。

参考资料

[1] 九华山地质公园公众号资料。

[2] 九华旅游603199公众号资料。

[3]《九华山，非爬不可》，公众号：国家地理中文网，2020年6月30日。

[4] 脚爬客：《天河挂绿水，灵山开九华》，公众号：保护地故事，2020年2月27日。

[5] 行者老胡：《脚印：中国佛教名山，九华山》，公众号：脚爬客，2015年10月17日。

清绝有道：三清山世界地质公园①

《道经》记载元始天尊所创立的道教，玉清元始天尊、上清灵宝天尊、太清道德天尊即太上老君，三号虽殊，本同一炁（qì，义同气），都是道的化身。一炁化三清，玉清、上清、太清之三清信仰落实在大地上，就有了三清山。

一、道法自然

三清山位于江西怀玉山腹地，因玉京、玉虚、玉华三峰峻拔，若玉清、上清、太清列坐山巅，故称"三清山"。

三清山作为一座道教名山，资历上比较浅，两晋南北朝时期形成演化、唐初司马承祯编录的道教108处洞天福地中，没有三清山的名字。李唐王朝奉道教为国教，证圣元年（695），析衢州须江（今衢州江山）、常山和饶州弋阳（今上饶弋阳）三县地置玉山县，因境内有相传天帝遗玉而成的怀玉山得名。大约到了中晚唐时，有人在传说东晋葛洪结庐炼丹的地方营建了三清山上第一座道观——老子宫观。

葛洪（约281—341），号抱朴子，东晋句容人，方士葛玄之侄孙，世称小

---

① 三清山世界地质公园位于江西省上饶市玉山县与德兴市，地理坐标为东经117°58′20″～118°08′28″，北纬28°48′22″～29°00′42″，面积433平方千米，包括三清山主景区、怀玉山景区和紫湖景区。

仙翁，道教丹鼎派的主要创始人。宋代方士为纪念葛洪首启山林之功，建起葛仙观。

元代鲁贞在《游三清山记》中提到扩建三清观，山上有了仙人桥、雷公石、判官石等。根据鲁贞的记载，元代以前，三清山的文化已自成格局。明太祖朱元璋推崇道教，让张天师"永掌天下道教事"，贵溪（今鹰潭市）龙虎山成为全国道教中心。距龙虎山150千米的三清山迎来鼎盛时期，山上的道教建筑大量出现。

据《三清山王氏宗谱》记载，明景泰年间（1450—1457），乡绅王祐和常山道士詹碧云依山石水木，增饰点缀，按道家理念规划设计三清山道教建筑群，历时3年建成。

风门，三清山登山古道上的第一座山门，位于三清山道教建筑群南北中轴线的起点。三座门形式，一座通玉山金沙，一座通德兴汾水，中门通三清福地，可惜三门现已俱毁。风门是道家术语，为入道之门，有"入者为清"之意。

天一水池是凿在风门石柱西南侧、突出地面2米的巨岩顶端的水池，以应"天一生水"之象，在池内壁北面镌有"天一水池"四字。

福地天门位于三清宫北部，也称北天门。天门东为灵龟峰，西为骆驼峰，两峰夹峙，形成进入三清福地的天然门户，是三清山登山古道上的又一座山门。福地天门是眺望玉京、玉虚、玉华三大主峰的最佳地点。

三清宫位于玉京峰北面九龙山口的龟背石上。正面有三樘大门，中门上挂青石竖匾，上书"三清福地"；大门两边刻联"殿开白昼风来扫，门到黄昏云自封"。三清宫坐南朝北，主殿共两层，前后两进，以花岗岩雕凿干砌而成，石梁石柱，四周配以石墙。正殿内供奉玉清、上清、太清三尊神像；后殿中间供奉王母娘娘，左侧为斗姆元君，右侧为观音菩萨。佛道齐聚一室，相安无事。

三清宫背倚的九龙山，犹如巨龙脊背凸起；前临涵星、清华、净衣三口天然大池，池畔苍松挺拔；东有龙首山作为屏障；西有虎头岩守卫，藏风聚水，占据形胜宝地。

龙虎殿与三清宫、演教殿、灵官殿构成三清山宫观建筑群之主体。一宫三殿，龙虎殿居东，灵官殿居西，演教殿居后。龙虎殿位于三清宫东侧龙首山之巅，整座殿和殿前的龙与虎都是巧用悬崖山岩雕琢而成，左侧青龙盘踞，右侧白虎雄视，内供老子等三尊神像。

在龙虎殿北矗立着一座宋代石塔，高近两米，七层六面重檐，以巨石为基，分塔底、塔身、塔顶三段，由花岗岩雕凿干砌而成，取名"风雷塔"，历经千年，岿然不动。

据统计，三清山共有道教宫、观、殿、府、坊、亭、泉、池、桥、墓、台、塔等古建筑及石雕等200余处，它们依道教宇宙观布局，构思精巧，交相融合，形成了一个以三清宫为中心、南北走向长达2000米的道教宫观建筑遗址景观带，被国务院文物考证专家组称为"中国古代道教建筑的露天博物馆"。

二、最美花岗岩

无论是三清宫、龙虎殿、风雷塔，还是风门、天门、天一水池，以及迎仙会仙的飞仙台、纠风正气的纠察府等，这些道教建筑遗址景观无一不是就地取材。一句话，都离不开天然花岗岩。

三清山主要成景岩石为燕山期花岗岩，展布于怀玉山区及其南东侧，为白垩纪花岗岩带，主要由灵山、怀玉山两个岩基组成，二者深部相连，形成怀玉山脉，三清山即怀玉山脉腹地主峰。

1988年，三清山成为国家级风景名胜区。中美地质学家联合考察，认为三清山的花岗岩是"西太平洋边缘最美丽的花岗岩"，是世界花岗岩山岳峰林景观的典型代表。随后，它被《中国国家地理》杂志推选为"中国最美的五大峰林"之一；2008年7月8日，三清山被正式列入《世界遗产名录》；2012年9月21日，三清山加入世界地质公园网络。

　　三清山最高峰玉京峰海拔1819.9米，玉华峰海拔1771.6米，玉虚峰海拔1752.8米，三峰并峙，撑天挂地，常年被云海雾涛遮掩，令人感到神秘莫测。主要景区集中在海拔1300～1600米，有闻名遐迩的象形石"十大绝景"：东方女神（原称司春女神）、巨蟒出山、三龙出海、玉女开怀、葛洪献丹、老道拜月、神龙戏松、猴王观宝、蒲牢鸣天、观音赏曲，其中东方女神、巨蟒出山为三清山标志性造型景观。

　　东方女神位于南清园景区东北部，通高86米的花岗岩峰柱，酷似一位秀发披肩的东方少女端坐于群峰之间，故名"东方女神"。这是花岗岩体被两组近垂直的节理切割成峰柱，峰柱经近水平的节理分割为两节，再经重力崩塌和球状风化等作用而形成的象形景观。

东方女神

　　远眺东方女神，神态端庄，作沉思状，膝上托着几棵凌空伸展的小松树。亿万年来，女神安详地注视着芸芸众生，传说她为西王母第二十三女，名瑶姬，被认为是春天的化身，故称"司春女神"。在申请世界自然遗产时，名字被改为"东方女神"。

　　巨蟒出山位于西海栈道边，与东方女神近在咫尺。只见一条"巨蟒"从云雾中探出头来，状极突兀，直欲出山腾空而去，故名"巨蟒出山"。"巨蟒"通高128米，直径7～10米不等，头顶扁平，颈部稍细，最细处

巨蟒出山

直径约7米，是由风化和重力崩解作用而形成的巨型花岗岩石柱，兀立于山谷。石柱身上有数道横断裂痕，但经过亿万年风雨，依然屹立不倒。

传说太上老君在玉京峰弈棋，猛听山崩地裂，一股黑气扑面而来，只见一条巨蟒伸长脖颈，欲残害一老妇，太上老君见状，将身边竹简掷出，镇住巨蟒，救得生灵。而竹简转瞬化作山峰，形成"万笏朝天"的景观，巨蟒也石化成现在的模样。

三龙出海，三座高达60米、造型奇绝的花岗岩峰柱，状如三条巨龙，跃出海面，腾空出世。它和"万笏朝天"一样，是由直立峰柱组成的花岗岩峰墙景观，由石墙演化而成，当石墙纵向垂直节理发育时，沿节理风化剥蚀后残留的柱体可成排分布。

玉女开怀，花岗岩坚硬石峰呈现出丰腴柔美的形态，生成三清山的至纯至美，让人不得不感慨造化之神奇。"玉女开怀"属于花岗岩差异风化，局部石英富集或夹有硅质程度较高的岩脉，形成刺突一样的石锥景观。锥尖向上，还可以形成"蒲牢鸣天"张开的嘴、"企鹅献桃"的尖喙。

葛洪献丹，花岗岩象形石如手捧葫芦的道人，人们以"葛洪"命名，以此纪念传说中的三清山开山祖师。"葛洪献丹"是花岗岩巨石沿着节理经差异风化和球状风化等作用形成的。同理形成的还有"老道拜月"，峰柱高30米，宽约10米，形似一位道士遥对苍穹，肃然静坐，悟道求真，故名"老道拜月"。

神龙戏松位于南清园景区一线天下，山峰石壁上紧贴着一条长蛇，眼睛紧盯着山顶上的一棵松树，似乎在和松树游戏。民间传说这条蛇想找机会进南天门，却被守护南天门的鲲鹏发现，一直苦无良机，蛰伏于此，久而久之便石化成柱。

观音赏曲位于万寿园景区梯云岭下，由两座山峰构成。第一峰状如弹琵琶的道人，第二峰酷似观音菩萨，听道人度曲弹奏。菩萨慈悲，合十聆听，留此宝相，难怪三清宫后殿要受人供奉。

猴王观宝，花岗岩巨石高约7米，直径约4米，状似一个手捧宝物的猴王，独坐山顶，作观察状。它和"观音赏曲"都是花岗岩体沿节理切割后，经重力崩塌、球状风化等作用而形成的象形景观。

猴王观宝

三清山的奇峰怪石被赋予各种形神兼备的名字，花岗岩的峰林石柱、石锥、石芽顿然有了灵性。"东方女神"的含蓄恬静，"巨蟒出山"的生命张力，"蒲牢鸣天""猴王观宝"的萌动可爱，呼之欲出；"葛洪献丹""老道拜月"使玄之又玄的道有了具象，可以欣赏观瞻；"三龙出海""神龙戏松"使普普通通的石柱神龙附体，引发无限遐想……

大自然的鬼斧神工远不止此。气势磅礴、地形险峻的花岗岩峡谷"飞仙谷"，全长约2500米，断面呈"V"形，切割深度超过300米，两侧为悬崖峭壁，人不能通行，唯有仙人可以飞越，故称"飞仙谷"；"一线天"，流水沿花岗岩垂直节理或断层带软弱结构面侵蚀切割，形成狭长的、两壁直立的沟壑地貌景观，在通道中仅见一条窄窄的天空，故称"一线天"。大峡谷、一线天，通常旅游景区必备的标准配置，在三清山更显超凡脱俗，仙气十足。

2008年在加拿大魁北克城举行的第三十二届世界遗产大会上，三清山以"绝妙的自然现象或具有罕见自然美的地区"被正式列入《世界遗产名录》。世界遗产委员会对其评价为："三清山风景名胜区在一个相对较小的区域内展示了独特的花岗岩石柱与山峰，丰富的花岗岩造型石与多种植被、远近变化的景观及震撼人心的气候奇观相结合，创造了世界上独一无二的景观美学效果，呈现了引人入胜的自然美。"

三、我看青山多妩媚

三清山素以"奇峰怪石、云海雾涛、流泉飞瀑、古树名花"闻名。奇峰怪石当然是主角，云海雾涛、流泉飞瀑、古树名花岂能甘当配角？它们联合主演，算是不遑多让。

一年200多天的云雾天气，让三清山自带滤镜。云雾缭绕，虚无缥缈，颇有仙家的气质，叫人琢磨不定。没了云海雾涛，三清山的一炁化三清失去了道理基础，蹑云岭与泸泉井之间的云中天街"云衢坛"、冲虚百步门前的"浮云桥"、南天门的"百步登云"便成了无本之木；没了云海雾涛，三清山的"秀中藏秀"之"藏"从何而来，"奇中出奇"之"奇"如何体会?！仿佛高大帅气的男主人公奇峰怪石失去了有点闹却娇羞可人的女友，尽显形单影只，潇洒不起来了。

在三清山东麓石鼓岭景区，从北入口进门，沿着翡翠河下行，就是流泉飞瀑的玉帘瀑布群，有翠帘、玉帘、虹帘、珠帘等九大瀑布。一连串的"帘"晶莹剔透，楚楚动人，唯独缺少点地方韵味。宋代诗人赵蕃题诗《怀玉山》："禅月诗僧古道场，山雄吴楚接华阳。疏通八碛蛟龙隐，高并双峰虎豹藏。云母屏寒消瘴气，蓝田璧润吐虹光。碧桃花落仙人去，静听松风心自凉。"诗里面的"八碛"值得注意，碛（qì），古同"砌"，台阶的意思。地名用字，带碛字的地名多有瀑布，如广东梅州碛下。"八碛"既是村名，又是瀑布名，位于玉京峰下。八碛至小怀玉村，溪涧相连，落差达700米，有十八龙潭（瀑布）分布。

1935年1月的一天，方志敏率领红军北上抗日先遣队在八碛与围攻之敌展开血战，红军官兵的鲜血染红了八碛龙潭，从此八碛龙潭改称"血潭"，以纪念英勇牺牲的红军。

三清山是中国亚热带植物种类最丰富的地区之一，也是世界松科黄杉属的分布中心，三清山保留了许多树龄在百年以上甚至千年以上的古树。在泸泉井一带就发现了千余亩华东黄杉，最大的一棵已有280多年树龄，树高40多米，树干的基围将近4米，在全国绝无仅有；十里"华盖松"（黄山松）生长在高海拔岩石之间，因为山高风大，所以松枝都顺着风势长，松针在冬雪的覆压下，长得又短又密，像修剪过的一样。三清山的黄山松不仅千姿百态，而且气势很大，有的破岩而出，有的盘石而卧，有的挺立于峰顶，有的垂挂于陡壁，与山石相依相偎，构成了三清山峰、石、松的招牌组合，显示出自然造化的绝妙经典。

三清山融合近10亿年地球历史和1600余年中国道教文化遗存于一体，被誉为"云雾的家乡、松石的画廊""中国山水画的天然摹本"。然而三清山没有山志，被"发现"的历史较短，建筑形制得益于龙虎山也反受龙虎山限制，更主要的是缺少著名文人墨客的加持。

明代成化进士德兴人舒清游三清山，作《游玉京诸峰题壁》云："两腋生风上少华，始知人世有仙家。丹炉无主犹存火，珠树非春自著花。石向虚空排玉笋，地随高下布金沙。题诗欲纪兹游胜，翠壁挥毫染落霞。"其后，又有一德兴人胡靖题诗《少华山》："江南何处是仙家？孤柱擎空见少华。洞里有天开紫府，人间无地觅丹砂。灵坛风雨莓苔匝，福地乾坤岁月赊。方外更闻王子晋，金银楼阁住烟霞。"两首诗名气不大，虽满纸烟霞，但难掩少华山"丹炉无主""风雨莓苔"的衰飒境况，让后来登山好道者望少华而息心，致使松石画廊三清山"养在深闺人未识"。

但三清山的后发优势不可小觑，已有才人写下《西海岸记》："广宇之西曰西天，西天之云曰西海，西海之上凿石架阁为栈道，曰西海岸。"立石刻碑，脍炙人口。

西海岸景区位于三清山的西部，西海岸栈道全长近4000米，建在海拔1600余米的悬崖上，是国内高空栈道的翘楚。

三清山奇峰林立，险如刀割，许多地方无路可走，于是高山绝壁上一条栈道拦腰而生，宛若一条玉带挂在90°光滑的悬崖上。据说修栈道时，未砍一棵树，而是邀松入景，与石为友，既保护了自然生态，栈道与松势本身也成为一景。试想，若没有这凌空云阁的栈道，谁能看到百转千回的山色，谁又能领略到云端漫步的乐趣呢？

西海岸栈道，为古人所未见；栈道上观景，古今可同慨——"我看青山多妩媚，料青山看我应如是。"

参考资料

[1]三清山世界地质公园网站资料。

[2]卢国龙：《三清道教 融聚精神（上）：三清山道文化研究》，《中国道教》2018年第1期。

[3]卢国龙：《三清道教 融聚精神（下）：三清山道文化研究》，《中国道教》2018年第2期。

[4]张健：《江南仙峰 奇中出奇秀中秀》，公众号：北京杂志官方，2021年9月7日。

[5]珊珊：《三清山，无量仙境》，《东方文化周刊》2017年第37期。

[6]《世界自然遗产：三清山国家公园》，公众号：中国风景名胜区协会，2021年5月31日。

[7]朱虹、方志远：《江西历史文化通览》，二十一世纪出版社集团2017年版。

五岳独尊：泰山世界地质公园

泰山[1]，五岳独尊，矗立于华北平原东部，凌驾于齐鲁丘陵之上，造化钟灵，雄浑厚重，是探索地球奥秘的实验室，是华夏民族的精神家园。

一、岱宗夫如何

先秦时期，"四岳"是一个整体，同属西方山系，而"五岳"的确立是在汉代。《尔雅·释山》和《尚书大传》都记载了"五岳"，分别为"岱（泰）山、霍山、华山、恒山、嵩高（嵩山）"。王士性[2]在《五岳游草·岱游记》中说："五岳通言岳，而岱独称宗，盖访于有虞氏之书云。"泰山故又称"岱宗"。

岱宗泰山，距今27亿多年不基始萌，历经海陆沉浮，3000万年前断裂活动加剧，强劲而绵长的脉动，造就了泰山拔地通天的雄伟身姿。风景区面积426平方千米，主峰玉皇顶，海拔1545米，气势磅礴，周围群山环拱，更显泰

---

[1]　泰山位于山东省中部的泰安市境内，南麓始自泰安城，北麓止于济南市。地理坐标为东经116°59′44.56″~117°23′15.78″，北纬36°10′40.87″~36°28′34.81″，总面积426平方千米。泰山世界地质公园总面积418.36平方千米，略小于泰山市的面积。包括红门、中天门、南天门、后石坞、桃花峪、莲花山、徂徕山和陶山园（景）区。

[2]　王士性（1547—1598），字恒叔，号太初，浙江临海人，明代人文地理学家，有《五岳游草》《广游志》《广志绎》。谭其骧在《与徐霞客差相同时的杰出的地理学家——王士性》中说："从自然地理角度看，徐胜于王；从人文地理（包括经济）角度看，王胜于徐。"

山博大超迈之势。

在中华初民时代直至秦汉帝国与泰山的互动之中，通过"封禅"的国家礼制，逐步确立了泰山"五岳独尊"的地位。由秦至宋，自秦始皇开始，历代皇帝中自认为政绩卓越的，便会到泰山封禅：一来祭拜天地，敬天立则，表明自己当上皇帝乃受命于天，即君权神授；二来祈求国泰民安，泰山成为沟通"天人之际"的重要象征。

孔子"登泰山而小天下"，泰山具象了儒家文化体系中"家国天下"的意识，儒家所期望达到的，是一种不断扩展的"同心圆"秩序，圆心即帝王。孔子曾有过一次关于"山川"与"天下"、"社稷"的谈话："山川之灵，足以纪纲天下者，其守为神，社稷之守者为公侯，皆属于王者。"山川的文化符号与家国情怀彼此建构，孕育出独特的文化思想，泰山因而成为蕴含东方政治和文化意象的圣山，也是中国人"天人合一"思想的寄托之地。

不论是帝王封禅，还是文人志士登临揽胜，抑或平民百姓、贩夫走卒的进香祈愿，均能在泰山广博的怀抱中寻找到寄托。泰山的"泰"，古人认为不仅有高大之意，令人崇拜赞美，也有安宁、通畅的意思，赋予芸芸众生以希冀与平安。

二、泰山窥奥

翻开泰山地质史册的序章，27亿多年前的太古代，这个华北地台次级构造单元内炽热的岩浆不断上涌，经一系列成岩作用和变质作用，形成了泰山的物质基础——泰山岩群。

距今27—25亿年的新太古代，多期岩浆活动形成了岩性和规模都不尽相同的岩体，新老岩体侵入接触，"三世同堂"、"四世同堂"乃至"五世同堂"，成就了桃花峪彩石溪色彩斑斓的带状彩石。

这里的彩石没有经过远古构造的叠加，既没有新太古代之前的干扰，也没有新太古代之后的影响，是整个华北地区研究新太古代地质最好的地方。

泰山彩石溪

　　最常见的"三世同堂"彩石，27亿年的灰色英云闪长质片麻岩包裹着27.5亿年的灰绿色斜长角闪岩，上面嵌着26 亿年的浅白色奥长花岗岩筋骨，构成彩石溪河床的基岩，沉稳浑厚，脉络如画，被赞为"画入水中秀，水在画上流"。

　　泰山的岩浆活动在距今18亿年时的谢幕演出，留给泰山红门一带辉绿玢岩，形成红门景区泰山中溪的"醉心石"奇观。

　　"醉心石"截面直径2.3米，上刻"醉心"二字，题"中州单养蒙书"。相传孔子在泰山讲学时，曾在此饮酒赏景，他感叹这些岩石的形状奇特，于是给它取名"醉心石"；另说汉代枚乘名之"泰山之溜穿石"。姑且不论孔老夫子是否耽此雅兴，枚乘所云还有下半句"单极之绠断干"[①]，连在一起看实在不知这和"醉心石"有何关系。

　　其实"醉心石"是发育在辉绿玢岩脉中的圆柱体，一般直径1～2米，与中溪溪谷垂直，长短不一，像堆放的油桶，也称"桶状构造"。圆柱体的横截面如枯木年轮，层层环圈，并有辐射状节理由石核向外圈开裂。这种"桶

---

　　① 单极之绠，指单股的细绳。绠（gěng），绳子。断干，勒断树干。"单极之绠断干"意思为"单股的细绳可以勒断树木"。

状构造"的成因复杂，是泰山未解之谜之一。

约在5.41亿年前，泰山广泛分布的泰山岩群被海洋淹没，形成张夏—崮山地区寒武系剖面，地层发育齐全，出露良好，含丰富的三叶虫等古生物化石，被正式定为华北寒武系标准剖面，是我国区域地层对比和国际寒武系对比的主要依据，在地史学上占有重要地位。

距今2.5—0.65亿年，持续的板块运动尤其是燕山运动使泰山地层被切割成规模不一的断块，形成"北高南低、西高东低"的泰山雏形。随后受喜马拉雅运动影响，泰山继续发生断裂并不断抬升，直至0.3亿年前左右，新构造运动奠定了泰山的基本轮廓。

在新构造运动的影响下，泰山南坡年升量强于北坡，侵蚀强度相对较强，造成泰山主峰玉皇顶周围以及老平台、黄石崖、黄崖山一带，成为地势最高、抬升幅度最大、侵蚀切割最强的区域。

泰山造景岩石主要由新太古代泰山岩群组成，其中片麻状二长花岗岩占据泰山主峰，以浑厚雄阔的山体与陡坡、崖壁组合景观为特色，因此泰山世界地质公园归于花岗岩地貌类。

三、天留东岳待诗人

"泰山岩岩，鲁邦所詹"，我国最早的诗歌总集《诗经·鲁颂》首开泰山诗歌之路光彩夺目的一页。

人类对高处向往的"执念"从古至今都有，所以泰山海拔最高的玉皇顶，就以扑面而来的气势进入诗人眼中：

　　　　岱宗夫如何，齐鲁青未了。造化钟神秀，阴阳割昏晓。荡胸生层云，决眦入归鸟。会当凌绝顶，一览众山小。（唐代杜甫《望岳》）

不立于岱顶，如何揽泰山之胜？不亲身攀顶，如何荡志士心胸？泰山雄浑中兼有明丽，静穆中透着神奇。登顶俯望，万点齐烟，千壑流云，了然于胸：

> 日观东北倾，两崖夹双石。海水落眼前，天光遥空碧。千峰争攒聚，万壑绝凌历。缅彼鹤上仙，去无云中迹。长松入霄汉，远望不盈尺。山花异人间，五月雪中白。终当遇安期，于此炼玉液。（唐代李白《游泰山六首》其五）

泰山日出是岱顶奇观之一。日出是太阳圆盘顶部在地平线上出现的时刻，但这个日复一日的平常时刻在岱顶是最动人心弦的，它在瞬间变幻出的千万种多姿多彩的画面，成为无数人追逐的视觉盛宴：

> 五夜峰前曙色浮，曈曈先出海东头。拟将赤手扶羲驭，早向人间照九州。（明代王弘诲《泰山杂咏》其一）

随着旭日发出的第一缕曙光撕破黎明前的黑暗，东方天幕由漆黑逐渐转为鱼肚白，光晕似近在咫尺，刚欲伸手，红日已喷薄而出，但并不刺眼。最后，一轮火球跃出云海，冉冉升起。

日观峰位于玉皇顶东南。峰北有巨石——拱北石横出，像一只报晓的雄鸡，气宇轩昂地伫立泰山之巅，翘首以待黎明。拱北石岩性为片麻状二长花岗岩，它原是一块直立的岩石，

玉皇顶

受节理发育和重力影响而被折断，倾倒过程中因受下部岩石支撑，形成与地面30°夹角并指向北方的"拱北石"，被称为"泰山之经纬，人心之航标"：

> 鸡鸣日观望，远与扶桑对。沧海似熔金，众山如点黛。遥知碧峰首，独立烟岚内。此石依五松，苍苍几千载。（唐代李德裕《重忆山居六首·泰山石》）

拱北石，又名探海石

李德裕的泰山石是"兖州从事所寄"，其并未亲临泰山，而是收到泰山石后，由小见大而作此诗。拱北石又名"探海石"，因知李德裕是以拱北石为背景赋诗。

泰山的每一座奇峰异景都是力的展示、力的杰作，大自然以宏伟的气魄和神奇的雕刀为人类凿出这块瑰宝。在岱顶瞻鲁台西侧，有一座由三块巨石互相抵撑而形成的悬空桥，桥南临峭壁，下为深不可测的山谷，十分惊险：

> 三石两崖断若连，空蒙似结翠微烟。猿探雁过应回步，始信危桥只渡仙。"（明代萧协中《仙人桥》）

这座仙人桥，成于侵蚀风化之手，是不同岩性岩石的一次通力合作。悬崖两侧的岩石为片麻状二长花岗岩，因为节理和重力作用，风化后向里跌落，与残留的斜长角闪岩包体中的长英质岩脉正好巧妙地抵靠在一起，达到力学平衡的三块岩石构成的"猿探雁过应回步"，只有神仙才能通过的"仙人桥"。

泰山多泉瀑。《魏书·灵征志》载北魏延昌三年（514）八月辛巳，兖州上言："泰山崩，颓石涌泉十七处。"黑龙潭瀑布位于中天门景区东百丈崖脚下，瀑流下泻直冲崖下石穴。石穴因常年遭撞击，口小腹大，形若瓦坛，深广数丈。多雨时节，瀑布水花飞溅，气势磅礴：

> 百丈崖高锁翠烟，半空垂下玉龙涎。天晴六月长飞雨，风静三更自奏弦。（明代陈凤梧《瀑布泉》）

相传，黑龙潭与东海龙宫相通。潭西有西百丈崖，西南有南百丈崖。每逢夏秋之际，阴雨连绵，三条瀑流犹如玉龙从崖巅凌空而降，古称"云龙三现"。

在中国，山从来都不只是山，而是个人托寄笑傲的灵物，是文化的载体，泰山尤其如此：

> 峨峨东岳高，秀极冲青天。岩中间虚宇，寂寞幽以玄。非工复非匠，云构发自然。器象尔何物，遂令我屡迁。逝将宅斯宇，可以尽天年。（东晋谢道韫《泰山吟》）
>
> 志欲小天下，特来登泰山。仰观绝顶上，犹有白云还。（明代杨继盛《登泰山》）

泰山的古树名木源于自然，历史悠久，史载"茂林满山，合围高木不知有几"。据普查，泰山的古树名木有34种18195株，300年以上的一、二级古树有3300余株。它们与泰山历史文化的发展紧密相联，著名的有汉柏凌寒、挂印封侯、唐槐抱子、青檀千岁、六朝遗相、一品大夫、五大夫松、望人松、宋朝银杏、百年紫藤等，每一株都是历史的见证，历经风霜，成为珍贵的自然与文化合一的遗产。有诗为证：

高节栖灵岳，宁污秦氏官。天风吹不断，涛卷万峰寒。（明代屠隆《大夫松》）

五大夫松，在御帐坪、云步桥北。秦始皇二十八年（前219），秦始皇东巡封泰，松下避雨，封树为"五大夫"，属秦官制第九级。王士性《岱游记》中载："（御）帐前双松，老干拳曲，势欲飞舞然，可数百年，而人辄神之为秦物者，五大夫松也。"古松在明万历三十年（1602）被雷雨所毁，清雍正八年（1730）补植五棵，现存两棵。松旁建亭五间，名"五松亭"。咏此"五大夫松"之诗如下：

断碑存汉字，老树袭秦封。路入天衢畔，身当宇宙中。（明代王守仁《御帐坪》）

王守仁诗里的"断碑存汉字"，说的是泰山又一重要文物形式——泰山刻石。一方石刻如同一卷史册，可辅翼经史，订正本原，是储存、传递多种信息的宝库。虽漫漶磨灭，藓积碑残，而历代有人增刻。咏赞泰山刻石的诗歌很多，例如：

九点青烟看野马，五更红日候天鸡。云封峭壁松多古，藓积残碑字未迷。[清代爱新觉罗·胤禛（雍正）《望岱》]

丈人峰下过，青翠万山迷。仄磴泉流滑，轻阴鸟语低。山深无客至，石古有人题。（清代周在浚《题后石坞》）

泰山上共有石刻1800余处，最早的石刻为秦丞相李斯所书小篆。据《史记·秦始皇本纪》记载，秦始皇统一六国后，数次出巡，群臣为歌颂其功德、昭示万代，分别在峄山、泰山、琅邪台、之罘、东观、碣石、会稽刻石七处，这就是"秦七刻石"。

秦泰山刻石前半部系公元前219年秦始皇东巡泰山时刻制，共144字；后半部为秦二世元年（前209）所刻，共78字，均为秦丞相李斯所书。李斯小篆被视为秦代小篆的标准样式，也是后世通行小篆的典范。泰山刻石具有重要的艺术价值和历史价值，被称作"传国之伟宝，百代之法式"。

秦泰山刻石如今只剩下了十个残字，稀如星凤，现藏于岱庙东御座，镶嵌在玻璃柜中。

泰山经石峪刻经是著名的佛教摩崖刻经，位于泰山南麓斗姆宫东北1000米处，所刻经文为《金刚般若波罗蜜经》（简称《金刚经》）节文。字大于斗，雄逸高古。《金刚经》是镌刻在由于地质作用形成的自然节理面上的代表性石刻，也是泰山地质遗迹与文化景观有机结合的典范。

晚清金石名家吴大澂在中天门处篆书的"虎"字，端凝有法，字形如画，犹如猛虎蹲踞山崖，"雄踞岩角而不处卑势"。光绪十二年（1886），吴大澂与沙俄进行勘界谈判，一腔爱国之心，书"龙虎"二字以铭志；同年游泰，书"虎"字、杜甫《望岳》诗等。

泰山岩壁上遗留千年的诗文、遒劲磅礴的石刻艺术，以及其中蕴含的非凡风骨，都是中华文化的瑰宝。

四、天于泰，相当厚

秦代李斯以"泰山不让土壤，故能成其大"，展示了虚怀若谷、广纳天下之才的包容气度；汉代司马迁用"人固有一死，或重于泰山，或轻于鸿毛"，颂扬视死如归的精神；宋代欧阳修则用"学者仰之，如泰山北斗"，表达对伟大人格的崇敬；明代吕坤把"泰山乔岳之身"，作为"男儿八景"之首，写入持躬修身的格言。

1940年，中国地质学会理事会通过了由尹赞勋起草、杨钟健定稿的《中国地质学会会歌》歌词，词曰："大哉我中华！大哉我中华！东水西山，南石北土，真足夸。泰山五台国基固，震旦水陆已萌芽，古生一代沧桑久，矿岩化石富如沙。降及中生代，构造更增加，生物留迹广，湖泊相屡差。地文远溯第三纪，猿人又放文明花。锤子起处发现到，共同研讨乐无涯。大哉我中华！大哉我中华！"

会歌载《地质论评》（主编谢家荣）1940年第5卷第6期，题尹赞勋、杨钟健作歌，黎锦晖作曲，1941年3月在重庆举行的第十七届年会上首次试唱。"泰山五台国基固"，巩固"国基"，惟有泰山石敢当。

"泰山石敢当"是我国早先最有影响力的民间习俗之一，凡住宅的屋门对着桥梁、巷口或道路要冲的，就在墙外立一块小石碑，刻上"泰山石敢当"，用来辟邪。

这一习俗始于先民的灵石崇拜，西汉时《急就篇》写道"师猛虎，石敢当，所不侵，龙未央"，意思是说灵石能破解不祥。拔地而起的泰山气势磅礴，雄伟壮丽，为天下正气所在，由山及石，人们对泰山石同样推崇至甚，一碣"泰山石敢当"就可以镇邪驱魔，让鬼魅遁迹。2006年，"泰山石敢当"已经被国务院批准列入首批国家级非物质文化遗产名录，实至名归。

泰山地区有名动天下的自然景观，还有声名远播的人文历史，历史与自然在此汇聚和碰撞。1987年12月11日，泰山成为中国也是全球首个世界自然与文化双遗产地。2006年9月18日，泰山地质公园列入联合国教科文组织《世界地质公园名录》。

小贴士

中国地质学会会徽："中"字表示中国和中国地质学会，"土""石"代表地质之质，"山""水"分别代表造山运动、火山活动和海浸、海退及其他水力现象等内、外力作用。它们也代表中国四大地史时期的特点，"石"为元

古宙地层，"水"为古生代海相沉积，"山"为中生代造山运动，"土"为新生代主要沉积。这四字位置正好反映我国地理特征，西边多山，东边为海洋湖泊，南方多丘陵石山，北方以黄土堆积为主。"土中石""石中土""山中水""水中山"阐述了地质学若干基本哲理。会徽由章鸿钊、谢家荣、杨钟健、葛利普（A. W. Grabau）设计，张海若书篆，于1937年第十三届年会通过。

参考资料

［1］铙铙：《泰山：探亿年之沉淀，享五岳之尊荣》，公众号：保护地故事，2020年7月2日。

［2］泰安市泰山风景名胜区管理委员会公众号泰山景区资料。

［3］泰安泰山晚报有限责任公司公众号"Hi泰山"资料。

［4］邱丹丹：《会当凌绝顶，一览众山小——泰山世界地质公园》，公众号：矿冶园科技资源共享平台，2018年3月19日。

［5］袁爱国主编：《全泰山诗》，泰山出版社2011年版。

［6］王士性：《王士性地理书三种》，上海古籍出版社1993年版。

［7］陈锋：《尊崇·社稷·苍生：泰山文化的形成与精髓》，公众号：光明理论，2019年2月18日。

亲兵石阵：克什克腾世界地质公园①

克什克腾世界地质公园地处内蒙古高原中东部，内蒙古高原浑善达克沙地、大兴安岭山脉南端山地和燕山山脉支脉七老图山脉三大地貌的交会地带，分为九大园区：北部为阿斯哈图、黄岗梁，西北部为浑善达克，西部为达里诺尔，中部为热水温泉，东部为青山，东南部为平顶山，南部为西拉木伦、乌兰布统，汇集了花岗岩地貌、火山地貌、冰川和断裂构造遗迹，沙漠、草原、温泉、河流、高原湖泊、湿地等自然景观，有"浓缩的内蒙古"之称。

公园徽标主题图形为中文"克"字的变形，巧妙地融入"石林""远山""河流""湖水""飞鸟""草原""沙漠""云杉"等元素，突出克什克腾世界地质公园地质遗迹丰富、自然景观与人文景观交相辉映的内涵。徽标另含"同心圆"，象征同心同德，共创克什克腾世界地质公园美好未来。

一、阿斯哈图园区

阿斯哈图花岗岩石林地处克什克腾旗北部，大兴安岭最高峰黄岗峰北约40千米的北大山上，沿着北大山浑圆的山脊残留的高低不平的花岗岩残丘，呈北东向展布，面积约5万平方千米，海拔高度约1700米。

---

① 克什克腾世界地质公园位于内蒙古自治区克什克腾旗，地理坐标为东经116° 30′ 00″~118° 20′ 00″，北纬42° 20′ 00″~44° 10′ 00″，面积约1343平方千米，规划保护面积达5000平方千米。

"阿斯哈图"是蒙古语，意为"险峻的岩石"。阿斯哈图花岗岩石林虽然形似中国南方喀斯特的代表云南石林、地表水渗透侵蚀沙砾岩层形成的元谋土林、新疆的风成雅丹地貌和冰川运动形成的冰林地貌，但在岩性、构造成因上，阿斯哈图花岗岩石林与它们都有根本区别。

水平节理发育的阿斯哈图石林一隅

阿斯哈图石林花岗岩为燕山期中期，构造运动造成花岗岩体垂直节理和水平节理发育，在角锋、刃脊等冰川地貌的基础上，经寒冻风化、风蚀、磨蚀等外动力共同改造形成。在此过程中，是冰川刨蚀、掘蚀还是其他外动力作用占据主导，至今仍是地质学家们研究的课题。

有的石林宛若城堡，已看不出当初的"设计风格"，任大自然的巨掌慢慢磨去城堡原有的尖顶、烟囱等七零八碎，固执地向世人证明什么叫结实耐用；有的正隳（huī）成废墟，千疮百孔，风霜雨雪让坚硬的花岗岩化成丘壤的史诗大剧，终于奏响了尾声；有的从冲破冰川的束缚那一刻起，就像一峰失群不知所措的骆驼，引得远处的"北京猿人"露出憨憨的一笑。

苍山林海中，"桃园三结义""鲲鹏落草原""拴马桩"每一处都有故事。相传当年成吉思汗率领蒙古铁骑来到黄岗峰下，用嶙峋石柱作"拴马桩"，与诸部首领议事。这块水草丰美的地方，蒙古语叫"昭乌达"，"昭"，本意为数词百，代指众多；"乌达"，柳树的意思，"昭乌达"指水草丰美、森林茂盛的地方。清初在此设立"昭乌达盟"，就是现在的赤峰市。

蒙古铁骑金戈铁马的时代已然远去，美丽的传说还在继续。每当晨雾弥漫，石林中的"七仙女"就会飘然而至，摇曳多姿，深情凝望着远方，像是等待远征的骑士凯旋。

"鲲鹏落草原"的鲲鹏石

　　阿斯哈图石林以初出茅庐的风采为克什克腾世界地质公园带来盛誉。经专家考证，阿斯哈图石林是世界上独一无二的一种花岗岩地貌类型，学界以最早发现地命名为"克什克腾旗花岗岩石林地貌"。

二、黄岗梁园区

　　巍巍大兴安岭，素称东北山系之冠，雄起于中国极北的黑龙江畔，纵向西南，至西拉木伦河上游谷地，北低南高，横亘1400千米，西南段属内蒙古。克什克腾旗境内的黄岗梁，27座山峰东西延伸，最高峰黄岗峰海拔2029米，相对高差500米左右，由距今1.5亿年的中生代花岗岩组成。

　　黄岗梁地区保存了第四纪冰川最完整的形态，且类型多样，是典型的山谷冰川。黄岗梁两侧可见冰斗、"U"形谷、角峰、终碛堤、侧碛堤、条痕石、漂砾等冰川遗迹。只是不少冰川遗迹为植被覆盖，因为黄岗梁除了冰川遗迹，森林公园才是它本来的身份。

　　早在1996年，国家林业部批准建立了黄岗梁国家森林公园，推出黄岗林海、十三道河等特色景点。黄岗梁是蒙古植物、华北植物和东北植物区系的交会地段，富集天然原始森林85万多亩，以针阔混交疏林草地景观为特有景观。这里的春季虽然姗姗来迟，却在不经意间，杜鹃花悄然开满山岗，冲破晨雾的面纱，似霞光般照遍整个森林，美到极致；野生动物如獐、狍、马鹿、黑琴鸡纷纷恢复了青春朝气，或打斗，或求偶，落单者径自下山解闷，和游客来一次亲密接触。夏季森林郁郁葱葱，秋季五彩斑斓，"多样性植物的基因库"名不虚传。

三、浑善达克园区

浑善达克沙地为内蒙古四大沙地之一，多固定或半固定沙丘，沙丘大部分为垄状、链状，少部分为新月状，呈北西—南东向展布，丘高10～30米，丘间多甸子地，由全新统浅黄色粉细沙组成。

浑善达克沙地有短小的内流河、小湖泊和沼泽地，是达里诺尔湖主要的水源涵养地。由于有水，沙丘间多生乔灌木和草本植物，乔灌木以沙榆为主。白音敖包的沙地云杉林，是世界上同类地区尚未发现的稀有树种，浑善达克沙地因之被称为"疏林沙地"。沙地上还生有一种"乌刺奈"，果实红艳。晚清蒙古族词人三多《眼儿媚·次和成容若〈红姑娘〉》云："比乌刺奈，塞沙接子，红得尤殷。""乌刺奈"，清代才有此称，本名欧李，英语里叫作"中国矮生樱桃"，是土生土长的中国物种。如今"乌刺奈"果实被开发成营养丰富的"钙果"，商品名"钙果"正被广泛接受。

浑善达克沙地沙丘纵横，地势多变，疏林万点，人迹罕至，是众多野生动物的繁育地。经专家考证，浑善达克沙地既是研究沙漠成因、演化及风沙源治理的重要科研基地和科普基地，又是旅游探险、观赏沙地动植物多样性的休闲胜地。

四、达里诺尔园区

达里诺尔湖，一作达里淖尔湖，意为像大海一样美丽的湖泊。湖泊总面积228平方千米，是内蒙古第二大内陆湖，位于贡格尔草原西南部，距离克什克腾旗政府所在地经棚镇90千米，享有"草原明珠""内蒙古高原上的天鹅湖"之美誉。

达里湖火山群为中国东北九大火山群之一，在最近1万年间可能活动过。据统计，这里有56座火山遗迹，如火山熔岩地貌的火山口、火山锥、熔岩颈等，微观火山地貌的火山弹、火山渣等火山喷发物应有尽有。达里湖的形成与火山喷发有着密切的关系。随着第四纪冰川融化，整个贡格尔草原被海水覆盖，一座火山喷发形成的小岛露出海平面，形似打铁用的砧子，这便是今天达里湖北岸的砧子山，在比湖面高出60多米的崖壁上，还留有浪蚀龛的痕迹。

达里湖地处平原草原和疏林草原交会地带，无论是登上南岸的曼陀山，还是攀上北岸的砧子山，俯瞰达里湖，一碧万顷，远望贡格尔草原，牧人们在火山周围悠闲地放牧。古老的火山喷发早已被遗忘，人们习惯了这些火山的沉默不语和慷慨馈赠。

达里湖也是我国北方重要的候鸟迁徙通道，丰富的鱼产可供迁徙的候鸟觅食，造就了一座"百鸟乐园"。达里湖属于内蒙古高原半干旱区的封闭性湖泊，补水河流偏少，经过千万年的蒸发，湖水碱性增加，成为苏打型半咸水湖，只有鲫鱼、瓦氏雅罗鱼等少数鱼种能够生存。瓦氏雅罗鱼，俗名华子鱼，有达里湖"银色精灵"之称，肉质鲜美，越来越显露出旅游者眼里"网红鱼"的潜质。达里湖冬捕习俗被列入内蒙古自治区第三批非物质文化遗产名录，当地渔民"衣冠尽改古风存"，延续着北方民族的渔猎遗风。

达里湖一隅

达里湖历史上有多种称呼，达里淀、鱼儿泊、大儿湖、达里泊、达里淖尔等。元代李志常《长春真人西游记》云："三月朔，出沙陀，至鱼儿泺，始有人烟聚落，多以耕钓为业。时已清明，春色渺然，凝冰未泮。""鱼儿泺"就是达里湖。民国经棚县知事王枢有诗《湖充漪滟》，"中涵岛屿水平铺，绝妙禽鱼飞跃图。自古英雄勤远略，至今留得大儿湖"，让人记住了达里湖还有个更好听的名字"大儿湖"。

达里湖还有成吉思汗前锋哲别袭破金朝边境的金边堡遗址，元代孛儿只斤黄金家族的联姻部族弘吉刺部所建城郭的遗址——应昌路遗址，为达里湖增添了北方王朝兴替的沧桑印记。

五、热水温泉园区

热水塘温泉位于克什克腾旗东北部热水旅游开发区，距旗政府所在地经棚镇28千米。热水塘温泉是原生自然温泉，热水富集于乌梁苏台河谷北岸山前坡的洪积扇裙区，地下热水赋存在花岗岩体的构造裂隙带中。

温泉水温40℃～83℃，单井最高涌水量2592吨/日。水中含化学元素氟、镭，气体氡、硫化氢，稀有元素镓、钼、钨、锂、锶等47种微量元素。望之清澈透明，嗅之有硫黄气味，享有"东方神泉圣水"之誉。温泉所产生的机械作用和其中富含的微量元素，对人体的循环系统、消化系统、运动系统的疾病有一定的疗效。这里的水浴因而被称为"绿色疗法"。

热水塘温泉已有四百多年的开发利用历史，有"康熙浴井"遗址。热水塘温泉为高效优质矿泉，1982年荣获"全国第二大甲级温泉"之美名，2010年热水塘镇被国土资源部命名为"中国温泉之乡"。

六、青山园区

青山位于大兴安岭山脉南段，距经棚镇南30千米处。青山园区拥有三块

"金字招牌"：世界最密集的岩臼群、国内最大的天然石佛和内蒙古最长高山索道。

　　青山山顶极为平坦，长约800米，宽约400米，山顶南面坚硬的花岗岩面上，约1000平方米的范围内，背载着千余个岩臼，被当地百姓形象地称为"九缸十八锅"。岩臼在平面上一般为椭圆形、圆形、钥形或不规则的半圆形，形状则如臼、如缸、如碗、如匙、如鼓、如桶。岩臼的内壁大部分陡而光滑，有的光洁如洗，有的却有螺旋状磨蚀纹，是风的吹蚀与冻融作用的共同结果。造物主眼里无弃物，岩臼口小腹大，有的存有积水，有的长出了花草，成了天然花盆。青山岩臼群是目前世界上发现的规模最大、形成最好、类型最全的岩臼群，对研究中国北方尤其是内蒙古高原生态环境演化具有重要价值。

　　国内最大的天然石佛则是青山主体，遥望一青山，颇具神秘之象；近观似大佛，已然端坐洪荒。伴着当地浓郁的宗教氛围，以"山是一座佛，佛是一座山"誉之恰如其分。

　　至于高山索道，它虽然是人工建造，但荣列三块"金字招牌"的缘由是，只有乘上这条内蒙古最长高山索道，方可饱览"九缸十八锅"和青山大石佛的天然风采。

七、平顶山园区

　　在克什克腾旗东南部，西拉木伦河南岸的万合永镇平顶山地区的群山峻岭中，有数以百计的第四纪冰斗，这是目前我国发现的数量最多、发育最好、期次最全、保存最完整的大型冰斗群。

　　平顶山冰斗群园区层峦叠嶂，远远望去冰斗错落有致、层次分明；刃脊蜿蜒起伏、连绵不绝；角峰突兀嶙峋、岩壁陡峻，此中景色任由游人欣赏。若不惧山高谷深，沿羊肠小道，逶迤而行，穿岩缝，爬冰脊，翻角峰，入谷底，身临其境，不时擦一把汗水，停下脚步来测其产状，绘制素描，则非地质郎莫属。正缘于此，平顶山冰斗群为探索内蒙古高原的环境演变提供了极其珍贵的资料，使该地区成为我国北方地质科学极具价值的研究基地。学者们根据冰斗群分布于海拔1200～1700米的位置，认为该区存在4次或5次冰期。虽只1次冰期之差，由此建立的环境演变模式，无论谁说服对方，都需要更多实测数据的支撑。

八、西拉木伦园区

西拉木伦大峡谷，位于大兴安岭山脉南缘，长340千米，宽50千米，是该地区最重要的深断裂之一。西拉木伦河，发源于大兴安岭南麓克什克腾旗大红山白槽沟，河长约397千米，沿西拉木伦大峡谷从西向东穿过内蒙古高原奔向辽河平原。河水流经克什克腾旗、翁牛特旗、林西县、巴林右旗、阿鲁科尔沁旗，在翁牛特旗与奈曼旗交界处与老哈河汇合成现在通辽境内的西辽河。西拉木伦河沿途汇入大小河流50余条，流域面积约32088平方千米，流域内分布有乌兰布统草原、贡格尔草原、巴林草原、科尔沁沙地和浑善达克沙地，孕育了西拉木伦河流域独具特色的地理景观。

西拉木伦河源头素湍碧潭，探幽寻胜，代不乏人。王枢《潢源碧翻》云："寻到潢河最上游，碧翻白涌镜涵秋。人间艳说清流好，此更清流源水头。"

西拉木伦河古称饶乐水、潢水等，被考古学家苏秉琦先生赞誉为"祖母河"，曾哺育东胡、乌桓、鲜卑、契丹、蒙古等北方民族繁衍生息，其流域是中华民族文化的重要发源地之一。闻名遐迩的红山文化、草原青铜文化、蒙元文化就诞生于潢水之滨。蒙古族叙事民歌《嘎达梅林》的旋律仍在原野上飘荡，当代台湾女诗人席慕容又为西拉木伦河续写出新的乐章——《父亲的草原 母亲的河》。

西拉木伦河上游山地的精灵——百岔铁蹄马，和乌珠穆沁马、上都河马并称"蒙古三大名马"，是上天给予北方民族的馈赠。铁蹄马产于克什克腾旗百岔沟一带，蹄质坚硬，在乱石遍布的崎岖山路上不用装蹄铁也如履平地，故有"百岔铁蹄马"之称。在内蒙古，铁蹄马无论是跑沙、跑雪还是跑山地，步伐敏捷，耐力超强，故当地有民谚："千里疾风万里霞，追不上百岔的铁蹄马。"

九、乌兰布统园区

有网络写手历数过那些在乌兰布统拍过的电视剧，从《西游记》《康熙王朝》《成吉思汗》《汉武大帝》《昭君出塞》《贞观长歌》《雪山飞狐》，到《还珠格格》《芈月传》《如懿传》等，有60余部之多，因此乌兰布统被称为"草原影视城"。那么，乌兰布统有何德何能吸引各路剧组？答曰：乌兰布统有连绵的山脉，有辽阔的草原，景色绝美，而且平缓草原一望无垠，可以恣意奔跑，即使没有骑过马的演员摔下马来，也不必担心受伤，更不需要替身。

乌兰布统为蒙语，意为"红色的坛形山"，其园区位于赤峰市克什克腾旗西南部，承德塞罕坝北麓，平均海拔1640米。丰沛的水源孕育出美丽的塞外草原，有"百花草甸""北京后花园"之称。当北京的暑气尚未消尽，乌兰布统天空万里无云，苍苍正色。弥望的草原上，远处林木开始纷纷染上金黄、浅黄、赭黄，乌兰布统进入初秋的黄金季节。

丰富的战争遗迹，也是乌兰布统成为古装电视剧最佳外景地的原因。乌兰布统距离北京远近适中，史书上讲有"七百里"。康熙二十九年（1690）八月初一，抚远大将军福全率清军与噶尔丹率领的准噶尔军在此展开会战。噶尔丹据有利地形，"横卧骆驼，以为障蔽"，清军从正面和两翼进攻，激战一日，噶尔丹不敌逃离。此役清军惨胜，噶尔丹从此一蹶不振。这场著名会战发生在乌兰布通，即今内蒙古自治区克什克腾旗乌兰布统。当时福全的战报就是快马驱驰"七百里"送到京师康熙皇帝手里的。

乌兰布统园区地处燕北山地和蒙古高原的过渡地带，是滦河一级支流吐力根河、西拉木伦河二级支流乌兰公河的发源地，珍贵的塞外草原、湿地景观和多样的生态系统，为人们研究和认识浑善达克沙地、蒙古草原、冀北山地的自然环境演变提供了重要的依据。

十、冠名取舍

2005年2月11日，克什克腾地质公园被联合国教科文组织列入《世界地质公园名录》。游遍克什克腾世界地质公园九大园区，无论是阿斯哈图花岗岩石林、黄岗梁冰谷林海、浑善达克疏林草原、热水塘温泉，还是西拉木伦大峡谷、乌兰布统草原、青山岩臼群、平顶山第四纪冰斗，或是达里湖百鸟乐园、珍奇稀有的沙地云杉、辽阔坦荡的贡格尔草原与闻名遐迩的红山史前文化遗存，你很难选择一个四字短语概括整个地质公园的风采和特色，思来想去，还是要在"克什克腾"的本义上做文章。

克什克腾为蒙古语，意为"亲兵""卫队"，起源于成吉思汗创建的宿卫——怯薛。亲兵卫队扈从大汗，是元帝国的中坚力量，出战甘冒矢石，入卫不动如山，因此不妨就用"亲兵石阵"来概括"塞北金三角"——美丽的克什克腾世界地质公园吧。

参考资料

[1] 克什克腾世界地质公园公众号资料。

[2] 赵志中、钱方等：《内蒙古克什克腾旗花岗岩石林的发现及成因》，《地质论评》2007年第S1期。

[3] 张杰：《雪韵冰魂：克什克腾世界地质公园采风纪实（二）》，公众号：克什克腾，2018年1月1日。

[4]《带你了解九大园区组成的克什克腾世界地质公园》，公众号：内蒙古旅游地接，2021年6月16日。

[5]《来自达里湖"银色精灵"——华子鱼的独白》，公众号：内蒙古旅游地接，2022年3月19日。

中国的砂岩地貌（丹霞等）类世界地质公园

　　"中国丹霞"是中国南方亚热带地区六个片区组成的一个系列遗产地的总称，由贵州赤水、福建泰宁、湖南崀山、广东丹霞山、江西龙虎山—龟峰和浙江江郎山六地组成。六个组成地是丹霞地貌从"最小侵蚀"到"最大侵蚀"演化的最佳例证，清晰展示了一个从"青年期"到"中年期"，再到"老年期"的地貌序列，每个组成地都展示了一个特定阶段的典型地貌特征。符合世界遗产标准"（7）自然大美"和"（8）地球演化历史主要阶段的杰出范例"两大特征。2010年8月2日，被第34届世界遗产委员会批准正式列入《世界遗产名录》。

　　丹霞山是丹霞地貌命名地，也是发育到壮年中晚期簇群式峰丛峰林型丹霞地貌的代表；泰宁世界地质公园发育青春丹霞；龙虎山龟峰，是雨水侵蚀型老年期丹霞峰林地貌的典型代表；张掖冰沟丹霞，则是干旱地区"窗棂状—宫殿式"丹霞地貌的代言人。

　　相对于东西文明交汇地敦煌莫高窟的石窟艺术和世界上独一无二的张家界砂岩峰林地貌景观，二者的地质背景如何，它们为何与丹霞地貌被归为一类，答案就在下文中。

丹霞命名：丹霞山世界地质公园①

　　红色，是中国人偏爱的颜色。千百年来，红色象征着吉祥、喜庆、荣誉甚至牺牲，融入中华民族的民风、民俗、节日庆典和历史记忆。红、赤、丹、朱、绛等红色系列的字眼，化身千万，冠名山川河流、城镇乡村，装点起古老而又充满生机的中华大地，伴随日月光华，走向天长地久。"色如渥丹，灿若明霞"的广东丹霞山，是其中赏心悦目的经典一例。

一、"丹霞"成名历程

　　丹霞山，坐落在广东北部韶关市仁化县境内，原名锦石岩。明清易代，南明李永茂、李充茂兄弟隐居此山。清顺治二年（1645），李充茂作《丹霞山记》云："丹霞之名，不自今日而始也，乃阒乎无人，寂寞者数千百岁矣。自伯子（即李永茂）至，而人人知有丹霞焉。"

　　1928年，时任两广地质调查所技正的地质学家冯景兰（1898—1976）在粤北地区进行地质调查时，被一片红色岩层吸引，他意识到这是一种独特的地貌景观，遂以丹霞山中的"丹霞"二字，将这些红色的砂砾岩地层命名为"丹霞层"。

---

　　① 丹霞山世界地质公园位于广东省仁化县，地理坐标为东经113°36′25″～113°47′53″，北纬24°51′48″～25°04′12″，总面积292平方千米。分为丹霞山景区、韶石山景区、大石山景区、矮寨景区和锦江景区五大景区，目前已经开发的主要在北部的丹霞山地区。

1939年，构造地质学家陈国达（1912—2004）对丹霞山及华南地区的红石山地作了深入研究之后，把这种红色岩层上发育的地貌称为"丹霞地形"；1978年，地理学家曾昭璇（1921—2007）首次正式使用"丹霞地貌"作为地貌学的专业术语；1981年，地理学家黄进（1927—2016）在山西大同举办的中国地理学会构造地貌学术讨论会上宣读了论文《丹霞地貌坡面发育的一种基本方式》。黄进后来在《丹霞山地貌考察记》一书中写道："除宣读文章外，我还放映了一组质量较高的丹霞地貌彩色幻灯片，给与会代表较深的印象。因参加该次学术会议的科研部门及高等院校的代表较多，才使中国基本统一使用'丹霞地貌'这一学术名词。"丹霞山由此成为"丹霞地貌"的命名地。

所谓丹霞地貌，是"发育于中上、白垩系红色陆相砂砾岩地层中由流水侵蚀、溶蚀、重力崩塌作用形成的赤壁丹崖及方山、石墙、石峰、石柱、嶂谷、石巷、岩穴等造型地貌，以中国广东丹霞山为代表，是红层地貌的一种类型"①。黄进总结出的"顶平、身陡、麓缓"，是迄今为止广为学界征引的丹霞地貌的基本特征。

2004年2月13日，联合国教科文组织将丹霞山地质公园评为全球首批世界地质公园之一。

在联合国教科文组织的网站上，出现了丹霞地貌的英文专有名词Danxia Landform 和 Danxia Geomorphology。丹霞地貌，作为中国地球科学的"国粹"得到了全世界的广泛认知和科学界的普遍认可。

在整个地球，丹霞地貌景观分布最广泛的区域恰是最喜爱红色的国家——中国，由中国提出申请丹霞地貌景观为自然遗产顺理成章。

2010年8月2日，广东丹霞山连同其他五个省的丹霞地貌景观以"中国丹霞"之名，被第34届世界遗产委员会批准正式列入《世界遗产名录》。

根据世界遗产委员会34COM 8B.1 号决议的定义："中国丹霞"是指在温

---

① 陈安泽：《丹霞地貌若干问题探讨》，见《全国第19届旅游地学年会暨韶关市旅游发展战略研讨会论文集》，2005年6月。

暖湿润的季风气候条件下发育于陆相沉积岩中的红色砂砾岩的一种自然景观，也被称为"红层"。

丹霞地貌是在陆相红层的基础上，由内力（包括抬升）和外力（包括风化侵蚀）共同作用而形成的。岩石序列、构造背景、暖湿的气候条件等特征造就了该地貌的侵蚀过程和地形。

分布于福建武夷山南侧的丹霞地貌以发育线谷、峡谷为特色，整体处于青年期；湘、桂、粤北一带的丹霞地貌，以发育峰林、峰丛、丹崖及岩洞为特色，整体处于壮年期。丹霞山是发育到壮年中晚期簇群式峰丛峰林型丹霞地貌的代表。

总之，中国丹霞拥有罕见而独特的自然美。由红色砂砾岩构成的地貌具有杰出的自然美景并演化形成了壮观的石峰、石柱、崖壁和峡谷。结合繁茂的森林、蜿蜒的河流和宏大的瀑布，中国丹霞向世人展示了一幅壮美的自然画卷。红色的岩石与绿色的树林、蓝色的河流之间构成强烈对比，这是中国丹霞的突出特征，呈现出无与伦比的景观效果。

"丹霞"一词，可追溯到魏文帝曹丕的诗《芙蓉池作》中"丹霞夹明月，华星出云间"，形容芙蓉池明丽、绚烂的夜空。斗转星移，"丹霞"意指可移，但唯美的气质不变。从国人心目中的"丹霞"到世界视域下的"中国丹霞"，带着历史的光环，发轫于丹霞山的中国原创品牌现已成功走向世界。

二、岭南第一奇山

广东丹霞山在地质构造上属于南岭山脉南麓的一个构造盆地，盆地内长达数千万年的沉积，形成厚达3700米的红色岩层。随着地壳运动，特别是距今600万年以来，整个湖盆发生多次间歇性抬升，原本沉睡在水底、通体泛红的砂砾岩层纷纷破土而出，接受风雨的磨砺。

丹霞山所在的华南地区气候温暖湿润，强烈的化学风化和流水侵蚀成为塑造丹霞地貌形态的主要外营力。丹霞山高标霞举，是丹霞地层和地貌的标杆，整体呈现一种红层峰林景观，赤壁丹崖是其最基本的形态特征。不同体量和不同形态的赤壁丹崖组成了大小石峰、石堡、石墙、石柱600多个。主峰巴寨海拔约619米，其他大多数山石海拔则介于300～400米。它们差不多都顶着一顶"绿帽子"——郁郁葱葱的山顶；山间因数十万年的风雨侵蚀而留下许多奇特的怪石洞穴；山下被锦江及其支流环绕，由于"热岛效应"，植被丰富，鸟语花香。千百年来，风光奇崛峻美的丹霞山得到了无数名人墨客的景仰，人文底蕴深厚，被誉为"岭南第一奇山"。

相传北宋崇宁年间（1102—1106），法云长老游历到丹霞山（时称锦石岩），见奇洞胜景，远眺全山，但觉"色如渥丹，灿若明霞"，从此诞生了丹霞的颜值标准——"色如渥丹，灿若明霞"。那么，法云长老是眺望何处山岩而得此佳句的？笔者认为非锦石岩莫属。

锦石岩位于长老峰北面锦石岩寺旁，奇峰碑硊（lù wù），高差超过200米，绵延1500多米，由于岩石富含三价铁离子（Fe^{3+}），远看赤壁丹崖，通体染红。在朝霞的映照下，色彩随光照增强愈发明艳，绚若织锦，故得名"锦石岩"。

距锦石岩约1000米处，有大型蜂窝状洞穴，阔6米，进深2.5米，高2米。上接峭崖，下临深壑，形势险要，有如关隘。据传法云长老到此，因眺望锦石岩陶醉，见洞穴平整，类似佛龛，便打坐假寐，醒来顿有"半生都在梦里过，今日方始觉清虚"之悟，乃名此关"梦觉关"。

陆游《老学庵笔记》载："会稽法云长老重喜，为童子时，初不识字，因扫寺廊，忽若有省，遂能诗。"这个叫重喜的法云长老，省悟功夫和游丹霞山的法云长老相似，不知是否同一人？

法云长老因一梦结缘长老峰，利用天然洞穴开山筑寺，名石窟寺，收徒讲法，成为丹霞山早期的开发者。如今登上长老峰，可一览上、中、下三个景观层。下层为锦石岩景层，除了石窟寺，还有长天一线、龙鳞片石、五色间错大斑石等典型的赤壁丹崖景点，以及梦觉关、通天峡、百丈峡、马尾泉等地质遗迹十余处；中层为别传寺观景层，有别传寺、鸳鸯树、一线天、双池碧荷等景点；登丹梯铁索上至顶层，可观赏整个丹霞山区大气磅礴的全景，眺望僧帽峰、童子拜观音、蜡烛峰等。

别传寺

别传寺是岭南十大丛林之一，清顺治十八年（1661），明遗民僧澹归今释来到韶州丹霞山，随后开辟了粤北名刹——别传寺。澹归俗名金堡，浙江仁和（今属杭州）人，南明永历朝净臣，"五虎"之一，有"虎牙"之号。康熙十三年（1674），澹归主别传寺法席，他为别传寺题联："风过竹林犹见寺，云生锦水更藏山"，疏竹丹崖，锦水流碧，水云深处，山寺玲珑。立他为法嗣的天然老和尚曾有偈（jì）语云："今日丹霞捉败，推向人天，不教总靠着那边。"时人不明所以。到了乾隆四十年（1775），偈语应验，澹归的遗著被清廷列为禁书遭查禁，祸及别传寺，寺院逐渐废毁。1982年，别传寺重建，寺内立有"别传寺开山澹归老和尚塔"，香火旺盛。

明季社会动荡，丹霞山山民纷纷结寨自保，大小百余座山寨中以细美寨最为著名。细美寨建于阳元山之巅，寨址不足20平方米，但三面悬崖，只有西面有石阶栈道可登。石阶栈道沿着红层中的水平层状岩槽开凿而成，有"九九天梯"之称。拾级而上，尚需经过控扼栈道之险的两道岗哨，既可观察又能防御，险绝之象不亚于华山西峰莲花峰。

阳元山的岩壁，远望如刀切斧劈，寸草不生；近观布满纵向浅沟槽，山顶汇集的雨水常年冲刷，宛如挂在悬崖上晾晒的一块块手工织布，色调深褐，粗糙却结实。丹霞山的"晒布岩"，似乎不如武夷山"晒布岩"名气大，虽有壮年丹霞不及青年丹霞秀美之故，但主要还是被邻居"阳元石"抢去了风头。

阳元石发现较晚。"细美寨东麓有一岩柱突起数十米，形似竖起的眼镜蛇头，也如铁匠打铁的铁砧，后来得知此岩柱即为天下第一奇石阳元石"，从"系统研究丹霞地貌第一人"黄进的这段话可看出，细美寨东麓的岩柱得名"阳元石"，乃是在丹霞山景区大开发以后。

阳元石

得名虽晚，大势趋上。阳元石高28米，直径7米，原本和阳元山同一整体，共为石墙，由于节理切割和风化作用，逐渐与阳元山分离而形成石柱，因风化剥落浑圆化后，状如男根，尽显阳刚之气。

与阳元石抛头露面不同，阴元石隐藏于深山幽谷之中。因红色砂岩存在纵向裂隙，水沿裂隙渗流冲刷，外部又经风化和坡面流水改造，形成竖向洞穴。洞高3米，宽20~50厘米，酷似女性外阴，隔着翔龙湖与阳元石遥遥相对，低调从容，不愠不躁，静观来来往往的游人。

阳元石与阴元石，一阳一阴，"性"趣天成，组成丹霞山象形石中的极品。

三、此方亦是"神仙宅"

苏轼《宿建封寺晓登尽善亭望韶石》云："岭海东南月窟西，功成天已锡玄圭。此方定是神仙宅，禹亦东来隐会稽"，称许韶石山为"神仙宅"。因临近岭北经韶州去广州的必由之路韶石古道，韶石山比丹霞山早开发六七百年，但两山毗邻，宛若孪生姐妹，有道是：屯蒙晚辟丹霞山，此方亦是"神仙宅"。

首先，丹霞山有云霞明灭拥层城之美。1942年，曾昭璇考察粤北红色盆

僧帽峰远眺

地时作诗《丹霞观日》："绝顶攀登四望平，霞光闪烁渐通明。千峰忽变莲千朵，高插云头迓日升。"到底是专家，别具只眼，丹霞地貌"顶平、身陡"的特点信口道出，丹霞诸峰似"莲花"浮立云头，赤城层层，云霞片片，美不胜收。

有人说丹霞山的颜值担当属于僧帽峰，以其为原型设计的图案被用作丹霞山的logo。每当清晨第一缕阳光浮出云海时，僧帽峰便透出一种被精心雕刻过的美感，其与周围的峰林组成了一幅高低参差、疏密有致、组合有序、富有韵律和质感的壮美画卷。

其次，丹霞山有"仙迹"可寻。阳元山的西北方有一座横跨在峡谷之上的天生桥——通泰桥，据说阳元山共发现了类似的七座天生桥，通泰桥是其中最大的一座，其石拱长50米，跨度38米，拱高15米，桥面宽6~8米，桥身最薄处只有3米，造型直逼河北的赵州桥，有"岭南第一桥"之称。

当流水沿节理将岩体蚀穿，形成穿洞；随着风化剥蚀及崩塌继续，穿洞的高度大于悬空岩层的厚度时，一座壮观的天生桥就诞生了。

再次，丹霞山有香花供养仙佛。丹霞山是发育到壮年中晚期簇群式峰丛峰林型丹霞的代表，丹霞地貌的演化使红层台地不断分解和后退加剧。在多个山块围限的沟谷之中，由于空气流通性较差，温度和湿度上升，形成沟谷"热岛效应"。因为热岛效应，在丹霞山封闭沟谷的灌丛阴湿处，可见丹霞山兰花中的珍品——深裂沼兰，它的花呈红色，偶见浅黄色，幽香沁人心脾。

兰花和相思豆、还魂草并列"丹霞山三宝"，在清人程运南《重游丹霞山感慨》中，可见兰花一露芳容："红崖锦石迓飞霞，万笏峰峦列齿牙。不亚泛舟游赤壁，兹来访道觅丹砂。三千世外仙人境，二百年前隐士家。我亦有缘重到此，清芬领略玉兰花。"

有了云霞明灭层城可居、天生桥上行游观景、兰花珍品香花供养，不就是人世红尘中的"神仙宅"吗？如果神仙尚有禽鸟之乐，丹霞山更是不二之选。截至2022年4月，丹霞山记录鸟类19目61科242种，其中包括中华秋沙鸭和黄胸鹀2种国家一级保护鸟类，白鹇等39种国家二级保护鸟类。白鹇是广东省的省鸟，雄性整体呈白色，雌性整体呈麻灰色，外形优美，气质高贵。

四、阅丹公路

遥想1928年冯景兰用"丹霞"来定义红层地貌景观，1942年曾昭璇作诗《丹霞观日》，直至20世纪七八十年代黄进考察丹霞山，每一次书写丹霞山的山清水秀，难掩背后地质工作者的艰辛跋涉、旅途困顿，甚至危险重重，陪同黄进考察的民兵队长还曾鸣枪吓跑过妄图偷袭他们的野兽。

俱往矣，进入新世纪，连接韶关市区与丹霞山的乡村公路——阅丹公路的贯通，为打造大丹霞经济圈，实现丹霞山与韶关城区"山城融合"，带来了新的发展机遇。

阅丹公路沿线经仙人迹、飞花水、巴寨、锦江、阳元石、长老峰景区，这里有文人墨客留下的大量赞美的诗文、游记，以及遍布全山的人与自然和谐相处的古山寨、摩崖石刻和古岩画遗存；这里有珍珠一般散落在山间的一个个小村落，背靠丹山，面向锦江，夏富古村、牛鼻村、车湾村、瑶山村、白莲村、芙芷坝村……白墙黛瓦，竹林掩映，绿树成荫，鸟语花香，田园大地披锦绣，远处炊烟袅袅升起，让人仿佛置身世外桃源；这里有锦江碧道，不仅可以重温黄进教授"远眺锦江西面的观音石、观音山、上天龙、扁寨、拇指峰、屯军寨及巴寨、茶壶山一带的丹峰竞秀，有如玉宇琼楼，实令人难忘"的陶醉，还能领略平静的锦江之滨，风吹过村子旁的千顷油菜花，远处的山峰和更远处的山峰绘出水墨的轮廓，在一片云雾缭绕之中衬出山水林田湖草与人和谐共存的幸福画卷；这里有亲水近山徒步骑行皆相宜的生态旅游观光道，"体育+旅游"吸引了上百万海内外户外爱好者徒步穿越丹霞山，参加丹霞山山地马拉松和环丹绿道自行车大赛。人们在这条飘逸的彩带上追风骑行，可以领略丹霞山别样的美。

这条"广东最美旅游公路"，使丹霞山赤壁丹崖与掩映在丹山碧水中的岭南乡村，全方位呈现在世人面前。任由春夏秋冬的四季轮回，阴晴光影的气候变化，总有惬意的灵魂在旅途，不辜负这片红岩绿地的神奇盆地呈现的色彩与风景。

这条科学探索之路，使"丹霞地貌"的命名地——丹霞山一如既往地吸引世界各地的丹霞研究者前来考察研究，担当科学与科普的桥梁，助推丹霞山成为科学名山和旅游胜地，并早日完成整个丹霞山世界地质公园的全面保护与利用。

参考资料

[1] 刘晶、宋举浦、贾欣：《丹霞地貌：中国原创地质品牌》，《文明》2009年第2期。

[2] 黄进：《丹霞山地貌考察记》，中山大学出版社2004年版。

[3] 彭陈川、马益冬：《万古丹霞冠岭南》，《地球》2020年第3期。

[4]《探秘丹霞山：神仙山上神仙宅》，公众号：丹霞山，2021年8月8日。

[5]《【Go to 地质公园】丹霞山世界地质公园》，公众号：中国古生物化石保护基金会，2016年4月21日。

[6]《画里丹霞 阅丹览胜》，公众号：丹霞山，2021年7月23日。

[7]〔清〕陈世英、陶煊等纂修，释古如增补，仇江、李福标点校：《丹霞山志》，广东教育出版社2015年版。

青春丹霞：泰宁世界地质公园^①

2021年4月，中国媒体评选出"2021中国最美乡村百佳县市排行榜"，福建省三明市泰宁县脱颖而出，夺得榜首。

我们其实一直都相信奇迹，只是有时候不相信自己是那个奇迹的见证者。2005年2月11日，联合国教科文组织批准泰宁地质公园为第二批世界地质公园；2010年8月2日，包括泰宁丹霞在内的"中国丹霞"作为我国第8项世界自然遗产被正式列入《世界遗产名录》。有了这般履历，泰宁在"2021中国最美乡村百佳县市排行榜"夺魁既出人意料，亦实至名归。

一、丹霞故事开始的地方

泰宁地处福建西北部，由高空鸟瞰，宛似武夷山脉中段镶嵌的一串"翡翠"宝石。浓得化不开的"翠"，是北连的武夷山国家公园中，整条武夷山脉连绵不绝的绿色林木；红色的"翡"，则是像传说中赤羽雀的羽毛披拂洒落，染红了大金湖和上清溪的丹霞。

泰宁丹霞由大金湖和上清溪南北两大片区组成，是中国亚热带湿润区青年期低海拔山原—峡谷型丹霞的唯一代表。泰宁丹霞以丰富的地貌、生态、

---

① 泰宁世界地质公园位于福建省泰宁县，地理坐标为东经116°54′00″～117°18′11″，北纬26°37′26″～27°05′35″，面积为492.5平方千米，其中丹霞地貌面积252.7平方千米。由石辋、大金湖、八仙崖、金铙山四个园区及泰宁古城游览区组成。

生物和景观特征，成为"中国丹霞"地貌演化过程中不可或缺的一环，被称为丹霞故事开始的地方。

分布于福建武夷山南侧的丹霞地貌由于受武夷山隆起的影响，以发育线谷、峡谷为特色；且山脉的福建一侧恰是东南季风的迎风坡，暖湿气流被抬高凝结，形成了丰富的降水。泰宁的丹霞区位于多组断裂的复合部位，多期构造活动形成的复杂断裂系统加上流水作用，塑造了泰宁峡谷深切、丹崖高耸、洞穴众多的地貌景观，是典型的青年期丹霞地貌。

据不完全统计，泰宁丹霞是由70多条线谷、130余条巷谷、220多条峡谷构成的丹霞峡谷群。峡谷拥有复杂的沟谷系统（密度最大可达23条/平方千米），其总体数量之多、分布之密、弯度之大都是中国丹霞地貌区中所罕见，可以写入地质教科书并成为经典。

二、丹霞样板社区：寨下大峡谷

寨下大峡谷，由悬天峡、通天峡、倚天峡三条峡谷首尾相连呈环状三角形，由以流水侵蚀、重力崩塌、构造运动为主的三种地质作用形成。大峡谷深邃幽长、丹崖斑斓、奇险峻秀，发育了几乎全套青年丹霞的地貌峡谷景观，可见丹壁洞穴、巷谷、线谷、赤壁、石墙、孤峰、石柱、崩塌堆积、堰塞湖、穿洞、板状交错层理、漂砾等。

镶嵌在近50米高的崖壁上的天穹岩是悬天峡的"窗口"。直径约20米、轮廓浑圆的穹顶本身就是一个大洞穴，大洞穴之中如同布满壁龛的石窟，生满了次级洞穴，而在次级洞穴里面又发育着三级洞穴，形成了洞穴嵌洞穴的奇观。

有学者认为，这种穹庐状洞穴主要由盐风化作用（salt weathering）形成。盐风化作用也叫蜂窝状风化，是在干湿气候交替下，地表蒸发而引起岩石孔隙（或裂隙）中的盐类结晶膨胀，造成岩石颗粒分解或脱落的物理风化作用。丹霞山的盐风化穴仅仅发育于可渗透的巨厚砂岩层内，小的厘米级，大的可以达到数米。在谷底仰望，一个个风化穴像各色灯盏，装饰着穹庐的顶壁，古朴而不失气派。

通天峡的"V"形丹霞窄谷深深切入山体，逼仄幽深，仅容一人侧身；仰面而望，天空如一条细线，似天崩地裂而成，故又称"天崩地裂通天峡"。

倚天峡谷中流水潺潺，到处是红色沉积岩崩落后的巨大岩体，以谷口的倚天剑最为壮观。在倚天峡，不同时代的地貌在此交错，左手边是数亿年的变质岩，右手边却是6500万年前形成的裂陷盆地的沉积岩，行走期间，恍如进入时空隧道，不知今夕何年。

雁湖峡是流水沿紫红色巨厚层块状砾岩、砂砾岩层北西走向断裂、裂隙侵蚀，以及风化剥蚀、重力崩塌作用形成的"U"形巷谷。谷长约500米，谷底宽2～3米，谷壁高50～120米。谷内静幽古朴、花草芳香，穿巷谷向西北越云崖岭直抵雁栖湖。

睡莲摇曳的雁栖湖畔翠竹丛生，因而又名翠竹湖，是紫云崖与梦霞壁分别沿北西和北东向裂隙崩塌的岩块、岩屑在崖壁下方堆积构成天然拦水坝，阻断了峡谷内地表水向外流泻，积水成潭形成的堰塞湖。

寨下大峡谷，万谷汇寨下，峡谷、巷谷划分出弄堂里巷，线谷则隔开屋宇毗连的街坊邻居；专设布景孤峰、石柱、堰塞湖，共同打造出泰宁世界地质公园的"青年丹霞样板社区"。

三、天下第一湖山：大金湖

泰宁世界地质公园内水系发育，属闽江上游支流，主要水系有金溪及其三条支流濉溪、杉溪、铺溪，它们均汇集于泰宁。

金湖为金溪之水汇积而成，水域面积近40平方千米，湖长62千米，诺大的水域，闽西北只此一家。20世纪七八十年代，因水利建设之需，在金溪上拦坝成湖，湖水深碧，岛湖相连，形成独步天下的水上丹霞，千岩万壑与浩瀚湖水交相辉映，使大金湖得享"天下第一湖山"的美誉。

大金湖一隅

景区内有赤壁丹崖、水上一线天、猫儿山、白水漈瀑布、十里平湖、醴泉岩、虎头岩、甘露岩及甘露寺、鸳鸯湖、情侣峰、幽谷迷津、雄柱峰、悬索桥、尚书墓等名胜古迹180多处。

水上一线天，是大金湖水上丹霞的招牌。湖水浸过山腰，形成一道狭长水巷，宽仅2米，长300多米，峭壁夹峙，云天碧水，上下一线。

幽谷迷津，俗称"二线天"，旧称二十四溪。早年众多山溪曲折流入溪谷，积水成潭，故又称二十四折。溪水两岸曾有石阶山道，后因湖面增高，水漫溪谷，二十四折大半淹没湖中，现仍有几条山溪潺潺入湖。水道长约2000米，游船在峡谷中左弯右转，给人以峰回路转、扑朔迷离之感，故将此雅称为"幽谷迷津"。

金湖最开阔的水面十里平湖，南北长8000米，东西宽3000米，水深60多米，周围群山环抱，岛屿星罗棋布。十里平湖右侧，山顶有一巨石形似虎头，人称"虎头岩"。山上有一座始建于宋代的军事要塞，名为虎头寨，为风光旖旎的十里平湖增添一抹烽火硝烟的记忆。

猫儿山，濒临金湖十里平湖，孤峰突起，酷似一只蹲坐山巅的巨猫。猫儿山峰岩险峻，洞峡怪异，森林覆盖率达90%，登山俯视，云蒸霞蔚、溪涧瀑潭，一派葱茏世界。

赤壁丹崖，通称大赤壁。赤石峭壁宽约500米，高约100米，壁面寸草不

生，倒影红透湖水，不啻三国周郎破曹的
战场赤壁，故称"赤壁丹崖"。赤壁沿节理
裂隙风化剥落，凹凸有致，形似一幅摩崖
石刻，故有人声称石刻像一个大大的"仙"
字。姑妄言之姑听之，来年赤壁遍题诗。
且留仙子居丹崖，我过上清百里溪。

　　大金湖的上游有上清溪，全长50千米，
两侧丹壁高悬，奇岩跂嵌，宽处不过十几
米，窄处仅容一人侧身而过，蜿蜒曲折，
涧幽鸟鸣，百草芬芳，充满野趣。上清溪
"以溪瘠，亦以溪秀"，人烟稀少，原始风
貌幸得保存。时下可供竹筏漂流的区段约
16千米，只见船工轻篙一点，竹筏不疾不
缓，前行完全靠溪水的自然落差，刚好有
时间体会明人池显方《上清溪游记》中所
描述的移步换景："放筏而下，转一景，如
闭一户焉；想一景，如翻一梦焉；会一景，
如绎一封焉；复一景，如逢一故人焉。"（康熙《泰宁县志》）

上清溪局部

四、石辋花源

　　石辋园区和大金湖齐名，是典型的丹霞地貌区，包括天成岩、菩陀岩、
红石山3个景区。《泰宁县志》描述石辋花源："万山连绵，密若铜鍪。辋户
四面，尽成危关。内周三十余里，村墟闾井，仿佛桃源。群峰削天，其最胜
者，宝盖龙潭。"这不禁让人联想到"山水胜绝"的秦岭辋川，明人李东写
道："川之口两山壁立……由口而南，凿山为路，初甚狭且险，计三里许，
忽豁然开朗，团转周匝，约十数里，如车辋然。岩光水色，晃耀目睫。良田

美景，鸡犬相闻。在水之两涯，居人惟五七家。出作入息而已，有太古之风。"山道九曲，曲流深切的石辋，活脱一幅辋川的摹刻版，竟至怀疑开发石辋的先民是否来自秦岭北麓的辋川，他们从西北万里迢迢迁徙东南，在武夷山脉一隅发现另一处"故乡"——闽西北的桃花源，然后定居下来。

泰宁之秀数丹霞，深藏石辋有人家。最是青春遮不住，君若来时可问茶。石辋花源，正在揭开神秘的面纱。

五、山水微缩明珠：九龙潭

九龙潭是石辋园区的"最胜"，九条蜿蜒如龙的山涧溪水汇入深邃幽长的深切峡谷、水上线谷、巷谷组成的丹霞峡谷群，形成一泓清潭。九龙潭长约5000米，最宽处100余米，最窄处不足2米，深可达18米，是泰宁青年期丹霞地貌发育的典型地区。湖、溪、山、谷、岩、峰、沟、壑，密度之大、复杂度之高在整个泰宁世界地质公园均首屈一指，号称"泰宁丹霞山水微缩明珠"。

九龙潭主要水陆景点四十多处。水上景点有水上一线天、九龙洞、圣象迎客、玉龙岩、虬龙峡、仙女晒纱岩、犀牛望月、应龙峡、丹崖绝壁、龟腹藏佛、猩猩望潭等，陆上景点有九龙大赤壁、兰花谷、青云天梯、乌冈栎群落、仙桃山、人面岩、古栈畅台、工字迷潭、岩波画壁、三象汲水、跃龙谷、龟龙幻影、归一亭、洗心潭、环潭画廊、空中楼阁、藏龙洞、九龙堂神庙、根抱石、风动石、鳄鱼石等。

各个景点的仿真喻名，足以让人眼花缭乱。漫游至此，衷心感叹丹霞胜景的雕刻师——水的柔情，庆幸水雕刻师面对眼前亭亭玉立的模特儿——青春丹霞时，没有轻易下手；不像老练的同行（例如风）抱着"你的美由我打造"的自负心态，大胆奏刀，肆意磨削看不顺眼的棱棱角角。正因如此，一方原生朴野的山水得以保留下来，游人才得以领略丹霞的天生丽质和青春气息。

六、八闽第一峰：金铙山

金铙山是闽江发源地，在闽赣界山武夷山最高峰（海拔2157米）归属两家的情况下，海拔1858米的金铙山顺势拿下"八闽第一峰"之称号。《泰宁县志》载："金铙犹挺秀如云中君，雄捍其门户焉。"

与大金湖的丹霞地貌，八仙崖的丹霞、火成岩兼容性地貌不同，金铙山主要为花岗岩地貌。在金铙山的成长过程中，经历过火山喷发的洗礼，在焰火中增加了身量，也绽放出独具"刚性"的风采。

鹰嘴岩，看似由两块巨大岩石构成，上面的岩石硕大突出，覆压下面的岩石，实则为第四纪冰川运动巨大的冲击力磨蚀巨型花岗岩体下方，形成岩石顶面的喙突，状若鹰嘴，其间风蚀水流起到辅助作用。山地间散落的体积较小的花岗岩，主要为冰川漂砾，受风化水蚀，呈圆形、椭圆状，仿佛一颗颗巨大的石蛋。

金字塔，系三组垂直节理发育的岩体，沿节理崩裂，落石坚挺，残锷刺天，立于丛石之中，俨然小型金字塔。

风动石，是由于花岗岩颗粒结构层不均衡，在构造运动中水平断裂，经风蚀、流水剥蚀棱角形成的浑圆状的石头。虽名"风动"，却大可不必担忧其稳定性。

金铙山像一座花岗岩垒筑的奇异迷宫，内里玄机耐人寻味。有学者发现金铙山北坡有一条坡缓底平的"U"形盆谷，海拔1800米以上有多处冰臼遗迹，"仙人池"冰臼即冰川运动剧烈集中的地带（另有观点否认冰川遗迹存在）。金铙山花岗岩与内生金属矿床关系密切，所产出的金属元素在山溪搬运过程中磨蚀成金砂，泰宁境内的金溪就是以此冠名的。至于金铙山的得名，民间传说是西汉闽越王无诸游猎至此，遗失金铙，事近附会。而山形似铙，闽江发源于此，飞泉流瀑若风送金铙之声，合为金铙山，更有道理。

七、地域文化

　　泰宁，蕴涵了自然、历史双重气质。千百年来的泰宁历史演变，都与神奇奥妙的丹霞岩洞息息相关。众多的丹霞洞穴，有的成了学子苦读的净土，有的成了僧尼道侣修行的圣地，有的成了农人居家的乐园，有的成了身死归葬的处所。

　　状元岩，坐落在泰宁县城北郊长兴村，是一个巨大的岩洞，因南宋状元邹应龙早年在此读书而得名。邹应龙，泰宁人，18岁时负米上山，在岩洞隐居苦读，终于在庆元二年（1196）高中状元。邹应龙为官清正廉明，关心民瘼，官至参知政事，成为一代名宦，卒谥文靖，归葬故里。邹应龙的子孙后代遍布华东、华南多地，远至东南亚，其得享海内外后裔崇祀，影响甚广。

　　在邹应龙之前的宋熙宁三年（1070），叶祖洽为泰宁夺得第一个状元。当时泰宁叫作归化，有"归服而受其教化"之意，叶祖洽中状元后，以家乡文风蔚起，推同僚上奏皇帝请求改赐佳名。元祐元年（1086），宋哲宗钦赐"泰宁"为县名，寓"泰平、安宁"之美意，泰宁人至今感激叶状元为家乡做了这件大好事。

　　有人说大山给了状元学子出类拔萃的灵感，丹霞的大气和壮观给他们经纶天下、指点江山的才情，笔者则以为这过于浪漫。归化改名泰宁和邹应

状元岩远眺

龙岩穴苦读背后的历史并非山水静好，生存——丹霞地区生存下来，磨练了一代又一代闽西北先民的筋骨和毅力，耕读不辍才会培养出郁郁乎文的人才俊彦。两宋时期，农耕文明进入武夷山区，泰宁学子终于走出丹霞广布的大山，迎来"隔河两状元，一门四进士"的科举奇迹。

大山深处的状元岩未必是适宜进德修学的清静之地，却是僧侣道士中意的方外之所。在金湖一带的山体洞穴中，现存的大大小小寺庙便有几十座之多，甘露寺最具特色，号称"南方悬空寺"。

由于红色砂砾岩层夹杂岩性较软的沉积岩，更容易遭受流水侵蚀和风化形成岩槽，岩槽后退变深，上层砂砾岩因过度悬空而发生崩塌，岩槽扩大形成洞穴。其洞口因为风化时间长，多向上方突出，状如额头，被称为"额状洞"。

甘露寺就修建于大金湖一侧的额状洞中，此洞穴宽、深俱有30余米，高80余米，是由两块巨大的崩积岩左右支撑叠置而成。

宋绍兴年间，泰宁人巧妙利用地形条件建造寺庙，采用"一柱插地、不假片瓦"的独特建筑样式，由一根巨大木柱支撑，四座楼阁组成重檐歇山式木结构顺势架构，全部为木结构不假片瓦的层楼迭阁，将整座寺庙建在巨大洞穴之中。因寺庙的上方有一形似龙头的钟乳石常年滴水，水质甘洌，故得名"甘露寺"。洞以寺显，额状洞也被赋予传奇色彩，它左面的岩石形似一口硕大无比的"钟"，右边的岩石却像一面独步天下的"鼓"。甘露寺便建在这钟鼓之间，故有"左钟右鼓，庙（妙）在其中"之说。

甘露寺建成距今已有将近900年历史。1961年，因为一场大火，甘露寺精巧的楼阁、彩画、题记尽化灰烬。今为仿古重建。

宋代抗金名相李纲曾经惊叹泰宁丹霞形成的独特的岩寺文化："推原其端，必有开士法眼清净、道行高洁，为一方之所仰，乃能披榛棘，创道场，肇基开迹，以贻后人，非偶然也。"

藏在丹霞里的人文风骨、隐逸文化，从古代岩穴栖身的先民，到修行于岩穴中的道士、僧尼，以及之后科举求仕的儒生，都在岩穴中定下了人生的奋斗目标。就形式上看，三教的起始和归宿迥然不同，但从本质上看，都可以归类为泰宁的岩穴文化。正如状元邹应龙的后裔迁徙，把包括泰宁岩穴文化的中华文化传播至东南亚一样，甘露寺高超的建筑艺术也被传至海外。12世纪时，日本高僧重源法师曾三进甘露寺，取样寺内的"T"形头拱，回国后修筑了奈良东大寺大佛殿，被誉为"大佛样"。

八、继往开来

从2005年到2010年，泰宁完成从世界地质公园到自然遗产地两次大的跨越，为它夺得"2021中国最美乡村百佳县市"榜首奠定了基础。

由福建边地小县到赢得全国的关注，既是荣誉和继续前进的动力，又是期待，期待在闽西北的"泰平、安宁"之地，永远保有国人心中的桃花源。未来发展的美好前景召唤着泰宁，祝愿泰宁守护好这片世界上"最密集的网状谷地、最发育的崖壁洞穴、最完好的古夷平面、最丰富的岩穴文化、最宏大的水上丹霞"。

参考资料

[1]《庆祝中国丹霞申遗成功11周年|中国丹霞——福建泰宁世界自然遗产》，公众号：泰宁旅游，2021年8月2日。

[2]陈宁璋、尚昌平等：《泰宁 世界自然遗产的下一个谜底》，《文明》2009年08期。

[3]张昕：《大武夷，壮丽的山河长卷》，《中国国家地理》2009年第5期。

[4]《水上丹霞，灵秀泰宁——福建泰宁世界地质公园》，公众号：矿冶园科技资源共享平台，2018年3月26日。

[5]尚昌平：《青年丹霞·灵冠天下唯泰宁：欣赏泰宁》，《地球》2010年第4期。

神仙都所：龙虎山世界地质公园①

　　首次知道龙虎山的名字，是在看《水浒传》时，龙虎山的面目，早被"洪太尉误走妖魔"攫了去，不曾记得半点。漫游走笔只好翻书照抄："千峰竞秀，万壑争流。瀑布斜飞，藤萝倒挂。虎啸时风生谷口，狼啼时月坠山腰，恰似青黛染成千块玉，碧纱笼罩万堆烟……"

　　看似蛮荒的景象，却来头不小。唐末五代杜光庭《洞天福地岳渎名山记》云："第三十二龙虎山，在信州贵溪县，仙人张巨君主之。"龙虎山被列为道教第三十二福地，历代天师及《龙虎山志》称其为第二十九福地，以"神仙都所"闻名天下。

一、天师祖庭

　　清代娄近垣《龙虎山志》载："山本名云锦山，第一代天师于此炼九天神丹，丹成而龙虎见，因以名山。"第一代天师即东汉时期张陵（张道陵），后世将他尊称为"祖天师"、"正一教祖"或"降魔护道天尊"，天师道坛设于龙虎山。第四代天师张盛将天师法裔由汉中迁此，从此龙虎山成为正一天师道的祖庭和张陵后嗣世居之地。张陵后嗣承袭天师之位至今，奕世绵

---

　　① 龙虎山世界地质公园位于江西省鹰潭市和弋阳县，地理坐标为东经116°53′00″～117°29′00″，北纬27°59′30″～28°26′00″，面积996.63平方千米，包括龙虎山园区、龟峰园区和象山园区。

延1800多年。

张陵结庐的龙虎山丹霞碧水，树木葱茏，以二十四岩、九十九峰、一百零八景著称。自汉魏道教在龙虎山地区逐渐兴起以来，道教建筑宫观亭堂、台坛祠阁，星罗棋布于山巅峰下、河旁岩上。据历代山志所载，此地原有大小道教建筑50余处，其中著名的如大上清宫、正一观、天师府、静应观、凝真观、元禧观、逍遥观、天谷观、灵宝观、云锦观、祈真观、金仙观、真应观等，供奉着三清、四圣、南北斗、二十八宿、三十六将神像。

第四十三代天师、明代张宇初撰《龙虎山志》序："（龙虎山）历魏、晋、唐、宋，代有褒崇，典秩具备。若山川之胜，宫宇之丽，人物之繁，仙迹之异，道术之神，爵望之显，代之慕拟。歆艳者或美之于诗文，垂之金石，相传逮二千余载，而嗣之者愈久而愈昌。"

虽说第四十三代张天师所言年代不免夸饰，但以大上清宫为例，龙虎山大上清宫是道教"千年祖庭"的基址，素有"仙灵都会""百神授职之所"等美誉，是历代张天师禅宗演法、修行传箓的场所。据史料记载，唐武宗赐额"真仙观"，宋徽宗敕改"上清观"，元武宗加名为"大上清正一万寿宫"，大上清宫由此得名。历经元、明、清，大上清宫规模不断扩大，屡经兴废。至清代康熙赐御书"大上清宫"匾额时，建筑规模达2宫12殿24别院，建筑面积2万余平方米，成为天下道教正一派的祖庭，在道教史上具有崇高的地位。1930年，大上清宫因一场意外大火被整体焚毁。

因屡遭天灾兵燹（xiǎn），龙虎山道教建筑群多被废弃，今仅存天师府和正一观。天师府始建于宋崇宁四年（1105），相传宋徽宗召见9岁的第三十代天师张继先（《水浒传》中洪太尉领旨到龙虎山求见的少年天师的原型），徽宗问："卿在龙虎山见到龙虎吗？"少年张天师机智回答："虎倒是常见，今日方睹龙颜。"徽宗闻听大喜，加之张天师医治瘟疫有功，所以徽宗在龙虎山敕建天师府。嗣汉天师府则源于元世祖忽必烈封第三十六代天师张宗演为"嗣汉天师"，意为天师自东汉相袭不替。历代增饰修建，嗣汉天师府有了"南国无双地，西江第一家"的地位。

天师府面对琵琶峰，门临泸溪河，背靠华山，符合道教山形水势。1983年，国务院将其列为全国重点文物保护单位，1987年作为全国21座重点道观之一对外开放。在政府的扶持和海内外善信的赞助下，天师府得以逐年修复，至今保留完好。

天师府

现在的天师府坐北朝南，占地4.2万余平方米，在保持明清建筑的基础上，以府门、二门、私第为中轴线，修建了玉皇殿、天师殿、玄坛殿、法箓局、提举署、万法宗坛等，把宫观与王府建筑合为一体。天师殿前，一尊大鼎上面刻着"嗣汉天师府"，天师殿内供奉有神像，殿内正中，仗剑危坐的是祖天师张道陵，东西两侧列坐的是祖天师以下诸天师。

二、山水形胜

龙虎山成为道教空间地域转移的落脚点和中心，与上饶市的三清山和灵山、樟树市的阁皂山、南城县的麻姑山、铅山县的葛仙山构成中国东南重要的道教传播带，其山形水势起到了至关重要的作用。

龙虎山位于江西省鹰潭市境内，信江盆地南缘。受武夷山隆起和信江及其支流的共同作用，晚白垩世陆相山麓洪—冲积扇块状红色砂砾岩组成的丹霞山体，自晚白垩世末至第三纪隆起为陆地，第三纪以后伴随地壳上升运动，地面河床不断下切，至今已经经历了200万年左右。在武夷北西山麓形成以龙虎山—龟峰为代表的丹霞景观群，以石柱、孤峰、岩洞、天生桥和造型石等丹霞老年早期景观为特色。

龙虎山地处亚热带，气候温湿，雨量充沛，尤其是春夏季节雨水量大。

泸溪河像一条蜿蜒的玉带，从东南至西北串起两岸珠玑；又似一条游弋中的青龙和一个个被泸溪河水洗礼过的生灵——奇形怪状的造型石尽情嬉戏。

山合水抱，云龙锦虎，从云锦山到龙虎山，山名中即可见当地丹霞的绚丽多彩。首先，道教的洞天福地很大程度上源于人们对原始穴居生活"怀旧"的袭用和升华，并将穴居生活对火的崇拜、追求温暖的记忆投射到自然环境中，使丹霞地貌首先在色彩上与道教的仙境相通；其次，丹霞地貌"顶平、身陡、麓缓"的经典造型，利于信徒们把宫观建在山顶平台之上或山腰差异风化所形成的额状洞之内，同时道观四周险峻的山势加大了信众们到达的难度，更增强了道观"接天宇"的神圣感。

丹霞地貌不仅为道教的历史增添了扑朔迷离的气氛，还成为山川风物的主体，其来由及命名，往往归结为仙人、道士施展法术的结果，经过层累附会，被道教山志记载且流传下来。娄近垣《龙虎山志·山水》中的"九十九峰，峰峰奇迹；二十四洞，洞洞仙踪"，几多丹霞地貌的特征尽在其中。

元代奎章阁侍书学士虞集的《应天山》云："象山何崔嵬，先哲昔爱之。循麓得清流，良田屋参差。似是桃源人，鸡犬相因依。粼粼白沙曲，奕奕丹膗（huò）施。冷水自天来，杂花散玕琪。所以上方士，悠悠系遐思。丹霞炫金壁，清露在茅茨。海岛陋徐福，幔亭卑武夷。仙者自有道，黄鹄时往来。"龙虎山景区之一的应天山位于上清镇东部，海拔881米，山形端方高峻，"丹霞炫金壁"和掩映在葱绿中的茅茨草舍，傲视"美景甲东南"的武夷山幔亭峰，让徐福东渡找寻的瀛洲、方丈、蓬莱三座仙岛也自惭形秽。蓬莱仙岛姑且不论，在武夷山九曲丹山面前如此大胆，虞集可谓应天山的"铁粉"。

南宋理学家陆九渊于应天山结庐讲学，在他的笔下："我家应天山，山高数万丈。上开园池美，林壑千万状。山西有龙虎，烟霞耿相望。寒清漾微波，暖翠团层嶂。"其中"上开园池美"，抓住了丹霞山"顶平"的特点，直言山顶平阔，可以开园凿池。由于地壳抬升，流水沿红层下切，形成典型的深切嶂谷，谷壁绿植，郁郁葱葱，自然是"林壑千万状"了。陆九渊观察细致，他发现应天山山势宛若一头巨象，便改称之为象山，"垦辟架凿"，创建象山精舍，自号"象山翁"。后来象山精舍迁址贵溪三峰山下，建成与朱熹讲学的庐山白鹿洞书院齐名的象山书院，学人尊陆九渊为"象山先生"。

三、丽崖光水

应天山"丹霞炫金璧"的绚丽在虞集诗里闪耀300年后，徐霞客"日采丽崖光水，徘徊不能去"，又给龟峰续上浓墨重彩的一笔。

明崇祯九年（1636）十月十九日，旅行家徐霞客乘船沿信江进入弋阳，"日已下春，西南渐霁，遥望一峰孤插天际，询之，知为龟岩"，"余与顾仆留东关外逆旅，为明日龟岩之行。夜半风吼雨作"。

徐霞客笔下的"龟岩"即龟峰。龟峰西倚龙虎，东临三清，北望婺源，南靠武夷，因区内有无数形态酷似乌龟的象形石，整个景区远远看去像一只硕大无朋的巨龟而得名。徐霞客在龟峰游历了整整三天，恰好经历了雨天、阴天、晴天三种天气，把龟峰的百般妩媚尽收眼底。

二十日，徐霞客冒雨登上展旗峰，展旗峰是一单面山，"上危壁而下澄潭，潭尽，竹树扶疏，掩映一壑，两崖飞瀑交注，如玉龙乱舞，皆雨师、山灵合而竞幻者也"，"心知众峰之奇，不能拨云驱雾矣"，晚卧振衣台下。

二十一日，"雨气渐收，众峰俱出，惟寺东南绝顶尚有云气"，徐霞客和圭峰寺（又作龟峰寺）贯心方丈上振衣台观察山势，老人峰、罗汉峰诸峰与展旗峰相对，"西最峭削者为龟峰、双剑峰。龟峰三石攒起，兀立峰头，与双剑并列，而高顶有叠石，如龟三叠，为一山之主名"。

徐霞客看到了龟峰造型最为奇特的三叠龟，清《弋阳县志》如是记载："最高一峰四面削成，上有层累三石，皆作龟形，号三叠龟，此龟峰之名由来也。"

为就近观看"饿虎赶羊"，徐霞客"曳杖披棘而入，直抵围屏峰、城埭峰之下，仰视'饿虎赶羊'诸石"，不禁感叹"何酷肖也"。在方丈的陪同下，徐霞客"贾勇而登"，饱览了龟峰景区东外谷两层、北外谷、南外谷三层形形色色的山峰，直到"时日色已暮，从绝顶四里下山"，至山下已是"昏黑莫辨"。

二十二日，徐霞客游兴未减，"晨餐后，复逾振衣台，上至叠龟峰之下，再穿一线而东，复北过四声谷"，穿过光天一线的"一线天"，进入"四声谷"。四声谷是由崖壁崩塌的巨型岩块夹持于谷壁间，架空形成的崩塌洞穴，因崖壁、岩块表面光滑度不同，反射声波差异，于此高呼，四面回声连连。游过四声谷，"入水帘洞，其处三面环崖，回亘自天，而北与龟、剑二峰为对，泉从崖东飘坠，飞珠卷雪"，徐霞客眼里的雨花崖"为此中绝胜"。他称武夷山中的水帘瀑为"大观"，与之相较，称雨花崖为"绝胜"，评价可谓不低。此日天公作美，"时朔风舞泉，游漾乘空，声影俱异。霁色忽开，日采丽崖光水，徘徊不能去。"

整整三天行走在这个"天然盆景"之地的徐霞客，留下三千余言的《江右游日记·龟峰》和"盖龟峰峦嶂之奇，雁宕所无"的赞誉；遗憾难免有点，"但诎水观耳"，缺少点水文景观罢了。

龟峰，属于低山丘陵区，出露的主要地层为晚白垩世沉积形成的巨厚层洪积砾岩和少量砂岩。宏观上被断裂切割的岩块多有馒头状的浑圆顶部，加之局部差异风化形成的突出岩石，表面冲刷成沟，兼受盐风化作用，形成大小不一的风化穴，是雨水侵蚀型老年期丹霞峰林地貌的典型代表。龟峰"无石不龟、无山不龟"，有"江上龟峰天下稀"的美誉。

龟峰36座山峰中以龟命名的就有三叠龟、情侣龟、迎宾龟、昂首龟、伸头龟、缩头龟、母子龟、探海龟、金甲龟、绿毛龟、老龟、幼龟、醉龟、卧龟、人立龟、智者龟等。如此命名，七分形似靠造化，三分神似靠想象，即使有游客将醉龟和智者龟互换，也毋庸大惊小怪，因为世间百态，大智若愚，似醉非醉，谁又能个个分得清楚呢？

龟峰有别于其他丹霞地貌景区的，就是它那环绕龟峰的龟峰湖。龟峰湖由清水湖水库、江廖肖水库组成，一湖清水大概能弥补当年徐霞客"诎水观"的遗憾。无论春夏秋冬，阴晴雨雪，湖水一如既往清澈诱人，龟峰内老人峰、骆驼峰、罗汉峰等大大小小石峰的倒影映衬在湖面上，成为龟峰人见人爱的一景。

四、仙岩最秀

离开龟峰后的十月二十六日，徐霞客匆匆经过龙虎山，相比写龟峰的三千言，徐霞客变得惜墨如金，只给龙虎山留下数十字："遥望东面乱山横翠，骈耸其北者，为排衙石，最高；欹突其南者，为仙岩，最秀；而近瞰岭下，一石尖插平畴，四面削起者为碣石，最峭。"

仙岩是龙虎山景区的核心区域仙水岩的一部分。"仙岩最秀"，秀在"十不得"——当地人俗称的"十不得"景观，多与丹霞有关。

"云锦披不得"：沿南北向断裂崩塌形成陡立石崖，数十米高，流水溶蚀形成波浪形溶沟，色彩若锦，临泸溪河而立。

"蘑菇采不得"：居于泸溪河床中央的石峰，水面以下根部内凹，水面以上环形凸起，状如一颗硕大的蘑菇在水中生根。

"丹勺盛不得"：由于岩性抗溶蚀、风化侵蚀差异，"软"岩被溶蚀成洞穴，洞体上大下小，形如一柄久置不用而生出铁锈的餐勺。

"仙女配不得"：在龙虎山的禾觚岩与金钟峰之间，由于下跌水流冲刷下部强于上部，形成一处下大上小的竖状洞穴，酷似一个裸体女子的下身，自然天成，不带

泸溪河丹霞

象鼻山

任何斧斤雕琢之痕，是为丹霞地貌中的第一绝景——仙女岩。

"玉梳梳不得"：崩塌岩块坠河，岩石节理恰好垂直水面，经流水冲蚀，沿节理面淘空呈齿状，形似一柄背立水中的玉石梳子。

至如"尼姑背和尚走不得"，先不说形成原因，名字已显露出龙虎山道教影响独大，编排出"尼姑背和尚"的梗就不奇怪了。

这些又逼真又"不得"的景观中，都隐含着各自奇妙的传说，虽是起自坊间，于今去芜存菁，变得雅俗共赏。只是不知何人最先发明了"十不得"这种形式，用民歌的调子，诙谐戏谑，欲擒故纵，是地道的赣乡风味。

山不转水转，仙岩"十不得"离不开碧绿似染的泸溪河，放筏徜徉，看千流击崖，乱山横翠，"一条涧水琉璃合，万叠云山紫翠堆"。此情此景，不为徐霞客椽笔描刻，太可惜了。

徐霞客错过的不止仙岩"十不得"，也错过了龙虎山"天下第一旱象"——象鼻山。象鼻山属丹霞地貌中石梁景观类型，石梁山体发育数组节理，当流水动力较大、侵蚀力较强时，软硬相间的岩体中的软弱部分被冲蚀成洞，洞上方因下部失去支撑而发生崩塌成为穿洞。穿洞一侧残留岩柱上部风化剥落呈弯曲状，状如象鼻，另一侧石梁顶部侵蚀风化呈浑圆状，形如象身，两者组合成一个栩栩如生的巨大石象景观。有了象鼻山，寓意吉祥、性格温顺的大象又给龙虎山浓郁的道教氛围增添了佛教的气息。

五、悬棺之谜

龙虎山泸溪河两岸丹霞崖壁，崩塌残余型红色砂砾岩层中发育多组垂直裂隙或断裂，经流水冲刷、溶蚀和风化，形成大小不等的蜂窝状洞穴。其中因差异风化形成水平走向的洞穴，可用来放置崖葬棺木。龙虎山临水丹霞地貌为崖葬提供了合适的地理基础。

崖葬亦称悬棺葬，简称悬棺。有资料说龙虎山有202座悬棺，在水岩、仙岩、仙女岩、谷子岩等处，每处都有十几座到数十座不等的崖葬洞。崖葬洞距离水面20米以上，高的可达300多米，大多在崖壁朝阳的一面。

根据放射性碳素断代，龙虎山悬棺距今有2600余年的历史，时值春秋战国时期，当时的龙虎山是古越人生活的区域。在福建武夷山地区，曾发现过距今3600年的悬棺葬遗址，相当于商周时期，由此包括龙虎山在内的武夷山山脉地区被认为是悬棺葬习俗的发源地。

悬棺是丹霞地貌中最富悬疑色彩而引人遐思的文化现象，宋代理学家朱熹就曾发出疑问："三曲君看架壑船，不知停棹几何年？"虽然丹霞地貌和金属工具的出现是古越人采取悬棺葬习俗的基本保证，但古越人如何把重达数百公斤的棺木安置于悬崖绝壁之上，至今仍是一个未解之谜。

龙虎山景区适时推出大型户外实景剧《古越升棺天下绝·龙虎传奇悟真道》，分"古越秘境，捕鱼欢歌""生灵降生，祭舞拜天""龙虎问道，崖壁采药""天人对话，吊索崖葬""雅韵主曲，天降巨符"五幕，演绎古越人的"亚化石"悬棺的前世今生，助力文旅，使悬棺表演成为龙虎山一张文化名片。

六、龙虎山四部曲

2008年2月26日，经联合国教科文组织批准，龙虎山世界地质公园加入世界地质公园网络名录。集丹霞地貌"多、奇、特"景观于一身，与道教文化、崖墓葬文化融合，是一个内容丰富、特色突出的综合性地质公园。

2010年8月2日，龙虎山与龟峰被一并列入《世界遗产名录》。

2014年11月26日，第三届国际道教论坛在江西省鹰潭市圆满落下帷幕，闭幕式上宣读了本届论坛的成果《龙虎山宣言》，宣言指出"立足当代，弘扬传统；凝聚道门，同畅玄风；互尊互信，存异求同；息纷止争，合作共荣"，"效法自然尊重生命，和谐包容消解冲突，身心清静涤荡贪欲，知足知止久视长生"。

2017年，龙虎山大上清宫遗址成功入选2017年度中国十大考古新发现。经专家认定，大上清宫遗址是中国迄今为止发掘的规模最大、等级最高、揭露地层关系最清晰、出土遗迹最丰富的具有皇家宫观特征的道教正一教祖庭遗址。

龙虎山迈向世界的每一步，背后都有丹霞地貌"丽崖光水"的背景和倩影。

参考资料

[1]龙虎山世界地质公园网站资料。

[2]徐弘祖：《徐霞客游记》，上海古籍出版社2010年版。

[3]《旅游I盖龟峰峦嶂之奇，雁荡所无》，公众号：江西龟峰旅游，2014年9月1日。

[4]峻岳：《"道家第一仙境"拍摄记 探访江西龙虎山世界地质公园》，《地球》2015年第11期。

[5]《有奖脑洞I古越人到底是怎样把棺木置上悬崖峭壁的？》，公众号：江西龙虎山景区，2017年5月2日。

七彩丹山：张掖世界地质公园^①

2010年8月2日，广东丹霞山、江西龙虎山（包括龟峰）、浙江江郎山、湖南崀（làng）山、福建泰宁、贵州赤水6处来自亚热带湿润区的丹霞地貌景观系列代表"中国丹霞"，在巴西利亚举行的第34届世界遗产大会上，经联合国教科文组织世界遗产委员会批准正式列入《世界遗产名录》。而在2005年11月被《中国国家地理》杂志《选美中国》栏目评为"中国最美的七大丹霞地貌"之一的甘肃张掖丹霞，却缺席了此次申遗。

有分析称，张掖市退出的原因之一是财力不足。据媒体披露，湖南崀山得到3.3亿元的拨款支持承诺，广东丹霞山上报资金支持1.4亿元，如此巨大的投入对经济欠发达的张掖市显然是个难题。不过，也有人认为，张掖"彩色丘陵"能否归为丹霞地貌存在争议，这才是张掖缺席申遗的主要原因。

一、是"红层丘陵"，还是丹霞？

"彩色丘陵"主要分布在张掖市临泽县、肃南裕固族自治县红山湾、南台子、敖河一带，面积约56平方千米，由距今约1.35—0.96亿年的白垩纪碎屑岩形成，以红色为基调，呈现出红、紫红、黄绿、灰绿、灰黑等颜色相间

---

① 张掖世界地质公园位于甘肃省张掖市，地处祁连山主脉北坡的中段，祁连山向河西走廊的过渡带，总面积1289.71平方千米，由彩色丘陵、冰沟丹霞、中华裕固风情走廊、九个泉板块构造缝合带四大景区组成。

变化。该区域年降水量约180~260毫米，属干旱、半干旱地区，岩石遇到流水冲刷和风蚀，形成侵蚀沟，成土条件差，盐渍化强，植被覆盖度较低，无法耕种或放牧，不适合人类居住，有学者称之为"劣地式彩色丘陵"。

物极必反，借助新媒体的风口，隐身河西走廊默默无闻的"劣地式彩色丘陵"迎来机遇。张艺谋执导的电影《三枪拍案惊奇》《长城》相继于2009年、2016年上映，有"美术师"之称的张艺谋导演对"彩色丘陵"情有独钟，两番在此取景拍摄，其炉火纯青的用色彩讲故事的能力助力"劣地式彩色丘陵"化身蝶变。

2011年，张掖红山湾"彩色丘陵"被美国《国家地理》杂志评选为"世界十大神奇地理奇观"之一；2020年1月7日，中国文化和旅游部发布公告，确定张掖七彩丹霞旅游景区为国家5A级旅游景区；同年7月7日，张掖地质公园列入联合国教科文组织的《世界地质公园名录》。一时之间，"丹霞观止""彩色丘陵中国第一""中国最美的丹霞地貌""中国的彩虹山""中国最美的七大丹霞地貌之一""全球最刻骨铭心22处风景之一"等溢美之词，纷至沓来。

实际上，"彩色丘陵"与丹霞地貌差异十分明显。丹霞地貌自提出以来，其定义和内涵的界定便不无歧义，虽然如此，人们对丹霞地貌的形态和颜色却具有广泛共识，"顶平、身陡、麓缓"被认为是丹霞地貌的标准形态，丹崖赤壁（red cliff）是其最基本的形态特征；而在颜色上，红色是其主要的色彩，因之丹霞地貌的最基本定义就是"有陡崖的红层地貌"，或者红色岩层+陡坡峭壁。基于此，有学者提出，"丹崖"的高度应大于10米，才能显现出丹霞地貌的雄、险、奇、秀；坡度则应满足悬崖坡的条件（55°~90°）。高度和坡度低于上述标准的，不能作为丹霞地貌。

姑且不论岩性及成因，张掖红山湾"彩色丘陵"的高度应该可以达到10米以上，但其岩性较软且地层倾斜，遭受侵蚀风化后不能形成直立的陡坡，坡度达不到55°。按照如是标准，张掖红山湾景区应为"红层丘陵"而非"丹霞地貌"。

有人主张张掖丹霞世界地质公园"彩色丘陵"可命名为"红山湾地貌"，作为红层地貌的一种亚类，这一地貌名称并未被正式确立。笔者以为，现代地貌学对于丹霞地貌的概念定义比较宽泛，亟须对时代、形态、色调等造貌要素进行限制量化。在此之前，张掖红山湾景区

张掖彩丘及彩虹交相辉映

的身份，仍将持续"七彩丹霞"名声在外而学界则多认为其为"彩色丘陵"的争议局面。

二、谁持彩带当空舞？

每当岩石——记录地球的史书长卷被打开，最为赏心悦目的篇章通常属于色彩。张掖红山湾"彩色丘陵"惊现世人面前时，红、紫红、黄绿、灰绿、灰黑等颜色的岩层相间，借助复杂的坡面组合形态，以及不同色带被冲蚀变形，各种颜色交织在一起。其浓烈的色调如波浪起伏，张扬而奔放，充满激情与阳刚之气，极富冲击力。岩石的色彩经过美文、影像幻化成鹅黄、绛紫、青黛、灰绿、浅褐、乳白等富有诗意的色调，好似五彩绸带当空舞动，为西部狂野注入韵律感、节奏感，映"红"了祁连山的一隅。

红山湾"彩色丘陵"按照地层产状与坡面形态的组合形成不同景观。

七彩仙缘台的七彩屏，由连续分布的水平彩带型平整坡面组成，色彩斑斓，加上坡面的起伏，浑如舞动的七彩屏；而"夕晖归帆"则是挤压作用形成的向斜山，核部较软岩层被掏空，坚硬的两翼得以保存，恰似勇闯瀚海的

张披彩丘

帆船，沐浴着夕阳的余晖胜利归航。

七彩云海台的大扇贝，是坡面发育冲沟，地层倾向与坡面倾向相同，且地层倾角大于坡面倾角而形成的"扇贝"型地貌景观；由小的扇贝和连绵的浑圆小山丘相结合，像众多身披红色袈裟的僧侣向同一方向朝拜，因称"众僧拜佛"。

七彩虹霞台的刀山火海，白色的单斜山和单斜群峰脊如"刀山"，连续发育的单斜群峰形成红黄色波浪涌动的"火海"，光影之下，一片"刀山火海"。

七彩锦绣台地处祁连山断裂带构造活动及水蚀、风蚀、崩塌作用共同发育区，山体两侧红、白、黄色岩层均匀分布，脉络清晰，宛若华丽的丝绸披裹山体。登台眺望，麻子面馆、丝绸天路、赤壁长城、裕固流苏一览无余。

据说各观景台联合推出七彩屏、七彩大扇贝、七彩飞霞、众僧拜佛、灵猴观海、睡美人、夕晖归帆、刀山火海、麻子面馆、丝绸天路、赤壁长城、裕固流苏为"红山湾十二景"。笔者认为"麻子面馆"滥竽充数，那只不过是电影《三枪拍案惊奇》临时搭建的外景，一座危房而已。

三、镶嵌在岩石上的窗棂

大约300万年前，已是强弩之末的喜马拉雅造山运动使祁连山向北东方向逆冲抬升，一片500多平方千米的白垩纪沉积层受挤压而鼓起，形成了一个由泥岩、粉砂岩和砾岩层叠堆积的褶皱带。风雨的剥蚀使得柔软的泥岩大都随流水而去。当流水向下侵蚀到一定深度，遇到坚硬的岩层或者接近区域的侵蚀基准面时，侧向侵蚀便开始占据主导位置，水平方向上的软岩层向内凹陷形成凹槽，硬岩层便相对向外突出形成凸棱，恰似"镶嵌在岩石上的窗棱"，这种凹槽与凸棱相间分布，共同构成格子状的外观，以窗棂状—宫殿式为特点的干旱区丹霞地貌就此形成。

冰沟丹霞——干旱地区窗棂状—宫殿式丹霞地貌的代言人，位于甘肃省张掖市肃南县境内。与红山湾近在咫尺的刀山以及20千米外的冰沟同为白垩系地层，但主要以砂砾岩、砾岩为主，可保持高角度甚至陡立的边坡，从而形成典型的丹霞地貌。

冰沟丹霞主要有丹崖绝壁、堡状孤山、叠板岩墙、单斜孤峰、单斜峰群等宏阔景观，还有柱状石峰、孤立岩墙、笋状石芽等微观象形山石，这些景观共同组合成了雄阔而壮美的西部丹霞。

卢浮魅影，经典的窗棂状—宫殿式丹霞景观，是岩层水平或近于水平、流水沿构造方向和垂直节理侵（剥）蚀而成的旷野奇景，宽约150米，高约50米，四面峭壁悬空，远观如卢浮宫屹立苍穹。

啤酒屋，属于丘状峰丛，峰顶多呈单斜坡，上覆青草，峰体壁立如削，色泽赤红，远观如童话中的啤酒屋、蘑菇屋。这种屋顶式峰丘，使冰沟丹霞表现为"顶圆、檐突、身陡、麓缓"的特点，较之东部丹霞增加了差异风化造成的新的识别码——"檐突"。

阴阳柱，孤立岩墙与石柱的组合景观，堪称青壮年期张掖丹霞地貌的代表。两根石柱高度相当，约为50米，"阳柱"的柱体略呈方形，顶端略粗；"阴柱"实为孤立岩墙，底座方形，体态丰腴呈板状，顶端有一天然形成的孔洞。阴阳柱长相厮守，每当瀚海落日，余霞散绮，两柱通体赤红，熠熠生辉。

神驼迎宾，冰沟丹霞老年期的砂岩残丘，象形石中的"网红"，妙在它毛绒绒的头、眼睛、吻部和细脖子，毕肖一匹老骆驼；稍感不足的是驼峰不太明显，另外"底盘"硕大，看来"神驼"早已不耐大漠跋涉之苦，专享"迎宾"待遇，养得太肥了。

祁连冰瀑，红石海洋里绝对的"异类"。当岩层中Fe^{3+}/Fe^{2+}的值由高逐渐变低时，岩层颜色逐渐由红色向灰绿、黄灰、蓝灰过渡，直至黑色或白色。不同层次的白色峰丛，唯有顶部颜色略呈褐色，似祁连主峰的一角夹着冰瀑从远处飞来，为张掖地质公园增添一处奇幻神秘之景。

彩色丘陵与冰沟丹霞，本是张掖最引以为傲的两处地质景观，因媒体的宣传"厚此薄彼"，彩色丘陵暴享"大名"，致孤独而美艳的冰沟丹霞空留鸠占鹊巢之憾。

彩色丘陵与冰沟丹霞作为张掖砂岩地貌景观的代表，共同记录了新构造运动湖相沉积和古气候古环境的变迁，见证了白垩纪以来青藏高原及祁连山的形成与演化。以此地质意义而言，二者难分高下。

四、裕固风情

中华裕固风情走廊位于地质公园的南部，全长约80千米，地处祁连山向河西走廊的过渡带。裕固族作为甘肃独有的少数民族，人口共有14378人（2010年），主要聚居在祁连山北麓的肃南裕固族自治县和酒泉黄泥堡地区。

裕固族历史悠久，可追溯到与匈奴同时代的丁零、4世纪的铁勒和随后的回纥，其自称"尧乎尔""西喇玉固尔"即出自回纥语。经过多次迁徙融合，生息至今。1953年，经当地群众协商，取与"尧乎尔"音相近的"裕固"（兼取汉语富裕巩固之意）作为自己民族的名称。

在中华裕固风情走廊，"高车穹庐"再现裕固先民"逐水草，庐帐而居"的生活场景。"高车"，因"车轮高大，辐数至多"（《魏书》）而得名，类似蒙古草原上的"勒勒车"。每当转场，妇孺乘上高车，青壮骑着马，哼唱着古老的民歌，跨越浅溪，缓缓地行进在祁连山腹地。

20世纪，民族音乐学家杜亚雄研究裕固族民歌，发现裕固族民歌和匈牙利古代民歌有不少共同点。1989年，杜亚雄的研究成果《匈牙利民歌与中国北方民歌的亲缘关系》获得了匈牙利的文化奖，确立了与裕固族音乐具传承关系的匈奴音乐文化是匈牙利民间音乐的渊源之一。

由高车穹庐到万佛峡，主要景观有布达拉宫、百舸争流、自由女神、罗汉堂、千佛殿等，中西合璧。尤其山体上的泥挂由于顶部松软的泥层经过淋滤、蒸发、冻融、风化等作用，为万佛峡增色不少，使其近看如万佛坐禅，造化神奇。

康乐草原九排松及夷平面，以登上美国《国家地理》杂志而享有盛名。这里的松树顺山沟生长，形成整齐的九排，一眼望去，沟壑、松林都在视线之下，一种特殊形式的"木秀于林，风必摧之"场景，样貌优美而生态脆弱。

马场滩草原被称为"空中草原"，它的名字和中国工农红军西路军的名字永远地联在一起。

五、红色记忆

祁连山战斗的枪声已然远去，马场滩战斗遗址及石窝会议纪念馆仍在诉说红西路军征战河西的惨烈与悲怆。

1936年10月，红四方面军三个军在徐向前总指挥、陈昌浩政委率领下，奉命西渡黄河，开始西征。

1937年3月13日凌晨，寒星挂在祁连山的夜空。西路军余部转战到达马场滩，敌马步芳部骑兵尾随而至。负责掩护任务的第264团余部200多人和第263团大部顽强阻击，陷入敌骑围攻的漩涡，红军将士战至近乎全部牺牲；妇女独立团1000余人女扮男装，改用第268团番号与敌激战，谱写了又一曲壮怀激烈的祁连悲歌。

3月14日，西路军军政委员会在康隆寺南的石窝山召开会议，决定"徐（向前）、陈（昌浩）脱离部队，由（李）卓然、（李）先念、李特、（曾）传六、

（王）树声、（程）世才、黄超、（熊）国炳等组成工作委员会，先念统一军事指挥，卓然负政治领导，受工委直接指挥"。15日，西路军余部分成三个支队，"张荣率十五团及彩号及特务团一部为一支队，约一千余人，枪百余；树声率二十团及骑兵两连共约七百人为一支队；先念率三十军之基本主力约五个营为一支队，工委会随此支队行动"。

石窝会议决定了西路军最后的一段征程，张荣和王树声所率支队相继与敌遭遇，失利溃散；只有李先念、李卓然率领的左支队在祁连山中卧冰爬雪，孤军奋战，历尽艰险到达新疆。

巍巍祁连山，除了七彩丘陵和红色丹霞的美景，还有红色记忆的加持，后者为张掖世界地质公园植下独特的红色历史元素。

六、丝路江南金张掖

汉元狩二年（前121），汉武帝派骠骑将军霍去病出征河西，战败匈奴，拓地千里。元鼎六年（前111），设张掖郡，取"张国臂掖，以通西域"之意。两千多年的岁月长河，张掖居中四向，成为丝绸之路河西走廊上的一颗明珠。

这里传唱过匈奴人的悲歌："亡我祁连山，使我六畜不蕃息；失我焉支山，使我妇女无颜色。"

这里隋炀帝杨广召开过"万国博览会"，丝绸之路被重新打通，中西互市的热闹与繁盛再次显现。

这里旅客云集，有"收来东国易桑麻"的波斯老贾，有风尘仆仆取经传法的各国僧侣，马可·波罗在张掖呆了一年左右，却不肯透露个中缘由。

这里有建于北凉的马蹄寺，集佛教石窟艺术、丹霞地貌为一体；开凿在红砂岩壁上的洞窟，呈宝塔形布局，有隧道相通，回廊曲折，堪比天人之作。

这里有供奉中国最大室内卧佛的大佛寺，以及西来寺、木塔寺等，曾为张掖赢得"半城塔影"的美称。

这里有左宗棠西征时命兵士种下的柳树——左公柳，杨昌濬为此赋诗："上相筹边未肯还，湖湘子弟遍天山。新栽杨柳三千里，引得春风度玉关。"

这里又称丝路江南，1943年夏，国民政府要员罗家伦考察西北，登楼赋诗《五云楼远眺》云："绿阴丛外麦毵毵（sān sān），竟见芦花水一湾。不望祁连山顶雪，错将张掖认江南。"

从祁连山中部腹地起源的河流最终汇于黑河，横亘其间的便是张掖绿洲。张掖，汇集起冰川雪山、森林草原、河流湿地、沙漠戈壁、丹霞彩丘的丝路重镇，为丰富旅游景观，加强黑河流域的生态环境保护，正在重新打造"一城山光，半城塔影，连片苇溪"的水韵之城。

2009年，甘肃张掖国家湿地公园建设工程启动。从润泉湖到芦水湾，从玉水苑到张掖城市湿地博物馆，它们又为金张掖——"上帝遗落人间的调色盘"增添了浓重的绿色。

参考资料

[1] 王乃昂、程弘毅：《为什么不是丹霞地貌》，公众号：中科院地质地球所，2018年8月18日。

[2] 彭陈川：《丝路重镇 彩丘丹霞》，《地球》2020年第9期。

[3] 李忠东：《重磅！刚入选的两处世界地质公园，有什么惊世绝色？》，公众号：侠客地理，2020月7月8日。

[4]《神奇地球印记：大美中国彩虹——张掖世界地质公园》，公众号：张掖七彩丹霞旅游景区，2020月7月22日。

[5] 李忠东：《形与色的诱惑——冰沟丹霞》，公众号：侠客地理，2016年11月23日。

煌煌其华：敦煌世界地质公园①

季羡林先生曾说过：世界上历史悠久、地域广阔、自成体系、影响深远的文化体系只有四个——中国、印度、希腊、伊斯兰，再没有第五个；而这四个文化体系汇流的地方只有一个，就是中国的敦煌和新疆地区，再没有第二个。

一、煌煌其华——敦煌

河西走廊西北边缘的祁连山脉，临近敦煌时，山脉式微，疏勒河和党河孕育的绿洲戈壁环绕，沙漠、盐碱湖沼布满敦煌盆地。

西汉时期，雄才大略的汉武帝决心打击犯境的匈奴，用兵河西，断匈奴右臂，"列四郡，据两关"。元鼎六年（前111），敦煌设郡，由此进入中原王朝的版图。作为汉朝河西走廊中最西的边郡，敦煌西以玉门关、阳关为界，与西域地区紧密相连，逐渐发展成为丝绸之路上的重镇。

敦煌二字的本意如何？国内外有学者认为是月氏或匈奴人给本地所起名字的音译，但和四郡之一的武威并列来看，敦煌的字面意义——"敦，大也；煌，盛也"，正是形容河西设郡，武功盛大的意思。

---

① 敦煌世界地质公园位于甘肃省敦煌市，地理坐标为东经92°59′~94°47′，北纬39°53′~40°34′，面积2180.75平方千米，由雅丹景区、鸣沙山月牙泉景区以及自然景观游览区和文化遗址游览区组成。

汉自张骞"凿空"西域（帕米尔高原东西），开辟了中西方文化交流的
"丝绸之路"，并在敦煌设郡，除了屯军，移民实边必不可少。移民定居产
生贸易往来，产于中国的丝绸是丝绸之路上与金银等贵金属、香料、颜料、
药材、玉石等同等重要的物资。《魏略》记载敦煌已是"华戎所交，一都会
也"。大唐帝国"自安远门西尽唐境万二千里，闾阎相望，桑麻翳野"，天宝
八载（749），边塞诗人岑参《敦煌太守后庭歌》云："敦煌太守才且贤，郡中
无事高枕眠……城头月出星满天，曲房置酒张锦筵。美人红妆色正鲜，侧垂
高髻插金钿。醉坐藏钩红烛前，不知钩在若个边。为君手把珊瑚鞭，射得半
段黄金钱，此中乐事亦已偏。"从此诗反映的敦煌太守后园的奢华可见敦煌
当时的繁盛。

到了晚唐、五代、宋初时期，丝绸之路阶段性畅通，如敦煌与于阗、西
州回鹘王国之间，基本上一直是通畅的；敦煌与甘州回鹘、中原王朝之间，
有时被中间的部族阻隔，有时则是通畅的。

因为元帝国和西方关系密切，敦煌又成为丝路要津。明朝中后期，朝廷
弃守嘉峪关以西，敦煌居民内迁。诗人杨慎《敦煌乐》云："角声吹彻梅花，
胡云遥接秦霞。白雁西风紫塞，皂雕落日黄沙。汉使牧羊旄节，阏氏上马琵
琶。梦里身回云阙，觉来泪满天涯。"其中的衰飒意象代表明王朝走向内敛
的开始。

清康熙年间收复河西，雍正三年（1725）清廷在敦煌建立沙州卫，后改
沙州卫为敦煌县，县城从主要是移民居住的党河西岸搬到党河东岸，即现在
的敦煌城。

二、莫高窟

前秦建元二年（366），有个叫乐僔的沙门，杖锡西游来到敦煌城东南鸣
沙山麓，东望三危山，忽见金光照耀，状如千佛显现，受此启示，乐僔就在
鸣沙山麓的悬崖上，开凿了第一个窟，打坐修行；不久之后，法良禅师从东

方来，在乐僔的窟旁开凿了另一个洞窟。《莫高窟记》云："伽蓝之起，滥觞于二僧。"

在佛光感召下，无数执著的僧侣、虔诚的供养人，秉持着"山宇可以终天"的信念，历经十六国、北朝、隋、唐、五代、西夏和元等朝代，长达1000多年的时间里不曾间断地经营开凿，在鸣沙山东麓约1700米长的崖壁上，开凿出大小各异、高低错落的洞窟群。现存洞窟735个，其中南区492个，北区属僧侣生活及圆寂安葬区；壁画约4.5万平方米、泥质彩塑2415尊，集中在南区，这就是世界最大的佛教艺术宝库——敦煌莫高窟。

莫高窟，俗称千佛洞，在敦煌市东南25千米，有"世界艺术长廊"之称。1961年，被国务院公布为第一批全国重点文物保护单位之一；1987年，被列为世界文化遗产；2015年，成为敦煌世界地质公园的文化中心。

莫高窟第96号窟（敦煌研究院编序号，下同）的"九层楼"，高45米，依

莫高窟

山而建，是莫高窟的标志性建筑。

武周延载二年（695），和尚灵隐和居士阴祖等人造洞窟，依岩凿石，缔造大佛像一尊，高35米，此即莫高窟第一大佛"北大像"，窟前原架阁四层，构成大雄宝殿，是为九层楼的前身。

阅历上千年的兵燹风沙，盛衰无常。1924年，原本受楼阁遮盖的北大像已完全暴露室外。1935年，敦煌商民历时8年"逐年劝募续修"，终于修成巍峨壮观的九层楼。2013年，敦煌研究院对九层楼保护修复加固，本次维修是自695年至2013年，有史料记载的第8次维修。

北大像为何要享受楼阁遮护的待遇，而不能像甘肃天水麦积山石窟、山西大同云冈石窟和河南洛阳龙门石窟那样"露天"栉风沐雨呢？这是由莫高窟的岩性决定的。

莫高窟坐落在敦煌盆地的南缘，西接鸣沙山，东南连三危山，北邻戈壁荒漠，海拔1330～1380米。莫高窟的洞窟基本上开凿于第四系中更新统酒泉组砾岩层中，泥质、钙质胶结，砾石成分、粒径变化大。由于密集开洞及直立崖体长期卸荷回弹，在极端沙漠气候环境及风沙、温差、水和可溶盐的交替作用下，裸露的砾岩面极易风化。

1924年，美国哈佛大学福格艺术博物馆中国考察队的华尔纳（Langdon Warner，1881—1955）来到莫高窟，此时北大像已完全暴露室外。从华尔纳所拍照片看，北大像面部水痕淋漓，胸肩斑驳酥碱化，此时距"五层楼"的倒塌当不过数年，因为在法国人伯希和（Paul Pelliot，1878—1945）1908年所拍的照片中，"五层楼"尚完好。

虽然莫高窟无法像龙门、云冈石窟，乃至国外犍陀罗和巴米扬那样在山体上直接雕塑，但中国工匠们凭借超凡的想象力，因地制宜，利用木构、泥胎、涂彩的工艺手法，创造出泥塑这一艺术表现形式，实现了佛教造像艺术的中国化。

敦煌壁画同样经历了一个中国化的进程。飞天，源于印度，称"乾闼婆"，为佛教"天龙八部"护法之一，司职乐舞、散花、供宝等，组成佛国天宫的侍从和歌舞队。莫高窟最早开凿的第268、272、275号北凉洞窟里，西域式飞天男性样貌，裸露着粗犷壮硕的上半身，只有腿部动作显得柔软。经过北朝时期的"华化"，到了唐代，飞天的性别属性从男性向女性转变，表现出更加柔美曼妙的姿态，加上绘画技巧的进一步成熟，题材从宗教转向世俗化，飞天形象达到了美的巅峰。

唐代乐舞中的"反弹琵琶"，随《丝路花雨》蜚声海内外。这一出自莫高窟盛唐第172窟观无量寿经变等壁画中的造型艺术，从希腊化神殿进入佛教化圣殿，舞者由健硕挺拔的男子变成灵动轻盈的柔美女性。这是经过唐代长安皇家艺术吸纳异域外来文化，传播至敦煌工匠艺术创作之中的结果。这种唯美而非实用的舞蹈动作，"华化"成为中国人审美的"伎乐天"女性专属，体现了东西方文化交流之路充满神秘性。

大唐气象伴随安史之乱黯然远去，敦煌莫高窟的盛世华章落下帷幕。历史进入20世纪，清光绪二十六年五月二十六日（1900年6月22日），云游寄居在莫高窟的道士王圆箓，在清理洞窟（第16号）的积沙时，发现一个隐藏的附室，"藏经洞"（第17号）被揭开神秘的面纱。

斯坦因（Marc Aurel Stein，1862—1943），英籍匈牙利人，获悉藏经洞藏宝的消息，1907年3月来到敦煌，在师爷蒋孝琬的协助下，用"四块马蹄银"从王道士手里骗购24箱挑选出来的经卷写本和5箱帛画绣品；1914年，斯坦因第二次又从王道士手中骗购570余件写本等。

1908年2月，伯希和来了，这个法国中亚探险队队长凭着熟悉中国典籍及中亚古文字的功底，将藏经洞中有年号的汉文文书、西域中亚古文书几近搜罗一空，6000多卷精品写本、画卷仅付了王道士500两银子，再加一个"保守秘密承诺"。经过斯坦因、伯希和以及随后俄国人奥登堡（S. F. Oldenburg，1863—1934）、日本人橘瑞超和美国人华尔纳等人的轮番盗劫后，5万多件藏经洞文物只剩下9000余件，而且这些挑剩的绝大多数是佛经残卷。

1930年，陈寅恪在给陈垣《敦煌劫馀录》所作序中说："或曰，敦煌者，吾国学术之伤心史也。"敦煌遗书遭劫是一个民族衰亡时期的无数劫难之一。

走过两个甲子，随着中华文明的复兴、国家的进步，敦煌学研究正在开放的国际视野下翻开崭新的一页。

三、鸣沙山月牙泉

斯坦因劫走的现编号S.5448卷子，原卷末题"《敦煌录》一本"，记鸣沙山云："鸣沙山，去州十里。其山东西八十里，南北四十里，高处五百尺，悉纯沙聚起。此山神异，峰如削成，其间有井，沙不能蔽。盛夏自鸣，人马践之，声振数十里。风俗，端午日，城中士女皆跻高峰，一齐蹙下，其沙声吼如雷，至晓看之，峭崿如旧，古号鸣沙神沙而祠焉。"

鸣沙山东起莫高窟，西至党河口，像一条黄色卧龙蜿蜒在敦煌南郊。其东面的三危山，南面的黑石峰山，阻挡着一年四季从西部戈壁和库姆塔格沙漠吹来的风，风中裹挟的沙粒沉降下来，久而久之形成鸣沙山。

鸣沙山呈典型的风积地貌，山形环弯，由一座座金字塔形沙丘和沙岭连缀而成；山脊挺阔，卷沙成刃，每当西风夕照，透着亘古的苍凉。

月牙泉

　　曾几何时，"城中士女皆跻高峰，一齐蹙下"的端午习俗演化成了清代"敦煌八景"之"沙岭晴鸣"。不过在1994年，当游客慕名而来，鸣沙山却出现了鸣沙"变哑"的尴尬，怎么回事儿呢?

　　敦煌戈壁荒漠研究站的屈建军研究员经过试验，揭开了这一谜题，他说："鸣沙山失声的主要原因是过度滑沙，成千上万的游客只滑一个沙丘，滑沙过程中产生大量粉尘，破坏了鸣沙的发声机制。"

　　鸣沙山鸣沙的发声机制在于摩擦碰撞振动发声，经沙粒表面空腔共振放大，从而产生类似飞机轰鸣或犬吠的声音。弄清了鸣沙的发声机制，屈建军建议采用"轮滑"和周期性封育的旅游方式，给鸣沙自然恢复的时间。回顾"沙岭晴鸣"中"鸣"的前提"晴"，不单是风和日暄，还包含晴天粉尘少的科学道理。

　　鸣沙山因沙流鸣响而称绝，月牙泉因千年不涸而惊世。月牙泉，古称沙井，又名药泉，"月泉晓澈"为"敦煌八景"之一。

　　月牙泉南北长近100米，东西宽约25米，因弯曲逼肖月牙而得名。泉水东深西浅，最深处约5米，生长有眼子草和轮藻植物，南岸有芦苇丛，四周流沙环抱，虽遇强风而"沙不能蔽"。

　　多数学者认为月牙泉是党河古河道残留湖。古党河改道从鸣沙山南麓流过，原来的河道大部分被埋没，仅月牙泉一段残留下来。由于地下潜流在此处出露，形成了众多泉眼，聚集成湖，湖水不断得到地下潜流的补给，持久不涸。

　　笔者到此一游，乘兴赋诗："党河幼女月牙泉，惯识洪荒幽且闲。眸子天生蒙古褶，风沙作意莫能沾。"

四、玉门关、阳关

　　游人和旅行者眼里的沙漠是不一样的风景。当游人乘上"沙漠之舟"骆驼，徜徉鸣沙山沙海，体验"波涛"涌来荡去的感觉时，旅行者则早把目光投向汉长城的"双子星座"——玉门关和阳关。

玉门关，始置于汉武帝设立河西四郡之时，故址在敦煌市西北80千米的小方盘城，即玉门都尉治所（另说治所在小方盘城东北10千米的大方盘城）。关城南北两山夹峙，疏勒河在城北流过，关门紧靠河水形成的一泊湖水，既便于取水，又预防山洪暴发的侵害。

玉门关因西域输入玉石时取道于此而得名，汉朝设置玉门关的玉文化历史源远流长。《穆天子传》载周穆王西行北征，"至于群玉之山……天子于是攻其玉石，取玉版三乘，玉器服物，载玉万只"；《十洲记》也说周穆王接受过西胡人贡献的"昆吾割玉刀"和"夜光常满杯"，西胡人可能就是生活在敦煌一带的月氏人，他们开采三危山后山的旱峡玉矿，或从今新疆输入和田玉（透闪石玉、羊脂玉）、昆仑玉（蛇纹石玉），行走在丝绸之路的前身——玉石之路上。

阳关，因居于玉门关南而得名，故址位于敦煌市西南70千米的南湖乡古董滩，阳关与玉门关均位于敦煌郡龙勒县境，皆为都尉治所，为重要的屯兵之地。阳关脚下的南湖就是传说飞出天马的"渥洼池"。出阳关通往西域的大路，称为"阳关大道"。

汉代以后，玉门关东迁到今敦煌市以东的瓜州县境内；中唐时期，敦煌西行道路向东北迁移，不再经过玉门关，阳关也渐趋衰落，王维诗句"绝域阳关道，胡沙与塞尘。三春时有雁，万里少行人"，形象地描述了当时的情景。两关冷落，并不单纯是"沦入流沙的结果"，而是政治经济重心转移，特别是商路改道使然。

到了玉门关，便思"羌笛何须怨杨柳"；到了阳关，必吟"劝君更尽一杯酒"，毕竟是在文化遗址区游览，笔者着实做到了。当极目黄沙，风在耳际，顿时念头一闪，"羌笛"对"杨柳"之"怨"，不就是行走在大漠沙碛、万难排遣的无边寂寞吗？

边塞诗人岑参的"穷荒绝漠鸟不飞，万碛千山梦犹懒"（《与独孤渐道别长句兼呈严八侍御》）道人所未道，差强人意。和岑参同时代的8世纪阿拉伯诗人泰勒迈萨尼（Al Tinimmah）则说："我徘徊于丝路上，检讨一下在沙漠的心，默诵下面的句子：在这里，一个蠢夫，用自己的鞍，骑在骆驼上。"他给出的答案是自嘲——懂得自嘲的人更能排遣沙漠之旅的孤寂，或许能让旅行者听后会心一笑。

五、雅丹荒野

玉门关西疏勒河中下游，在这块季风吹拂不到的土地上，除了沙漠、戈壁，还有风神塑造的另一杰作——雅丹。

"雅丹"是维吾尔语，意为"具有陡壁的小山包"，也叫"风蚀林"，是形成于极端干旱区的一种奇特的风蚀地貌。它是在第三纪，特别是晚第三纪以来形成的未完全固结成岩的沉积物上，吹蚀一部分地表物质所形成的多种残丘和槽形低地的地貌组合。

雅丹景区位于敦煌世界地质公园西端，距敦煌市区160千米。整个雅丹群落就像一座废弃的古城，风蚀沟谷如街道，石墙、石柱、石墩如城墙、水塔、堡垒，"孔雀玉立""天外来客"等"风大师"雕塑的独创品牌，骄傲而醒目地立在广场上。

天地悠悠，当风也变得慵懒，雅丹群落进入静谧时刻。黄昏是天空的分水岭，幽静的蓝归隐，绚烂的晚霞映照的广袤无垠的

雅丹地貌"天外来客"

戈壁滩，瞬间成了宁静而神秘的港湾，垄岗状雅丹组成的"西海舰队"正在归航。

而当狂风四起，昏天暗地，如箭的气流穿过雅丹群落，在土石表面发生反射和折射，便会发出恐怖的啸叫，犹如千万只野兽在嘶吼，夹杂着因温度剧烈变化，热胀冷缩使外露的岩石发出的崩裂声响，雅丹群落顷刻间又变成了一座"魔鬼城"。

无论它是神秘、峻美，还是暴虐、肃杀，雅丹——野性的雕塑园，越来越稀缺宝贵。如果说"野性是这个世俗世界的保留地"（美国自然主义者亨利·梭罗语），雅丹便是"保留地"里当之无愧的奇葩。

六、春风"再度玉门关"

2019年，习近平总书记视察敦煌时指出，研究和弘扬敦煌文化，既要深入挖掘敦煌文化和历史遗存背后蕴含的哲学思想、人文精神、价值理念、道德规范等，推动中华优秀传统文化创造性转化、创新性发展，更要揭示蕴含其中的中华民族的文化精神、文化胸怀和文化自信……

敦煌是丝绸之路文化交流的产物，是敦煌传承的文化主体，是中华文明的一部分，它反映出中华民族既有深厚的文化根基，又有对外来文化的包容胸怀。这启迪后昆，昭示世人：敦煌艺术既是中国的，也是世界的。

也许是对沙漠、戈壁、雅丹组合的"补偿"，大自然开始收敛起咨睢的脾气。在全球变暖背景下，我国西部极端干燥区的降水情况开始发生变化。莫高窟两度因雨暂时关闭，石窟周围的漫漫戈壁黄沙竟然泛起了绿意。中科院院士施雅风（1919—2011）提出的西北气候可能正在由暖干向暖湿转型的预言，开始得到证实。

敦煌终将迎来一个美好的未来。

小贴士

从1877年开始，德国地质地理学家李希霍芬（Ferdinand von Richthofen，1833—1905）先后整理并出版了五卷本《中国：亲身旅行及基于旅行之研究成果》，书中正式提到了Seidenstrasse（丝绸之路，Silk Roads），作为从中国到伊朗以及更远地区的完整路线的总称。经德国历史学家赫尔曼（Herrmann）和瑞典探险家斯文·赫定（Sven Hedin）的补充，"丝绸之路"一词随后被广为使用。李希霍芬曾于1860年、1868年至1872年，两度到中国进行地质与地理调查，为中国地质科学的多个领域做了许多开创性工作。翁文灏评价道："中国地质学之巩固基础，实由德人李希霍芬氏奠之。"

参考资料

[1] 宿白:《敦煌学术讲座——敦煌两千年》，公众号：九色鹿RuruDeer，2018年2月2日。

[2]《莫高窟九层楼一千多年间的八次修建》，公众号：当代敦煌，2018年4月25日。

[3] 葛承雍:《敦煌壁画"反弹琵琶"哪里来的》，公众号：甘肃省文物局，2021年8月4日。

[4]《【中央媒体看敦煌】敦煌鸣沙山哑沙复鸣的背后》，公众号：敦煌发布，2021年9月2日。

[5]《历史丨千年历史之谜，阳关古址今何在？》，公众号：远方文学选刊，2021年10月26日。

[6] 马提亚斯·默滕斯:《"丝绸之路"一词确为李希霍芬首创吗？》，公众号：北京大学中国古代史研究中心，2021年7月4日。

峰林观止：张家界世界地质公园①

　　人与风景相遇是一种缘。1979年11月，一次偶然的机会，画家吴冠中来到了湖南大庸县北部一个叫张家界的林场，看到纯粹隽异的山峰，震撼之余，灵感涌动，3天时间连续画了5幅水墨风景。1981年，香港摄影家陈复礼闻讯而至，当年在香港《中国旅游》刊发青岩山（张家界）摄影专题；1992年，吴冠中根据1979年的作品拓展创作了《自家斧劈——湘西张家界》，后由法国巴黎塞纽奇博物馆（Musée Cernuschi）列展收藏，一颗失落的风景明珠——张家界开始走出深闺，饮誉世界。

一、前世今生

　　在湖南西北部的武陵山脉腹地，一座小城被冠以张家界的名字至今尚不足30年。它的前身大庸，与古庸国有关，明洪武二年（1369），在今张家界市永定区置大庸县，洪武三年（1370）改大庸县为大庸卫，洪武二十二年（1389）改大庸卫为永定卫，次年设九溪卫。清雍正十三年（1735），改永定县。民国三年（1914），复名大庸县。

　　张家界之名，最早见于明崇祯四年《张氏族谱》序言，它记载了明弘

---

① 张家界世界地质公园位于湖南省张家界市，地理坐标为北纬29°13′18″～29°27′27″，东经110°18′00″～110°41′15″，总面积397.58平方千米，由张家界、索溪峪、天子山、杨家界四个主要风景区和黄龙洞等组成。

治年间（1488—1505）指挥使张万聪镇守永定卫大庸所有功，朝廷把大庸的一片山地赏赐给他，张氏家族世代"守业经营"，因此这片山地被称作"张家界"。

1958年，大庸县辟张家界为林场，称青岩山林场，1979年被定为省级自然保护区，1982年9月被正式命名为张家界国家森林公园。为了统一管理，1985年大庸县撤县设市（县级），1988年从湘西土家族苗族自治州析出省辖大庸市（地级），同时将常德市原慈利县、湘西州的原桑植县划入大庸市管辖，并设立永定区和武陵源区。1994年4月4日，大庸市以张家界国家森林公园为依托，更名为张家界市。至此，张家界实现了从自然地名向地域地名，再由地域地名向行政区划地名的转变。

张家界旅游集团股份有限公司成立于1992年，1996年成为中国旅游板块第一家上市公司。2004年，山、水、桥、洞、瀑地貌景观齐全，被誉为地球变化、环境保护最完整的实物"标本"的张家界世界地质公园脱颖而出，由于有世界地质公园的加持，"山水旅游第一股"张家界和张家界市实现"互粉"，短短三十年时间，张家界已成为备受世界瞩目的"国际张"。

二、大模样

关注"国际张"，务必要打开"上帝视角"，首先一览张家界武陵源区的"大模样"——"奇峰三千，秀水八百"。三千奇峰拔地而起，耸立在大沟深箐（qìng）之中；八百溪流蜿蜒曲折，穿行于峰林峡谷之间。

在武陵源山脉腹地，别具一格的砂岩峰林地貌呈现出峰林、峰柱、方山、石门、天生桥、峡谷、嶂谷等形态，仿佛一座天然的艺术宫殿，石奇峰秀、寨高台平、壁险峡幽、水碧山青。

袁家界是镶嵌在武陵源景区的一颗明珠，位于天子山自然保护区、张家界国家森林公园、索溪峪自然保护区"金三角"的核心。"三千奇峰"的佼佼者"南天一柱"就在袁家界，海拔1074米，高耸入云，绝壁生烟，展示了一种纯粹的刀削斧劈，难怪吴冠中的创作要用"自家斧劈"命名。2009年，美国科幻大片电影《阿凡达》以南天一柱为原型，设计了潘多拉星球的悬浮山——哈利路亚山。2010年1月25日，南天一柱被更名为哈利路亚山。这次更名褒贬不一，笔者认为就像美国西部城市San Francisco，译名圣弗朗西斯科，或略称三藩，我国则习称旧金山，各行其便，没必要舍此就彼。

在天子山景区，最高峰天子峰海拔1262.5米，享有"峰林之王"的美称。御笔峰，位于天子阁西侧深谷中，薄状石墙劈开一排六座石峰，各高约百米，上细下粗，形如笔杆。左侧的三峰连体同座，似文房中的"笔山"，右侧一峰突兀，顶生松树，极像倒插的毛笔。1994年9月25日，

袁家界景区的"南天一柱"

我国发行的《武陵源》特种邮票一套四枚中，张家界天子山以"御笔峰"为名首次成为国家名片；2013年5月19日，为配合第3个"中国旅游日"宣传，张家界天子山标志性景点御笔峰春日美景，荣膺"美丽中国"第一组普通邮票六枚之一。迄今为止，御笔峰已四次跻身国家名片之列。

在砂岩峰林之中可见天生桥奇观，典型代表为袁家界景区的"天下第一桥"。此桥是一块厚约5米的天然石板——红色赤铁矿层，横空"架"在东西两座山峰之上而成。桥高350米，桥长20米，宽1.5～3米不等，是张家界最高的石桥。桥头的扶栏上挂满了同心锁，据说恋人把彼此的名字刻在锁上

位于武陵源区城南的宝峰湖山水美景

锁在这里，再把钥匙丢下桥，便能够执子之手，与子偕老，永结同心，天地共鉴。

张家界的"大模样"远不像围棋盘中的经纬线那样清晰，尚需要一双穿透云雾和绿荫的眼睛来发现。张家界市全境森林覆盖率达70.99%，嵌在森林公园中部的黄石寨，海拔1080米，这里的森林覆盖率几乎达到97.79%，是世上少有的"天然氧吧"。这一切给了张家界在世博会上赠送空气的底气。

也只有循着这片森林的延伸，才可一览张家界的"八百秀水"。金鞭溪是张家界国家森林公园里唯一的河流，发源于朝天观下的土地垭，由西南流向东北，经水绕四门进入索溪峪后称索溪，索溪流入溇水，复在慈利县汇入澧水，最终流向洞庭湖。金鞭溪全长约7500米，汇合涓涓细流，衔连索溪，把沿途的金鞭岩、劈山救母、长寿泉和千里相会等景点缀成一串，构成一幅悦目赏心的山水长卷。

张家界的水体有溪、泉、湖、瀑、潭，种类齐全，异彩纷呈。位于武陵源区城南，有"人间瑶池"之称的宝峰湖是张家界山水中的极品，四面青山，一泓碧水，和奇峰飞瀑、鹰窝寨、一线天共同组成武陵源的"四绝"。

如果说宝峰湖为"世界湖泊经典"，永定区百里画廊茅岩河景区的一座心形湖，则堪称卓异。这座天坑心湖四周林木茂密，峭壁环绕，少有人踏足，是由遥感卫星发现的。在阳光的照射下，湖水呈蓝绿色，像一块晶莹剔透的宝石，静静地卧在密林环抱之中，人们赋予它"天使之泪"的美名。

三、张家界地貌

大自然造就了张家界的神奇，解开神奇的钥匙还得靠人类自己。

据地质学家考察研究，张家界砂岩峰林地貌集中分布区面积86平方千米，发展演变经历了夷平面—方山—峰墙—穿洞—天生桥—峰丛—峰林—残林的过程。概括地说，平台、方山有天子山、黄石寨等处，峰墙在鹞子寨附近较为集中，穿洞有南天门等处，峰丛、峰林有十里画廊、矿洞溪等处，残林如武陵源泥盆纪砂岩分布区的外围地带。

张家界主要出露的造景岩层为古生代中、上泥盆世（距今4—3.5亿年）硅质胶结的石英砂岩，岩层产状近水平，网状垂直节理极为发育。石英砂岩岩层厚度大于520米，石英含量75%～95%，其胶结物多为铁质、硅质等，具有较强的抗蚀性，且石英砂岩因颗粒均匀，结构细密，抗压能力强。在燕山运动中岩层升出海面，历次构造运动中，几乎没有发生褶皱和倾斜，犹如一块稳固的"磐石"，保障张家界这些高大的峰柱屹立不倒。

方山、平台：石英砂岩峰林地貌形成的最初阶段为边缘陡峭、相对高差几十至几百米、顶面平坦的地貌类型。张家界的方山四周被陡崖围限，方山顶部为平台，顶面由坚硬的含铁石英砂岩构成，两侧的陡崖在当地被称为"铜墙铁壁"。方山是侵蚀作用的"牛刀初试"。

峰墙：随着侵蚀作用的加剧，沿岩石共轭节理中发育规模较大的一组节理形成溪沟，两侧岩石陡峭，形成峰墙。张家界的墙状山集中在黄石寨以北以及杨家界一带，墙面陡直，平整如屏，"五女出征"中的高耸石屏，让人叹为观止。其中鹞子寨附近的墙状山规模最大，南北长约1100米，最大高度可达400米，宽度一般从几米至几十米不等。墙状山是地形侵蚀切割的早期，属青年期地貌。

穿洞、天生桥：受流水侵蚀、重力崩塌、风化等外力作用，岩墙在两组

张家界峰林

相交裂隙的引导下，从岩墙中部薄层松软岩石处开裂崩落而成穿洞。天子山四大天门之一的南天门，高15米，底部宽10米，为砂岩峰林地貌的典型穿洞。随着穿洞扩大，顶部坚硬的岩层得以保留，可形成天生桥。在茅岩河中游锅灶天坑，其南侧溶蚀崩塌后，一个跨度达50米的天生桥便诞生了。

峰丛、峰林：流水继续侵蚀溪沟两侧的节理、裂隙，形成峰丛；当切割至一定深度时，则形成由无数挺拔陡峭的峰柱构成的峰林地貌。十里画廊、矿洞溪就属于这类景观，是壮年期地貌。

峰林形成后，流水继续下切，直到基座被切穿，柱体纷纷倒塌，只剩下若干孤立的峰柱，即残林地貌。索溪峪景区有晚期残林地貌发育。

峰林是张家界地貌的主要景观类型，仅在张家界地质公园核心景区范围内就发育了3100多座峰柱，分布密度为37.5座/平方千米，峰顶与地面高差从数十米至400米不等，群峰啸聚，蔚然成林。

1988年，翟辅东等人将张家界特征鲜明、规模巨大、景观绮丽的砂岩地貌类型称为"张家界地貌"。2010年11月9日至11日，张家界砂岩地貌国际学术研讨会暨中国地质学会旅游地学与地质公园研究分会第二十五届年会在张家界举行，"张家界地貌"得到正式确认。

张家界地貌是张家界武陵源地区的厚层石英砂岩与薄层砂页岩地层在新构造运动强烈抬升的背景下，受流水侵蚀、重力崩塌、风化等外力作用，岩体纷纷产生崩塌而形成的一种砂岩峰林地貌类型。亚热带温暖湿润气候下的丰沛降水和强烈的溯源侵蚀作用，是张家界地貌形成的主要外动力之一。

虽然同为砂岩沉积地貌，但张家界地貌的峰林与嶂石岩、丹霞地貌的红障壁相比，差异非常明显。由于张家界石英砂岩沉积层中所含的三氧化二铁（Fe_2O_3）成分远较嶂石岩和丹霞地貌为低，张家界峰林石柱大部分呈灰色而非红色，这也是张家界地貌的一大特点。张家界地貌代表了地球上一种独特的地貌形态和自然地理特征，是世界上唯一以地域命名的地貌类型，被联合国教科文组织誉为"无价的地理纪念碑"。

四、溶洞之奇

除了石英砂岩峰林地貌，张家界位于云贵高原与洞庭湖平原的过渡地带，充沛的降水、高落差的流水以及广布的石灰岩，还塑造出丰富的喀斯特资源。

黄龙洞是世界超长溶洞之一，洞内发育有石钟乳、石笋。黄龙洞洞中有洞，洞中有河，由石灰质溶液凝结而成的石钟乳、石笋、石柱、石花、石幔、石枝、石管、鹅管、石珍珠、石珊瑚等，与长廊、大厅、暗河、瀑布组成了错综复杂的地下迷宫。它虽不及西南地区的喀斯特宏伟壮阔，却玲珑复杂，很有特色。

九天玄女洞坐落在张家界市区以西、武陵源以北的桑植县西南17千米的利福塔镇水洞村境内，洞因天生有九个天窗与外界相通而得名。溶洞分上、中、下三层，洞内36个支洞交错相连。洞中石林密布，钟乳悬浮，岩浆铸成的各种精致景物婀娜多姿。洞内一根高约12米、下部周长为21.5米的石柱被世界纪录认证机构（WRCA）确认为"世界最大的单体溶洞石柱"。

五、匠做凿取为哪般？

明万历二十八年（1600）初春，监军胡桂芳率军平播州（今遵义一带）杨应龙之乱，路过百丈峡，正值雪花纷飞，胡桂芳即兴作诗："峡高百丈洞云深，要识桃源此处寻。戎旅徐行风雪紧，谁将兴尽类山阴。"戎旅徐行，风光应接不暇，如行山阴道上。"石屏赭赤，关眼突兀，奇甲天下"的百丈峡叩逢一位诗人的青睐绝非易事，胡诗镌刻在百丈峡石壁上，至今仍存。

类似的摩崖刻石少之又少，因此有人说：张家界的石峰，以危崖崩壁之势，拒绝从猿到人的一切趾印。

这番诗性的表达由观者个体发出，吸引无数观众的共鸣才有意义。张家界从走出神秘一刻开始，人类的"趾印"必将纷至沓来。为使观光者进得来、玩得开、走得顺，张家界一番"匠做凿取"势在必行。

从张家界市出发，向南行8000米，远远就能望见一座四周绝壁、天际线优美的伟岸孤山。据记载，263年，主峰东面绝壁崩塌，使山体上部洞开一门，南北相通。时三国吴帝孙休以此为吉祥，赐名"天门山"，绝壁上的巨型溶洞得名"天门"。

天门山海拔1518.6米，古称云梦山、嵩梁山，是张家界永定区海拔最高的山，天门悬挂，气势磅礴；天门洞高131.5米，宽57米，深60余米，南北贯通，宛若一道通天的门户，堪称世界奇观。

1999年，世界特技飞行的大师们就是在这里完成了人类首次驾机穿越"天门"的壮举。如今，"隆隆"的飞机马达声早已远去，可是雄伟壮观的天门山却依然"高傲"地迎接着四海的游人。

身无彩凤双飞翼，城有索道贯人天。连接张家界城区和天门山山顶的天门山索道，从"人间"直达"天上"，全长7454米，高差1277米，是世界上最长的高山客运索道。28分钟的人天之旅，抬头仰云雾，低头看丹青，与翼装飞行的感觉只差了"空中惊魂"。

那么，如果选择安步当车，爬一爬天门山的天梯，是否一丝惊险都体会不到了呢？那也未必。

天门洞前的上天梯位于"天门洞开"景区，是"天门十景"之一。它共有999级台阶，有一组台阶坡度足有41°，攀爬时需要前腿高抬、后腿紧蹬，掌握好节奏。据说有人跑酷仅用时3分钟即跑完上天梯，真乃神技。上天梯前置有天门祭坛，左右两侧共有五个祈福台，分别称作"有余""琴瑟""长生""青云""如意"，分别寓意财、喜、寿、禄、福。有人说上天梯腿颤心慌者未必是脚力不足，而是五福临门（天门）前的考验，只有心地光明者才会一往无前。

在大峡谷景区内，可以体验云天渡玻璃桥的步步惊心——和脚下"世界上最美丽的峡谷"金鞭溪只隔着空气的激动。

云天渡玻璃桥主跨430米，跨过峡谷，桥面长375米，宽6米，桥面距谷底相对高度约300米，拥有世界首座斜拉式高山峡谷玻璃桥、世界最高最长玻璃桥、首次使用新型复合材料建造桥梁等多项世界之最，是张家界旅行极具人气的前三甲打卡地之一。

百龙天梯位于武陵源景区，垂直高差335米，运行高度326米，由154米的山体内竖井和172米的贴山钢结构井架组成，采用三台双层全暴露观光电梯并列分体运行，以"最高户外电梯"荣誉被载入吉尼斯世界纪录。这项超级工程把袁家界和金鞭溪紧密联系在了一起，远非一句"匠做凿取"就能概括其设计的前瞻性和高科技含量。

无论是在黄石寨览胜、金鞭溪探幽，还是在神堂湾历险、十里画廊拾趣，或是在西海观云、砂刀沟赏景，都是工程设计人员现代意义上的"匠做凿取"，惟其如此方使张家界化身"扩大的盆景，缩小的仙山"，让每位游客不虚此行。

山水雕刻的绝美风光是张家界的"面子"，世代生活在山岳深处的人们，才是张家界的"里子"。张家界少数民族中，土家族人口最多。在永定区石堰坪村，有着明清、民国时期的土家吊脚楼182栋，这是中国保存最完好的原生态土家村寨之一。而离该村落不远的关水坪村，已经存在了近千年，这里是土家歌谣的发祥地之一，现在传承下来的有山歌、情歌、寿歌、放排歌、哭嫁歌等数十种。

笔者喜欢听的《张家界之歌》，自然是情歌了：

阿哥要是来看妹儿，一定要来张家界，张家界的阿妹多，个个都会唱山歌。

阿哥要是来看妹儿，一定不要坐飞机来，飞机上的有钱人多，小心阿哥被迷着。

阿哥要是来看妹儿，一定不要坐火车来，火车上的小偷多，小心阿哥被偷着。

阿哥要是来看妹儿，一定不要坐船儿来，船儿上的风浪大，小心阿哥掉下河。

阿哥要是来看妹儿，一定要从梦中来，梦中只有你和我，咱俩偷偷把话儿说。

参考资料

[1] 杨文久主编，张家界市地方志编纂委员会编：《张家界市志》，2006年。

[2] 姚远：《张家界：遗落地球的异世界》，公众号：保护地故事，2020年8月27日。

[3]《〈湖湘文化古迹探寻〉风景名胜——张家界天门山》，公众号：湖南省湖湘文化，2020年7月1日。

[4]《十四城记|中国最早的"网红"张家界为何从未"凉凉"》，公众号：湖湘地理，2021年8月16日。

[5]《半价开放！张家界，凭什么是世界"唯一"？》，公众号：地道风物，2021年8月28日。

[6]《世界遗产地|世界自然遗产：武陵源风景名胜区》，公众号：中国风景名胜区协会，2021年5月3日。

中国的可溶岩地貌（喀斯特）类
世界地质公园

喀斯特地貌（Karst landform）指可溶岩经以溶蚀为先导的喀斯特作用，形成地面坎坷嶙峋、地下洞穴发育的特殊地貌。

中国是世界上石灰岩分布面积最广的国家，石灰岩及其他碳酸盐岩石的出露面积达到125万平方千米，约占国土面积的13%，而且地跨各种气候带，喀斯特地貌集地球上喀斯特景观之大成。

2007年6月27日，云南石林、贵州荔波和重庆武隆喀斯特联合申报的"中国南方喀斯特"项目被第三十一届世界遗产大会正式列入"世界自然遗产名录"，成为中国第七个世界自然遗产。2014年6月23日，广西桂林、贵州施秉、重庆金佛山和广西环江组成的"中国南方喀斯特"（第2期）在第三十八届世界遗产大会上获准列入《世界遗产名录》。"中国南方喀斯特"两期七地中只有石林一处世界地质公园，而其具有极高的地质美学价值。

作为西部喀斯特三种类型之一，兴文"石海、溶洞、天坑"三绝共生；乐业—凤山，拥有世界特大型喀斯特塌陷型天坑——"大石围"天坑；织金洞，名列"中国最美六大旅游洞穴"之首；湘西岩溶台地—峡谷群，风景如画；光雾山—诺水河，则以岭脊型峰丛、高密度的洞穴群，构成一个完整的喀斯特景观系统。

石头森林：石林世界地质公园[①]

　　"何所冬暖？何所夏寒？焉有石林？何兽能言？"伴着屈原发出一连串的"天问"，"石林"的名字一闪而逝。从先秦到唐南诏、宋大理时期，古代西南夷分化出的东爨（cuàn）乌蛮中，一个彝人部落——落蒙（意为大老虎）部逐渐壮大，使得"石林"穿过"烟涛微茫信难求"的历史时空，出现在云南一个叫作"路南"的地方。

　　《元史·地理志》载：路南州"夷名路甸，有城曰撒吕，黑爨蛮之裔落蒙所筑，子孙世居之，因名落蒙部"。其中的"路"，彝语音译，也译为陆（如陆良）、禄（如禄劝）、鲁（如鲁甸），石头的意思；"甸"，彝语音译，山间坝子或平地。"路甸"的本义为"石头坝子"。由此看来，不管是汉称路南，彝称路甸，都与石头有关。

　　同样在元代，石林景观出现在文献记载上。在《大元混一方舆胜览》中的"陆凉州"条目下，有"石门，在陆良西平壤中，石笋森密，周匝十余里，大者高百仞，参差不齐，望之如林，俯仰侧植，千态万状。东西行者皆穿其中，故曰石门"。这里的"石门"即今石林世界地质公园的乃古石林，曾用名黑松岩，原属陆良县，1955年划归路南。

　　有明一代，石林之名仍未见诸史籍，或曰石门，或另辟新名。万历四十二年（1614），路南知州汪良将石林芝云洞辟为览胜景点，并立芝云洞

<hr>

　　① 石林世界地质公园位于云南省昆明市石林彝族自治县，地理坐标为东经103°11′～103°29′，北纬24°38′～24°58′，由大石林、小石林、乃古石林、长湖、大叠水园（景）区组成，是以石林地貌景观为主的岩溶（喀斯特）地质公园。

碑。直到清康熙年间，石林一名终于修成正果。康熙《路南州志》载："石林，在州东北。岩高数十仞，攀援始可入。其中怪石林立，如千队万骑，危檐邃窟，若九陌三条。色俱青，嵌结玲珑，寻之莫尽，下有伏流，清冷如雪。"

1931年春，时任云南省主席龙云到石林考察，对此间美景赞叹不已，题下"石林"二字，刻于石壁。同年成立石林风景区管理处，开启了石林（今大石林局部）作为公园的历史。

"文革"期间，龙云题字被铲除。今天红色隶书"石林"题刻乃是拨乱反正后，从晋代《爨宝子碑》中集字而成。《爨宝子碑》清乾隆年间出土于云南曲靖，用其集字可谓为石林胜境锦上添花，也是得其所哉。

1978年4月1日，石林风景区售出第一张旅游门票。1998年路南彝族自治县更名为石林彝族自治县。日后发展证明，此次更名开启了石林地区由旅游拉动经济的跨越式发展。

一、石林形成

在距今2.9—2.5亿年的二叠纪时期，云贵高原处在一片汪洋大海之中。在云南石林这片海域，沉积了厚层块状灰岩（俗称石灰岩）。后经地壳抬升，水落石出，在湿热环境下由溶蚀作用形成了早期石林——石芽。

大约2.3亿年前，这里火山喷发，炽热的岩浆掩埋和烘烤着早期形成的石芽、石柱，岩浆冷却后形成玄武岩盖层。约5000万年前的古近纪始新世，玄武岩盖层被风化剥蚀，石林地区转变为大型的内陆山间湖泊——路南古湖。到了2300万年前的渐新世末期，在石林南部的大叠水一带出现了裂点，湖水泄出，路南古湖消亡。经受了海水、火山的双重洗礼，被玄武岩覆盖烘烤和湖盆沉积物埋藏的石林重见天日，继续发育。

石林的形成受水平状石灰岩层中发育的节理主导，三组节理倾角陡直，在75°～90°之间。近乎垂直的节理将石灰岩分割成了网格，富含二氧化碳的

石林峰丛

　　水将石灰岩表面溶蚀得嵯峨嶙峋，凸起的部分称石芽，凹下的部分称溶沟。溶沟不断加深加宽，成为深沟；而一个个石芽逐渐成长，愈发尖削高大，继而形成剑状、塔状、柱状、蘑菇状、锥状、古堡状等层次丰富的造型组合，莽莽苍苍，直指青天，远处望去像森林一般，故名"石林"。石林术语即源于此地，石林（Shilin或Stone Forest）已成为地貌学专用名词。

　　石林以石芽的规模宏大、类型繁多而著称，不同特征的石芽地貌类型就有100多种，堪称岩溶（喀斯特[①]）造型艺术的博物馆。中国人把喀斯特现象称为"岩溶"，宋代沈括《梦溪笔谈》对其就有记载，明代王士性、徐霞客各在自己的游记中专门记述了南方岩溶即喀斯特地貌与洞穴。1966年，中国地质学会召开的第二次全国岩溶（喀斯特）学术会议决定将"喀斯特"一词改为"岩溶"，至今二者并用。

　　石芽的起伏或相对高度在2米以上者一般称为石林，石林景区的石林相对高度一般在10～20米，最具代表性的招牌景观类型是高大的剑状刃脊石

---

　　① 喀斯特（Karst）原本是斯洛文尼亚的伊斯特利亚半岛上的一座碳酸盐岩高地，斯洛文尼亚语、德语分别称之为Kras和Karst。19世纪末，维也纳大学地貌学教授彭科（A. Penck）的学生，南斯拉夫人斯维奇（Jovan Cvijic，1865—1927）博士的毕业论文《喀斯特现象》（The Phenomenon of Karst）发表，此举确立了斯维奇在喀斯特研究领域奠基人地位的同时，极大推动德语Karst由一个地名演变为地貌学专业名词，进而国际通行。

林——剑峰石林，剑状体高度竟达45米，是石芽发育无可争议的极品。

除了水，生物对石灰岩喀斯特地貌的溶蚀也会产生影响。譬如，附在岩石表面的藻类与苔藓，可以改变石林的颜色。雨季时期，附着于岩体上的苔藓类生物在水分的滋润下呈现出淡淡的墨绿色，如水墨画一般；寒冬时期，苔藓水分减少，呈现出明显的灰白色。此外生物附着加速了溶蚀效率，藻类生物的每一次"呼吸"分泌的有机酸与二氧化碳，在溶蚀中起到了助推作用。

总之，伴随着云贵高原的抬升，石林以其独特的喀斯特地貌方式反映了地球演化的历史。在长达两亿多年的岁月里，各种特殊的条件会集于此，雕刻出世界上唯一的处于亚热带高原地区的喀斯特地质地貌奇观——石林。

石林处在继承、更替和叠置的演变中，老的石林逐渐消失，新的石林不断形成。根据钙华测年结果（刘星，1998年），在第四纪早更新世，石林景区初步发育，中—晚更新世（距今约70—1万年）进入高潮，形成主要景区。

二、象形故事

石林县位于滇东喀斯特高原南部，地形起伏和缓，平均海拔1730米，喀斯特地貌区面积约1100平方千米。石林世界地质公园集中于石林县中部，北起乃古石林、南至蓑衣山，长约30千米、宽约10千米的南北向条带，总面积约400平方千米。石林地貌造型优美，拟人拟物，奇趣与神话共鸣，历史与现实交织，在美学上达到极高的境界。游览石林，"象形故事"应运而生。

出水观音，在大石林园区入口处的石林湖中，一尊石峰突出水面，挺拔峻峭，形似观音菩萨，她手捧柳枝瓶立于莲花座，故称出水观音，为石林第一景。

量心石，曲径通幽处，举头一石悬。只见一块巨石夹在两峰之间，摇摇欲坠，崖壁上刻着"千钧一发"四字，似作提醒。行人到此，无不轻手轻脚，屏息仰视，生怕弄出声响，巨石会掉下来。据说，倘若君子坦荡荡，便可从此石下安然走过，而那些居心叵测之人，就得小心祸从天降了。到底是人心难测，量心石安居于此已经有300多万年，经历了无数次地震的考验，从未"显灵"。

剑峰池，在石林深处最低处，海拔1739.3米的地方，大、小石林地下暗河的露头处聚合了一池碧水，深时可达9米。池中水石相映，一峰酷似长剑，剑柄没入水中，剑身上书"剑峰"二字。遗憾的是剑刃在清道光十三年（1833）云南嵩明县8.0级地震中折断，落入水中。"峣峣者易缺"，峰仍在而锋已残，新老石林交替无可避免。

极狭通人，自剑峰池继续往前，曲径通幽，忽两峰逼夹，仅留约30厘米窄径可通，使人恍然记起陶渊明"初极狭，才通人"的桃花源。不知何人在旁题记"胖人无福"，堪为由于身形无缘进入石林桃花源的游人一噱。

阿诗玛石柱

狮子亭是大石林园区最高点，海拔1768.9米，较剑峰池高出约30米，是眺望大石林全景的最佳地点。登上狮子亭，大石林奔来眼底，一个奇妙的现象引起笔者的注意：一丛丛、一簇簇的石柱、石峰等岩体上都有一条条类似水平锯开的"横线"，把这些峰柱串连起来。

在古海洋沉积环境中，沉积了一层泥沙或藻类沉积物，这种薄层物质没有碳酸钙沉积物的坚硬，露出海洋接受剥蚀风化，最先被溶蚀脱落，就形成了这条奇妙的"横线"。

小石林位于大石林东北部，与大石林紧密相连而自成格局。在玉鸟池旁有一座石峰，彝族撒尼人亲切地称之为"阿诗玛"，在当地彝族语中阿诗玛是美丽姑娘的意思。阿诗玛化身石柱，背着筐，筐中盛着鲜花，是小石林最引以为傲的著名景点。

小石林

群石为森林，一石为艺术。阿诗玛的凄美爱情故事，寄托给虽不能言却最可人的石柱，它很难用宋代米芾提出的"瘦、皱、漏、透"的赏石标准来衡量，因为那样太过纤弱，缺少了一种朴野的气质。"东吴回首无乔岳，妩媚青山似女郎"，与江南女子相比，彝乡女儿阿诗玛，她的化身务必要挺拔坚贞。

也许是要烘托阿诗玛石柱的意蕴，在小石林园区遍植早熟禾、黑麦草和高羊茅等，铺满硕大的绿色地毯。高与矮的对比，灰与绿的搭配，体现了园林建筑中的现代主义，一如其代表人物密斯·凡·德·罗（Ludwig Mies van der Rohe）所言：less is more，越简洁的建筑反而可以被赋予更多的东西。

乃古石林，位于大小石林以北。"乃古"，彝族语译音，意为黑色。不同于大小石林风景区的多孤立形石峰、灰色石头，乃古石林的石峰大多连成一体，石头颜色较深，灰黑色石峰保留了它们原本的粗犷。石芽、峰丛、溶丘、溶洞、溶蚀湖、瀑布、地下河，不同时期的石林在空间上彼此组合叠置，展示了一幅完整的高原喀斯特立体生态图。

鲜有人想到的是，这片黑色石林中会藏着一个芳菲的季节。每到秋风萧瑟的十月，群芳凋谢，乃古石林的格桑花硬是在参差嵯峨的石头领地，盛开出一片红香旖旎的花海。

每念及此，笔者就会想起《中国国家地理》一篇文章中的题记：在壮美宏大的喀斯特景观家族中，石林以其纤巧绮丽、千变万化而独树一帜。它对环境颇为"挑剔",却散布全球;灰色是它的天然肤色,却也能"姹紫嫣红"。作为迄今唯一入选世界地质公园的云南石林,则被世界遗产委员会评价为"世界上剑状喀斯特地貌的模式地,最好的自然现象和世界上同类喀斯特的最好的样板和代表地"。

三、有水则灵

众所周知,没有水,就无法形成喀斯特岩溶地貌,也不会有石林景观。然而在刀墙剑阵般的石林,水景观只能屈居次席。

在我国的第三大江——珠江的上游,南盘江的支流巴江,由于巴江盆地构造运动,河道被断层切断,形成了著名的珠江第一瀑——大叠水瀑布。

大叠水瀑布,落差92米,最大流量达150立方米/秒。洪水季节,飞流直下,声震山野,数里之外可闻其声;干旱季节,飞瀑则分两股下泻,如银练垂空,与阳光同炫。当年晚清举人、云南省通志馆馆长周钟岳为龙云题写的"石林"作跋:"路南城西南三十里有叠水,岩高千仞,瀑布飞流。或云可以设发电机,其力不亚海口(指昆明石龙坝水电站)。"幸亏没有"设发电机",这才使这道石林环抱中的水景保留了原始状态,为石林留住一道可观可听的灵动的风景。

在石林县的东南部圭山的怀抱里,深藏着滇中高原湖泊——长湖。湖长约3000米,宽约300米,湖面高程约为1900米,湖深平均24米,它和四周的大尖山、二尖山、磨盘山、独石山等共同组成长湖景区。

长湖是一个岩溶湖,湖底布满参差错落的石笋、石芽;也是一个被山石森林环绕的湖泊湿地,湖周松林叠翠,山花烂漫,湖中生长有喀斯特高原特有的水生植物——路南海菜花。长湖的湖面湖周,植被覆盖率超过75%,真容被掩藏,故又称"藏湖"。湖中有蓬莱岛,岛上绿树披拂,又有小湖呈现,形成湖中有湖的奇观。

长湖是民间传说中阿诗玛梳妆和洗麻劳作的地方,碧绿的湖水曾映照过阿诗玛美丽的脸庞，我国第一部彩色宽银幕立体声音乐歌舞故事片《阿诗玛》便是在这里实景拍摄的。

四、民族叙事

石林，中国阿诗玛的故乡。彝文记录下的古老叙事长诗《阿诗玛》，撒尼人称之为"我们民族的歌"，已被译成20多种文字在国内外发行。两千多年来，落蒙部的直系后裔彝族支系撒尼人世代生活在这里，与石林共生共息，创造出以阿诗玛为代表的彝族文化。

在叙事长诗《阿诗玛》中，头人热布巴拉为拦住被阿黑哥救出的阿诗玛，请动岩神发大水，石林便是阿诗玛被淹死后变成的。

众多石林的叙事中，离不开撒尼英雄金芬若戛的名字。千百年来，祖祖辈辈的撒尼人梦想在宜良的高古马村筑一条拦河坝，堵起南盘江水来灌溉陆良的田，可是工程浩大，想了千百年还是梦想。

金芬若戛出现了，这个彝族撒尼汉子艺高胆大，发誓要为百姓堵江造坝。

一天晚上，他悄悄摸进神仙的洞府，偷出了"调山令"和"赶山鞭"，连夜喝令陆良四山的石头往宜良方向走。路途太远，金芬若戛像赶羊群那样，鞭打山石快走。今天石林岩体的道道裂隙，便是金芬若戛"调山赶石"所留下的鞭痕。

可惜，石头刚刚被赶到路南，公鸡一叫天亮了，神仙的宝物失灵了，本来跑着的"羊群"立地生根成了石林。

金芬若戛最终被神仙捉去，处死在洞府里。他没有白死，他的英雄之举让南盘江流域的陆良、宜良都变成了粮仓。

石林的魅力不仅仅在自然景观，还在于独特的民族风情和历史记忆。丛丛石峰，傲然耸立，刻画了落蒙部直系后裔、彝族支系撒尼儿女不畏强暴、挑战困境，追求爱情和美好生活的心路历程，更记载了云南各族人民以西南一隅而荷全国的无畏担当，为全民族的抗战胜利做出伟大贡献的光辉一页。

1942年，全民族抗战进入关键时期，抗日大军集聚云南。为保障军需，要征集400万公石的粮食，这个数量占了云南农民全年收成的大半，农民不堪重负。云南省财政厅长陆崇仁作为全省田赋粮食征集的主官，到各县动员交粮，各族农民为了支援抗战，缩衣节食，竭尽全力完成了征集任务。陆崇仁为此感动不已，挥笔题下"气骨云根，至性存存；南天撑柱，持重无言"，并将此草书刊刻于石林，以此象征滇人体现出的伟大抗战精神。陆氏其人有功有过，他的题词却让全体中国人记住了云南各族农民为了抗战胜利展现出的精神底色——坚忍无私、顶天立地。

"天地有正气，杂然赋流形。"石林挂南天，金瓯永固中。

参考资料

[1] 梁晓强：《古代文献记录中的石林》，见李昆声、黄懿陆主编《南方丝绸之路与滇国历史文化》，云南人民出版社2017年版。

[2] 云南省旅游发展委员会编：《全国导游人员资格考试（云南考区）参考教材：现场导游》，云南大学出版社2016年版。

[3]《石林形成过程竟如此复杂？其中还与生物相关？云南石林有什么秘密》，公众号：地理哪些事，2022年1月12日。

[4]《群峰壁立，千嶂叠翠——云南石林世界地质公园》，公众号：矿冶园科技资源共享平台，2018年4月2日。

[5] 彭阳、陈安泽、钱方：《云南石林世界地质公园阿诗玛石柱碳酸盐岩显微特征及沉积环境》，《地质论评》2014年第5期。

[6] 石林风景名胜区管理局同名公众号资料。

[7] 钟岩：《石林喀斯特大地上的"雕塑博物馆"》，《中国国家地理》2011年第10期。

三绝共生：兴文世界地质公园①

　　明万历元年（1573）九月初九，是"都掌蛮"的"赛神节"，据守九丝山的都掌首领阿大以为这天雨雾弥山，交战两个多月的明军不会贸然进攻，遂下令开酒禁，槌牛赛神。不料明军夜半攀绝壁斩关而入，都掌人从酣醉中惊醒，仓促抵抗，首领阿大被杀，戎县九丝山王城被明军攻占。次年二月，"取偃武修文之意"，"县名改作兴文"。为昭显武功，诏改九丝城为"平蛮城"，改凌霄城为"拱极城"。明廷用武力镇压与强行同化，完成了对川南都掌地区的"改土归流"。

　　"都掌蛮"，这支悬崖上的民族从此消失。400多年后，他们与明军交战的战场多变身兴文世界地质公园，都掌人以自己古老的族称"僰"，以及"僰王山""僰人悬棺"重回世人眼中，生发出越来越多的传奇。

一、僰王山与太安石林

　　僰（bó）是个会意字，《说文解字》曰："僰，犍为蛮夷，从人棘声。"僰人是我国西南一支古老的少数民族，历史上与百越、濮、僚、仡佬等关系密切，抑或是同一民族在不同时期的不同称呼，宋元明时期被称为都掌蛮。兴文县是僰人的主要生息之地，尚存岩画、墓群、铜鼓、凌霄古城、石堡等

---

　　① 兴文世界地质公园位于四川省宜宾市兴文县，面积156平方千米，由小岩湾、僰王山、太安石林、凌霄山四个景区组成。

遗物遗迹。

僰人最典型的文化特征——悬棺，被战火损毁殆尽，除了留在悬崖上被烧过的桩孔，在当初决战九丝城所在的兴文县，竟然看不到一具悬棺，甚至连一根棺桩都没有。

2003年，为了配合申报国家地质公园，兴文有关部门在九丝城外的德胜河和毓秀河两岸侏罗系红色砂岩中，参照僰人悬棺最丰富的宜宾珙县悬棺的式样，在僰人曾经的繁衍生息之地兴文进行了悬棺复原。

僰人生居悬崖，死葬悬棺，悬棺是僰人的传统葬式，这种处置祖先尸骨的古老形式，其完成过程、内涵如何，目前众说纷纭。笔者浅见：祛神秘化之魅，是研究悬棺千古之谜的当务之急；而让僰人悬棺保持神秘——这种世界上最美好的感觉，毫无疑问有利于发展当地的旅游经济。

僰人悬棺留待历史学家、工程学家去解决吧，让我们把目光投向僰王山，看一看僰人生存之地的地质环境。

僰王山，原名叫"博望山"，为了与这里的僰人文化契合，改名为僰王山。兴文世界地质公园僰王山园区有黑帽顶、飞雾洞、道洞、寿山湖等主要景点。主峰黑帽顶，海拔1180米，黑帽顶下，保留着僰人所建的大小寨门、城堞（dié）遗迹。

飞雾洞，由两个落水洞组成，两洞之间以一段地下暗河连接。上落水与下落水飞瀑为国内外少见的侵蚀型漏斗瀑布，落差达百余米。飞雾洞同时集中了峡谷、天生桥、重力崩塌堆积、地下暗河等多种地质遗迹景观。

道洞，起于龙泉湖，止于唤雨岩，全长3000米，主要景点有绵延数千米、起伏跌宕的梦溪叠瀑，有飞流直下、若白龙出洞的龙泉瀑，有"大吼三声雨就来"的同声瀑，有雨后四面八方皆是瀑布的宝盆谷围瀑，还有溪流随多级阶梯河床缓缓流淌、形成的十二道独特的多级瀑布十二叠瀑……

常言说：良辰美景须得之偶然。2003年1月，在僰王山镇南部太安村，科考人员在竹海绿浪中，发现一片令人称奇叫绝的石林，面积达到8平方千米左右。

太安石林发育在奥陶系灰岩中，灰岩夹有不规则的泥质条带和条纹，在岩层的水平层面以及垂直断面上呈现龟裂纹状，又称豹皮状。这种特殊的沉积构造为4亿多年前的奥陶系灰岩所独有，掩映于茫茫楠竹竹海中，若隐若现，如同海浪中奇崛的礁石，使太安石林又有"绿色石林"之称。

楠竹，即毛竹，禾本科竹亚科植物，竿高可达20余米，粗可达20余厘米，生长快，成材早，韧性强，用途广，是竹类中经济价值最大的竹种。僰王山漫山遍野全是郁郁葱葱的楠竹，唯主峰黑帽顶峰顶灌木丛生。僰人生于斯，与楠竹为伴，已有僰人悬棺研究人员尝试利用楠竹搭建脚手架，辅以绳索垂吊，以期解开悬棺之谜。

二、三绝共生

如果把太安的竹海石林比作一盘开胃小菜，兴文世界地质公园的丰盛大餐——"石海、溶洞、天坑"三绝共生即将隆重登场。

在世界地质公园的核心区域，保存了距今4.9—2.5亿年间形成的300~500米厚的碳酸盐岩地层，含有极其丰富的海相古生物化石和沉积相标志，构成喀斯特地貌形成的基础。到了距今约7000万年时，构造运动使这一带地壳抬升，成为陆地，并褶皱成山。250万年前的一次地质构造运动，大面积碳酸盐岩（以石灰岩为主）相继出露于地面，开始接受风磨水蚀，共同打造"兴文式"喀斯特地貌稀世奇观。

地质学家范晓形象地把兴文世界地质公园"石海、溶洞、天坑"三绝共生，分为三个层次。

首先，公园的小岩湾、太安、僰王山和凌霄山四个园区的地质景观，分别由二叠系含燧石灰岩、奥陶系龟裂纹灰岩、志留系薄层泥灰岩构成。三个不同时代的地层及三种不同岩石类型的多样化喀斯特景观集于一园，是第一个层次的三绝共生。

其次，公园的主园区小岩湾，在仅数平方千米的范围内，由天坑、溶洞与峰丛石林构成三位一体的立体喀斯特系统，是第二个层次的三绝共生。

再次，小岩湾天坑是中国最早发现、地下洞穴系统研究最详、目前被认为形成时代最早的上层塌陷天坑，三最集于一身，构成了第三个层次的三绝共生。

三、石海

在天泉洞之上、小岩湾之旁的地表，发育大约40平方千米的喀斯特景观，高低错落、层次分明，几乎包括了目前已被研究的所有喀斯特石柱、石林、石芽等形态类型，被誉为"兴文石海"。

此处的"石海"并不是一个严谨的地质学术语，而是借用了兴文当地人对石芽群的俗称。小岩湾石海，面积2.2平方千米，石芽表面平滑，高1.5米左右，像一个个破土而出的芽笋，呈棋盘式、车轨式、放射状，造型别致；还有浑圆的羊背状石芽，是土壤下溶蚀作用的典型现象。远处观望，小岩湾石海犹如一片凝固的波涛。"石海涌浪"已成为兴文石海的标志性景点，有人为之赞美："亿万年前你是一片海，波涛汹涌澎湃，亿万年后你仍然是一片海，浪花变成凝固的绸带。"

石海

不可思议的是，形成于2.5亿年前二叠系地层中的石芽——石海涌浪，与形成于4.6亿年前奥陶系地层中的石林——太安石林，时限相差2亿年的两个地层比邻而居，竞显风采。

深入小岩湾园区，匍匐的石芽逐渐被高大的奇峰怪石替代。受岩性和构造的控制，岩石的差异溶蚀形成嵯峨的石林、环立的峰丛或兀立高耸的孤岩残柱。

生命之柱，典型的岩溶残柱，柱高约10米，底部细，上部粗，表面沿节理风化严重，呈碎裂状。溶柱昂首向天，说它是古僰人崇拜的生命图腾，虽让人心领神会，却也无法考证。

夫妻峰，石灰岩的垂直裂隙发育，经长期的风化、溶蚀作用，形成基部相连、上部分开的双石峰，挺立于石海深处洼地。峰高约40米，峰林接近顶部10多米处一分为二，间隔约2米，一高一低，恰似一对恩爱夫妻依偎之状。中间夹着的一块"平衡石"，有人把它想象为丈夫赠给妻子心仪的一款包，倒也充满浓浓的人间烟火气。笔者更愿意那块"平衡石"快速风化，早一点幻化出一个孩童的模样。

七女峰，形似七位仙女潜行人间，有的婷婷玉立，宛若吟哦，有的轻舒彩袖，呼朋引伴，终于七位仙女贪恋石海美景忘了归去，化身为石海一景。

金龟戏狗熊，距夫妻峰不远一悬崖顶端，有大小二石，大石如熊踞其上，憨态可掬；小者如龟，昂首居下，活灵活现。

四、溶洞

"兴文式"喀斯特地貌的特殊性在于它不仅有地表喀斯特，而且有与其成因相关的地下喀斯特（或称喀斯特负地形）——溶洞。

兴文地区具有数量众多、规模巨大、结构复杂的地下溶洞群，目前已发现较大溶洞260多个，其中洞内表面积10万平方米以上的有10个，1万平方米以上的有50余个，典型代表有天泉洞、天狮洞、天梁洞等。

天泉洞，是整个小岩湾喀斯特系统中最著名的一个溶洞，因有飞泉从天窗泻下而得名。溶洞目前已探测长度为10.5千米，为多层次树枝状结构，自下而上分为4层，上下钩连，犹如迷宫。

天泉洞共有7个大厅，其中"泻玉流光"洞厅、"穹庐广厦"洞厅的面积分别为18000平方米、11000平方米，分别相当于2.5个、1.5个标准足球场

天泉洞或立或吊的石柱、石笋、石乳等

的大小。无论空间规模还是游览长度，天泉洞均可称中国溶洞之最，据说天泉洞塞进10万人都没问题。沿阶梯进去，舟舸摇出，不仅不觉挤，还会浑然"忘路之远近"。

"泻玉流光"洞厅因何得名？这与洞顶天窗有关。天窗是一种罕见的洞穴奇观，它是洞顶岩石裂隙遭到地表洼地流水的渗透溶蚀，发生小规模崩塌而在洞顶部形成的自然穿孔。因日光可射入，故称"天窗"。每逢阳光明媚的11：00—14：00，天泉洞的亘世奇观即会上演：一束天光，从天窗直泻而下，如泻玉流光，使黑黢黢的天泉洞顿如晨曦乍现，洞内溪水也因之波光闪烁。最难得的是，观察天窗以及天窗下的崩塌堆积，可以体会天坑形成之前的发展过程。

天泉洞不仅以规模大著称，洞内风光更是不凡。栈道顺岩横挂，绝壁凌空。石花、石乳、石笋、石柱、石幔、石瀑布、石梯田等洞内沉积物种类繁多，或卷或翘、或立或吊，千态万状，被誉为世界洞穴之首绝非浪得虚名。

天泉洞原名袁家洞，抗战时期，经兴文县县长举荐，国民政府为躲避日军对重庆的轰炸，选定了洞厅宽阔、地形隐蔽的袁家洞作为当时国内最大的轻武器兵工厂——第21兵工厂的基地之一。1938年至1940年，兴文、古宋（今兴文县古宋镇，县政府所在地）两县出动民工五六十万人次，修通了叙永江门至袁家洞的支线公路，供运送修建兵工厂的物资，为抗战历史留下一段特别的记忆。

天狮洞，原名猪槽井，1992年中英联合科考时首露峥嵘。天狮洞属于天泉洞洞穴群，其洞口是峡谷底部一个长逾百米的裂缝。"峡谷岩壁两边有方形凹槽的痕迹，峡谷的底部有明显的阶梯，一直延伸到洞口，古老的人文痕迹无疑给洞穴添加了一层神秘的色彩，"英国考察队员蒂姆（Tim）在探险笔记中说，"我们逐渐深入洞穴内部，巨大的钟乳石从洞穴顶部一直延伸到洞底，水流汇聚，从洞顶形成一股水流，直直地拍打在流石上，流石上反射出细小的方解石晶体，格外亮眼。通过一段落石堆积区，我们进入到一处宽大的地下河道，红色的地下河水在洞穴中缓慢流动，地下河存在于一处地下峡谷中，峡谷两边岩壁有明显的被水流侵蚀的痕迹，不断分层。地下河流两侧的岩石开始大量出现晶状物……"

洞内河道密布，有一条神奇的红色暗河蜿蜒其间；深幽的洞道，一眼万年，磐石陡立，石花遍地。1992年，中英科考队员在一、二层洞穴探险过程中探查洞道8400米，却未到尽头。洞内发现四个大厅，最大的一个呈三角形，面积达31000平方米。

天狮洞最具震撼的发现，是国内外最绚丽的百米石膏花长廊和中国面积最大的边石坝。由此，它被中英探险队誉为最具科考、探险价值的绝佳洞穴。

五、天坑

天坑是地表喀斯特景观，被誉为"地表最壮观的喀斯特地貌"。一般形成在岩层厚、呈水平状分布的石灰岩地区。在此岩层中地下水沿线状断裂带流动，溶蚀形成地下河。由于岩性或断裂发育的差异，在地下水的溶蚀作用下形成大厅式溶洞或通道式溶洞。当溶洞顶溶蚀变薄，承受不了上部地层压力时发生崩塌，洞顶大面积崩塌至地表形成天坑。在这些地方如降雨量多，地下水丰富，水位落差大，水动力强冲蚀破坏力大，能把塌落下来的石块冲走，同时水还继续溶蚀冲蚀扩大天坑空间，最后形成规模很大的天坑。

天坑崖壁

　　兴文天坑群主要包括小岩湾、大岩湾、楠星三处天坑，均发育于二叠系灰岩之中。小岩湾天坑是中国目前被认为形成时代最早的上层塌陷天坑，由天泉洞和硝水洞之间相连的洞穴段经溶蚀塌陷而形成。

　　小岩湾天坑位于石林镇东侧，当地俗称"大漏斗"。根据地质学家朱学稳研究，这是不同于漏斗的另一类喀斯特地貌，并将其命名为"天坑"。天坑口径呈椭圆形，长径约650米，短径约490米，深约208米。四面绝壁，底部为塌陷松散堆积地貌。在小岩湾天坑坑壁上，可以见到天泉洞、硝水洞两个洞口遥遥相对，洞口被崩塌堆积物半掩，天坑周缘的崖壁之下，也是由崩塌物堆积成的斜坡。

　　在天坑绝壁中间有一游览环线，若绕环线一圈2.5千米，沿途有"滴水成仙""削壁回音""通天洞""天盆寺""红军岩"等风景点。中共中央原总书记胡耀邦视察石海景区，欣然题词"天下奇观"，该题词被镌刻于天坑入口岩壁上。

　　小岩湾天坑的应运而生，不仅在兴文形成典型、壮观的超级风景，更重要的是诞生了天坑理论，因此兴文小岩湾是喀斯特地貌"天坑"的发祥地。

六、天人合一

兴文地处四川盆地南部与云贵高原的过渡地带，兴文石海与蜀南竹海、自贡恐龙、僰人悬棺并列"川南四绝"在先，石海、溶洞、天坑"三绝共生"在后，"绝"景光环下兴文还拥有一个绿色的光环。

温暖潮湿的气候加之变化多样的喀斯特地貌，为植物生长繁衍提供了优越的条件。整个公园亚热带常绿阔叶林和常绿落叶阔叶混交林广泛分布，森林覆盖率达70%以上。园区中的沟谷、山地之间不乏珍稀植物的身影，其中国家一级保护植物有银杏、红豆杉，国家二级保护植物有桫椤、桢楠、香樟、润楠、红椿等，还有四川省级保护植物杜仲、筇（qióng）竹等。

绿色资源，为兴文旅游业的发展奠定了良好的生态基础。回归自然才能更深入地感受僰、苗文化的沧桑，才能真正领略"天人合一"的真谛。

"庭树不知人去尽，春来还发旧时花"，僰人已逝，故寨留型，悬棺恢复，古老的僰人用竹乐器演奏的歌谣正在恢复整理，他们的传统节日"赛神节"流传了下来。"赛神"并非与神仙比赛，"赛"乃是祭祀酬神之意。每年农历九月初九，身着僰人服饰的人们击打铜鼓，吹响号角，以椎牛祭祖敬神，以原生态的凤鸟舞、蛙舞、雩（yú，古代求雨的祭礼）舞、帗（fú，五色帛装饰的一种舞具）舞、武舞等多种舞蹈形式，载歌载舞，昼夜狂欢。舞者在脸部、赤身涂上色彩，或身披兽皮，或手执祭器、兵器，举行迎请天火、祈雨求神等民俗活动……

兴文是四川省最大的苗族聚居县，有些苗寨建在一片凝固的"石海波涛"上。在一片片色如银、波似浪的石海上，每年苗族都会举行"踩山节"（苗家"情人节"），成千上万的苗族姑娘、小伙子聚集在一起吹芦笙、对情歌、跳苗舞。"踩山节"又称"踩花山""花山节"，一般在每年农历正月初一至十五或者端午节前后举行，是苗族青年男女寻找知音、中老年人互相祝福的盛大聚会。

小贴士

　　2001年之前,"天坑"还只是对重庆奉节小寨天坑的特称,类似的地貌在各地有不同的称谓。2001年,地质学家、岩溶学家朱学稳首次提出将天坑作为一个专门的喀斯特地貌术语。2005年国际喀斯特天坑考察组在重庆、广西一带大规模考察后,"天坑"这个术语在国际喀斯特学术界获得了一致的认可,并开始用汉语拼音"tiankeng"通行于国际。这是继石林、峰林和峰丛之后第四个由中国人定义并用汉语和拼音命名的喀斯特地貌术语。20世纪80年代,兴文石林就已成为四川乃至中国岩溶地质研究的典范。按照《旅游地学大辞典》的定义,天坑是指喀斯特作用形成的一种特殊的特大型塌陷地貌景观,其宽度和深度均应大于100米,且宽深比甚为接近。

参考资料

[1]俞木:《偃武修文,"喀"普天下——兴文世界地质公园》,公众号:保护地故事,2021年5月13日。

[2]范晓:《四川兴文,为什么是世界地质公园》,公众号:河山无言,2020年6月22日。

[3]李忠东、周江陵:《四川喀斯特有多美,不到兴文你怎知?》,公众号:侠客地理,2019年10月4日。

[4]黄华良、李诗文编著:《悬崖上的民族:僰人及其悬棺》,巴蜀书社2006年版。

[5]《宜宾史志》相关资料。

旷奥兼具：乐业—凤山世界地质公园[①]

浏览《徐霞客游记》的《粤西游日记》，可知徐霞客的广西之游历时一年。明崇祯十年（1637）九月二十三日，离南宁溯左江西进，到达太平府（今崇左市），北上进至龙英（今天等县龙茗镇）、镇远（今天等县进远乡）等地；十一年（1638）三月二十日，抵南丹州（今南丹县），二十七日，北出广西进入贵州。徐霞客绕桂西北兜兜转转，已经进到距凤山直线距离不足100千米的南丹，两地今天同属河池市。在南丹考察了8天时间，终未能再进一步抵达凤山和乐业。他的广西之行，没有留下大石围和穿龙岩的名字；虽然"天生桥"是由他首先引入并对西南岩溶加以描述的，他却与江洲仙人桥失之交臂。

一、大石围

也难怪旅行家徐霞客运气欠佳，大石围隐藏得太深了。20世纪70年代，有地质人员对其特征作过简单描述；1998年，国土资源部门等单位在桂西北百色市乐业县进行土地资源调查时，才真正"发现"大石围，此时距徐霞客广西考察已经过去了整整360年。

---

① 乐业—凤山世界地质公园位于广西壮族自治区百色市乐业县和河池市凤山县，总面积930平方千米。包括大石围天坑景区、穿洞天坑景区、罗妹洞景区、黄猄（jīng，中国古书上记载的一种动物）天坑景区、布柳河景区、鸳鸯泉景区、三门海景区和江洲长廊景区八大景区。

大石围天坑

　　被当地村民称为"大石围"的天坑是世界特大型喀斯特塌陷型天坑，口大底小，呈漏斗状，外缘形如鸭梨，四周被斧砍刀削过的绝壁包围。天坑垂直深度613 米，居世界第二；坑口最宽处600 米，最窄处420米，口部面积16.6万平方米，容积约7475万立方米，居世界第三；地下森林面积约10.5万平方米，居世界第一。如此规模的大石围仅次于"天下第一坑"重庆小寨天坑（洞口直径622米，深约666米，是目前已知全球天坑深度之最），位列世界第二大天坑。

　　大石围天坑坑底的原始森林和准原始森林中，植物种类多达上千种，乔木—灌木—草本群落层次分明。上层为乔木层，以成年期珍稀树种香木莲为标志植物，树高达30米，树围2米左右。香木莲全身芳香，开花似莲，是国家二级保护植物。另有恐龙时代"活化石"桫椤（suō luó）及冷杉等珍贵植物。灌木有棕竹等。草本植物以古老蕨类为主，如狭叶巢蕨、冷蕨等，草本中还有珍贵的七叶一枝花。

　　人迹罕至的大石围天坑是野生动物的乐园。现已查明，天坑底部落户的有鸟类、两栖类、爬行类及哺乳类各级保护动物40多种，以鸟类、鼯鼠等小型动物为主，包括国家一级保护动物蟒、黄腹角雉等。兽远（háng，野兽留下的痕迹）鸟迹，可得未曾有之奇，科考人员曾在天坑底部发现两条蟒蛇爬行过的痕迹，宽约40厘米，按此推算巨蟒的身量，又是一个世界之最，可惜尚未找到它们的藏身之处。

大石围天坑有4层洞穴：由下至上，现代地下河为第1层，中洞为第2层，蚂蜂洞为第3层，蚂蜂洞上有第4层。底部发育地下河，属于百朗地下河系统，已实测4776米，至百朗地下河的出口直线距离尚有30千米，其"地心之旅"可以说方兴未艾。

在大石围天坑附近，有一条百朗地下河的小支流——龙王洞地下河向北流入罗妹莲花洞，生成大量的次生化学沉积物，以莲花盆、穴珠著称。

莲花盆是一种水下碳酸钙沉积物，因形状酷似舒展于水面的睡莲而得名。穴珠是碳酸钙由于水体环境温度与压力变化，附在某一内核上形成的钟乳石珠，其成因与珍珠相似。罗妹莲花洞内有莲花盆200多个，最大的莲花盆直径达约9.4米，为莲花盆之王。

大石围，深邃而神秘，是整个乐业天坑群中无可置疑的明星。为了俯瞰大石围，景区推出新玩法——云海天舟玻璃悬挑观景。云海天舟位于海拔约1450米的大石围天坑西峰山脊之上，状貌神龙吐舌，伸向天坑。当云雾飘起，仿若仙境中驶出一叶轻舟，游人到此，览大石围这一造物者的无尽藏，必有苏子赤壁之游的兴致。

二、天坑群

在大石围周边东西长22千米、南北宽5千米，面积100多平方千米的低山之中，目前陆续发现了29个各式各样的天坑，合称乐业大石围天坑群。经中、美、英、法等10多个国家的专家考察论证，确认包括2个特大型天坑、2个大型天坑和25个一般天坑。

穿洞天坑，虽然属于特大型天坑，体量却难以和大石围比肩。穿洞天坑由六座山峰围着，是所有天坑中峰体最多的，也是目前唯一一个可通过溶洞进入坑底的天坑。由于天坑在大约200万年前坍塌，坍塌后与外界完全隔绝，天坑内400多种植物在完全不受打扰的环境中进化出一个原始森林世界。坑底西南端的厅堂式洞穴顶部发育一个"天窗"，正午时分，光柱穿过天窗从108米的高处射下，置身其下，有如舞台上的追光，也有人说它是天使之吻。总之，人们把这一"丁达尔现象"（光束射入暗室出现的亮光通路）浪漫得无以复加。

白洞天坑，为大型天坑，像是一口心形竖井，因悬崖绝壁呈白色而得名。深度约312米，绝壁上开凿游步道，有近2000个台阶，通过台阶可步行至坑底。坑底藤蔓、桫椤层层叠叠，肆意生长。白洞天坑底部有洞，由地下河可通冒气洞，高度差450米。天气好的时候，站在冒气洞底部，阳光从天窗射入洞厅，亮堂得可在洞厅看书，"阳光大厅"因此得名。顶部穹形顶板的厚度仅有4米，和大厅677万立方米的容积相比，顶板相当于鸡蛋壳一样薄。不可思议的是，"鸡蛋壳"上居然还有一条山间公路安然通过。

大石围天坑群的每个天坑都有故事，故事的主角——流水溶蚀何时登场，则要从几亿年前"场子"建起时说起。

乐业天坑群地处我国滇、黔、桂岩溶核心分布区。4亿年前的右江裂谷盆地内，由于板块运动，形成了孤立台地与台间盆地相间的构造，而乐业正好位于盆地孤立的台地上，沉积了2200~4000米厚的以石灰岩为主的碳酸盐岩，台地周围则沉积了泥岩等不可溶岩，总厚度约3000米。2.1亿年前的三叠纪末期，印支运动使得乐业地区抬升，逐渐暴露于地表，其周围为泥岩围绕。

区内发育特殊的"S"形旋扭地质构造，使岩层产生了深度很大的张性裂隙，来自泥岩区域的水流入石灰岩中，顺着裂隙渗漏溶蚀，将大小通道贯通，形成溶洞和地下河通道。溶洞不断扩大形成大厅，大厅洞壁岩石在压力之下发生断裂、崩塌；缺少支撑的洞顶与地表薄弱处连通，出现天窗，不断塌陷。地下河水像清道夫一样同时将崩塌的石块溶蚀搬运，大厅越来越大，直到洞顶完全崩塌而形成天坑。

一般认为，大石围天坑的形成始于6500万年前，和恐龙大范围灭亡的时代重合。据广西师范大学沈洪涛等人利用加速器质谱技术（AMS）测定侵蚀速率，大石围天坑的最低暴露年龄为20—10万年，即距今20—10万年时，大石围演化成为今天的样子。此年限可作为天坑群其他天坑定年的参考。

有"世界天坑博物馆"和"天坑王国"之称的大石围天坑群，天坑所依托的地表峰丛及其与天坑背景下的生物多样性，构成了独特的险、峻、雄、奇的磅礴之美。作为老年期喀斯特地貌的代表，大石围天坑群有5个天坑发生退化。虽然廉颇老矣，但风采犹存，其他天坑形态完整，并不断爆出新发现，吸引着世人的目光。

三、乐业—凤山岩溶地貌

乐业取"安居乐业"之意，且为其地本名"逻耶"的谐音，隶属于百色市；凤山因"环城皆山，环山似凤"而得名，隶属于河池市。两地隶属不同，但彼此相邻。乐业东南接凤山，同处云贵高原向广西盆地过渡的斜坡地带，地势由西北向东南倾斜，中低山山原地貌，海拔274～1500米，为典型的喀斯特岩溶地貌，峰丛、坡立谷、盲谷、天窗、天坑、天生桥及地下河长廊等教科书般岩溶地质遗迹星罗棋布。乐业以大石围天坑群、布柳河岩溶峡谷著称，凤山则拥有洞穴通道、洞穴大厅、地下河天窗、洞内天生桥等世界级岩溶景观。

高峰丛，是指由纯碳酸盐岩组成的、有统一连生基座的石峰、洼（谷）地相伴的地形。石峰高峻，多在1000米（乐业）或者800米（凤山）以上；洼地以浑圆状及长条形为主，峰顶与洼地底部高差150～500米，形成高峰丛—深洼地的地貌形态组合。

洼地底部有薄的土层，往往被开发为农田；峰丛地貌雕琢出的锥形山此起彼伏，镶嵌于花海中，人行其中如入画境。乐业县大石围天坑区、花坪、龙坪、大曹村，凤山县的坡心、良利、仁安、弄者村等地的峰丛成区连片，堪称中国甚至世界高峰丛—深洼地的典型代表。

坡立谷，来自塞尔维亚语 polje，原指田野。现国际通用，指底部平缓，有短暂河流的大型喀斯特（岩溶）封闭洼地。乐业—凤山所在的桂西北地区多边缘坡立谷，接受来自非岩溶区的外源水，在可溶岩一侧形成大型谷地，是岩溶作用充分的后期产物。

根据坡立谷的定义，对比徐霞客《粤西游日记》中所记："上抵飘渺村。其村倚山半，南向，东有尖峰高插岭头，西有危崖斜骞冈上。村前平坠为堑，田陇盘错，自上望之，堑中诸陇皆四周环塍，高下旋叠，极似堆漆雕纹。盖自蛮王峰西渡脊而北，至此水皆西南入都泥，堑皆耕犁无隙，居人亦甚稠，所称巴坪哨，亦一方之沃壤也。"这个南丹州飘渺村（当时亦称"巴坪哨"，即今南丹县巴平村）前就是一个边缘坡立谷。"飘"，在此读piǎ，是壮语"石峰"的意思。

和南丹一样，乐业的同乐、六为，凤山的凤城、坡心、东泥坡等坡立谷，不但可形成引人注目的景观，且与岩溶地区乡村聚落的分布密切相关。

盲谷，岩溶地区没有出口的地表河谷。地表水流消失在河谷末端的落水洞中而转为暗河，转入地下的暗流河段称为伏流（伏流也是由徐霞客厘定的岩溶地貌的通名）。凤山县城的阴阳山脚下，有一个盲谷示范区。地表水流沿弯曲的河道在山谷里勾勒出一个口袋形，流入阴阳山之阴山下的地下伏流洞口。这个小小的盲

三门海一隅

谷伏流洞口，能清晰地看到盲谷是如何变"盲"的。

天窗，是岩溶洞顶与地表薄弱处连通后光的通道。凤山三门海地下河天窗群发源于坡月地下河系坡心支流段，不到1000米的距离内连续出现7个连体岩溶天窗。天窗与洞道相连，洞道与地下河一体，3个天窗由自然通道可乘船驶入，可一窥坡心地下河的真面目，体验山中有海、海上有门的感觉，"三门海"即由此得名。短距离地下河段出现如此密集的串珠状塌陷天窗，举世罕见，为三门海天窗群赢得"世界之窗"的美誉，是地质公园旅游的新亮点。

四、洞穴大观

天坑、峰丛、坡立谷等在"前台"岩溶逐一亮相，"后台"的主角——洞穴同样值得期待。

国际洞穴联合会将洞穴定义为人能进入的自然地下空间，它可以部分或者全部被沉积物、水或者冰所充填。结构较复杂的、分支的和网状的，由两个或两个以上横向和垂向通道组合起来的洞穴，则称洞穴系统。

乐业—凤山世界地质公园的阳光大厅、红玫瑰大厅和香港·海亭大厅，在世界溶洞大厅容积排名中都比较靠前，其中容积667万立方米的阳光大厅排名第3位①。另外马王洞大厅、马可波罗大厅、穿龙岩大厅容积均超过了100万立方米。

红玫瑰大厅位于乐业秧林村，由大石围附近的大曹天坑下降约130米到坑底，穿过坑底的原始森林，可到达大厅最底处的洞口，由此进入红玫瑰大厅。大厅长约500米，宽约200米，最高处约260米，容积约525万立方米，进

---

① 贵州省紫云县的苗厅最长890米，最宽349米，最高238米，洞底投影面积14.09万平方米，容积1078万立方米，容积高居世界第一；而论洞底投影面积，则小于马来西亚的沙捞越大厅。

凤山溶洞

入大厅后，豁然开朗。

香港·海亭大厅位于凤山县海亭村，是2017年7月香港洞穴探险队发现的，因此被命名为香港·海亭大厅。大厅在弄乐天坑之下，有廊道可通，大厅洞底投影面积7.7万平方米，容积353万立方米。

江洲地下长廊属于一个庞大的洞穴系统，2017年已探明长度53千米，总长度排名全国第三位，有15个出入口，一个新发现的竖井出口，深度超过300米。整个长廊由巨大的廊道和众多大型厅堂组成，25个地下厅堂，面积在0.4~1.85万平方米，其中8个大厅面积大于1万平方米。洞穴内可见石笋、石柱、流石坝、石梯田、穴珠等沉积物。

天坑、洞穴等作为地下水系对岩溶地下结构改造的阶段性成果备受瞩目，地下水系——乐业的百朗地下河系、凤山的坡月地下河系的黑暗世界，同样有景可寻。

以百朗地下河系为例，庞大复杂的通道系统，或轩敞通达顺畅，或矮窄致人无法通过；水道或急流涡旋，或平静宽缓，形成金黄的砂砾滩，滩上有各色花纹的磨圆砾石、深厚的泥岸，水石冲击磨蚀的基岩岸，钟乳石很少，水质清澈。栖息在地下河系的生物如盲鱼、盲蟹等，都带着"盲"字，虽有眼睛，但体表组织上绝大部分的视蛋白光受器发生了变异，已失去对光的感知。新发现的鞘翅目的新种长颈盲步甲，干脆就是无眼昆虫。

五、天生桥

发源于岑王老山国家级自然保护区的布柳河，从砂岩缓谷地貌区内蜿蜒而下，大转折进入岩溶峰丛区，形成了布柳河岩溶峡谷。布柳河两岸山峦层叠，林木蓁莽，野猴成群，百鸟争鸣。乐业县磨里村布柳河段，水势舒缓，适宜竹筏漂流。当竹筏进入了一处溶洞大厅，光线一下子暗了下来，布柳河天生桥便出现在面前。

桥底的水流平静而清澈，竹筏可以缓缓地停下来，给人仰望观赏的时间。有人把天生桥比作一架望远镜，两个镜片是溶洞顶盖的两处塌陷露出的两块天空；镜片之间没有塌陷的部分就是天生桥。实际是布柳河截弯取直，在3座大山中形成穿洞，穿洞垮塌，3座大山塌陷，形成了天生桥。桥身长280米，高165米，宽约19米，厚78米，拱高87米，孔跨177米，跨度之大居世界天生桥第一。天生桥桥拱对称，拱底平滑，横跨布柳河上，绝景天成，被称为"仙人桥"。

在凤山江洲乡凤平村附近，也有一座天生桥——江洲仙人桥，近处看它像是一只大型恐龙，正伸长了脖子取食对面山上的青草。江洲仙人桥与季节性河流共存，利于形态保持。其跨度约144米，两端分别宽110米和72米，中间宽约40米，高约76米，跨度目前世界排名仅次于"同乡"布柳河仙人桥，居第二位。

江洲仙人桥发现较早，清代田州名士将此桥桥拱下面倒挂着的石乳、青藤，题名"孔滴清岚"，列为"田州（今百色市田阳区）八景"之一。

六、鸳鸯泉

鸳鸯泉自古就被誉为"凤山八景"之冠，晚清名士罗云锦游此留诗一首："鸳鸯湖水映碧天，岸柳曳风花自香。识得此中真福地，更于何处觅仙乡？"

鸳鸯泉位于凤山县城东凤凰山脚，是地质公园内重要的岩溶泉，分左泉（南泉）和右潭（北泉），二者相隔约十几米，常年不涸。左泉约略呈圆形，直径28米，水质略显浑浊，当地人称之为"公塘"；右潭呈椭圆形，长轴27米，短轴23米，水质清澈如镜，称"母塘"。

鸳鸯泉水一清一浊，两股泉水流出地表约20米后，汇合形成一条小溪——九曲河，自东向西蜿蜒而去。鸳鸯泉母清公浊，泉底水草的差异是原因之一。另据考察，鸳鸯泉的源头为年里落水洞补给的外源水，两泉同属于一个管道系统，两个出口在水循环速度上有差异，母泉比公泉具有较快的更新速率，且公泉深度大，泉潭底下沉积了更多的泥沙。正应了《红楼梦》中贾宝玉那句话："女儿是水做的骨肉，男人是泥做的骨肉"，公泉因"泥"而浊。

当地人传说喝鸳鸯泉水能生双胞胎，此说到目前为止并未得到现代科技的证实。但是凤山县曾作过统计，该县21万人口中有500多对双胞胎。这么高的双胞胎比例，到底和鸳鸯泉天然泉水是否有关系，仍是未解之谜。

同是凤山县域的水，鸳鸯泉带来的是未解之谜，坡心河带给凤山三门海人的则是一个美丽的烦恼。

三门海地下河是盘阳河上游坡心河的源头，邻县巴马人世代喝盘阳河的水。当巴马作为"长寿之乡"火了之后，盘阳河被誉为"长寿之河"。三门海的人对此不太服气，认为盘阳河的源头坡心河才是长寿水之源，故而他们在三门海的岩石上，刻上了"寿源"二字，以示正本清源。

七、旷奥兼具

柳宗元《永州龙兴寺东丘记》："游之适，大率有二：旷如也，奥如也，如斯而已。"笔者深以为然，以阳光大厅、红玫瑰大厅、香港·海亭大厅的宏阔为"旷"，以大石围天坑群的幽深为"奥"，的确可以尽得乐业—凤山世界地质公园"游之适"。

世界上的同类规模的洞穴系统，多出现在巴布亚新几内亚、马达加斯加、墨西哥等低纬度地区，那里年均降雨量高达数千毫米，溶蚀作用非常强烈。何以在年均降雨量只有1500毫米左右的桂西北地区，神功凸显，造就如此天下奇观？这种奥中之奥——洞穴系统的全球代表性，才是乐业—凤山世界地质公园旷奥兼具的真谛。

参考资料

[1] 乐业凤山世界地质公园公众号资料。

[2] 朱学稳等：《广西乐业大石围天坑群：发现 探测 定义与研究》，广西科学技术出版社2003版。

[3] 陈宏毅、周翠平：《乐业—凤山——亿万年的绝美遗迹》，公众号：地球杂志，2020年9月30日。

[4] 丁丽雪等：《神秘的宇宙地质奇观——乐业大石围天坑群》，《华南地质与矿产》2018年第2期。

[5]《城事 | 这里有一份凤山旅游指南，请收好！》，公众号：广西文化和旅游厅，2018年1月7日。

[6]《识得此中真福地，更于何处觅仙乡——中国乐业—凤山世界地质公园》，公众号：矿冶园科技资源共享平台，2018年4月12日。

别有洞天：织金洞世界地质公园①

　　"公园之省"贵州素有"八山一水一分田"之称，在5万平方千米的石灰岩地区，兴义万峰林、马岭河峡谷、安顺黄果树瀑布、荔波大小七孔风景区等得山水钟灵，展现出奇险峻秀、风情万种的喀斯特地貌景观，纷纷跻身国家地质公园或自然遗产之列。在世界地质公园的"选秀"过程中，这些"名家"跃跃欲试，结果却是来自喀斯特地下王国的后起之秀——织金洞脱颖而出。2015年9月19日，织金洞地质公园"申世"成功，成为贵州省第一家世界地质公园，也是目前唯一的一家。

一、辛苦遭逢"打鸡洞"

　　1980年4月8日，时任织金县文化局副局长的朱邦才等溶洞资源勘察队一行6人前往官寨探洞。

　　据朱邦才回忆，他们"带着冲锋枪、猎狗、棕绳"进入打鸡洞，"坡面十分陡峭，乱石累累，难行至极。但是我们没有丝毫惧怕，相互牵拉着手往下走，来到今天命名为'讲经堂'的地方时，又面临了垂直不可下去的峭壁。我们用装了五节电池的手电筒照射下去，不反光，不知道有多深，投

---

　　① 织金洞世界地质公园位于贵州省毕节市，跨织金、黔西两县，大部分位于织金县，地理坐标为东经105°44′42″~106°11′38″，北纬26°38′31″~26°52′35″。总面积170平方千米，由织金洞、织金大峡谷（绮结河峡谷）和东风湖（乌江源百里画廊）三大园区组成。

石问路，听到了回声，知道下面是干地。我们将棕绳拴在钟乳石上，一个一个悬空而下，下到底部才知道是一个间歇水塘，也就是现在命名的'日月潭'"。

随后，"摩天岭""金塔宫""寿星宫""望山湖""南天门""水晶宫"被逐一发现。"经过了几个钟头的拼搏，个个周身是泥，有的跌得头破血流，衣服刮破，又饥又渴，十分疲劳，便在这里作了短暂的休整。"

宋代王安石《游褒禅山记》中揭示的一条探洞古训："入之愈深，其进愈难，而其见愈奇。"这在打鸡洞再次得到证明。

从"水晶宫"回头往右，上边有一个窄缝，"队员们搭起了个人梯，侧身挤进了窄缝，又进入了另一个奇妙的洞厅。这里百尺帏帘，擎天一线，如白玉玲珑，金碧辉煌，果然是一派天宫景象。这就是后来命名的'灵霄殿'和'神女宫'"。

勘察队再接再厉，进入更为宽广的"广寒宫"，时间已过去9个小时。他们准备返回，却很难找到回程的路。借着微弱的手电光，一路摸索，手足并用，有时屁股着地，才下完"南天门"，手电光几乎全熄灭了。为找到进洞时的"葫芦口"（即"摩天岭"），"我们到处碰壁，已经筋疲力尽了，心里也产生了恐慌"，因为外面没有什么人知道他们进了这个洞，如果他们最终找不到出路的话，"就真的要为勘察溶洞献身了"。

大家聚拢一起，在黑暗中开了一个短会，共同分析，大致判定了方向，终于摸索到了"葫芦口"。疲惫的身体重新生发出力量，6人继续下滑坡，过泥潭，攀绳索，上峭壁，在乱石丛中走到了洞外。

次日，勘察队全体人员再进打鸡洞；12日，三进打鸡洞。深埋地底几十万年的"溶洞瑰宝"，终于在20世纪80年代的第一个春天被揭开面纱。

二、别有洞天

打鸡洞就是今天的织金洞，位于贵州高原西部织金县境内，乌江源流之一六冲河的南岸与三岔河河间分水岭地带。织金洞发育于下三叠统地层之中，地层厚210米，其形成可分为四个阶段。

（一）准备期：距今约2300万年，喜马拉雅运动使织金洞岩层抬升，雨水沿断层裂缝及层间裂隙渗入，对岩体进行溶蚀，地表重塑，逐渐形成了织金洞地区现有的峡谷、溶洞、天坑等地貌。

（二）形成期：由于新构造运动强烈的间歇性抬升，喀斯特回春，第四纪以来水系变迁与河流袭夺是整个云贵高原洞穴形成、发育的根本动力。大约50—35万年前的中更新世早期，河流从织金洞地区洞口潜入，洞穴逐步扩大。地下河形成下层洞穴，上层洞穴少水干涸，并产生大规模崩塌，形成巨大的洞厅。

（三）粗装修期：即粗大石笋堆积期。发生在距今35—25万年间的中更新世中期至晚期。在岩层平缓、倾角不大的条件下，三组出水节理不同的组合交汇，洞顶出水点多，原本溶解了碳酸盐的水从洞顶上滴下来，碳酸盐析出并再次沉淀为固体，形成大量数十米高的粗大石笋和千奇百怪的钟乳石。

织金洞一角

（四）精装修期：即细长石笋堆积期。从大约10万年前开始，至今尚未停止。由于洞顶和洞壁渗出水量减少，在洞内形成很多细长的鞭杆状石笋。由于毛细水、薄层渗流水增多，一些石幔、石盾等不同形态的沉积物形成。

经过四个阶段的分合打磨，织金洞隆重登场。整个洞穴系统分为4层，最高层洞穴的地质时代最早，溶蚀、侵蚀作用最强；最低层时代最新。现已探明长度达12.1千米，最宽处175米，相对高差150多米，全洞容积达500万立方米，发育40多种岩溶堆积物。

织金洞现已探明47个厅堂，洞底面积在3000平方米以上的有13个，超过1万平方米的大厅有6个，堪称世界第一洞穴大厅群。其中最大的是广寒宫，长400余米，宽100余米，高70余米，面积5万多平方米，各种岩溶堆积物琳琅满目。广寒宫第一高度"桫椤树"，高60余米，缀满成千上万朵石灵芝；还有织金洞"镇洞双绝"——"霸王盔"和"银雨树"。

织金洞的霸王盔

"霸王盔"，即盔状石笋，由下部的帽状石笋和上部的细长杆状石笋组成，高14米，酷似古时武士头盔，唯一的瑕疵是头盔上两根"簪缨"（细长杆状石笋）不对称，一长一短。形成如此形态，说明沉积早期滴水含矿物质丰富，多呈线状下流，沉积速度快；后期滴水含矿物质减少、分散，下滴速度减慢。"霸王盔"的名字起得妙，面对它很难不以物役心。原来只知霸王别姬、霸王卸甲，如今"霸王盔"也有着落了。楚霸王自刎乌江不假，又何必辩此乌江而非彼乌江！

"银雨树"，拥有最优美形态的塔松状石笋，通高17米，树形像一座巍峨的宝塔，树身盛放着50多层花瓣，从白色玉盘中脱颖而出，晶莹剔透，亭亭玉立。地质学家称"银雨树"的形成分塔状石笋、松球状石笋、花瓣状石笋三个阶段，最终形成大约经过了15万年。

灵霄殿，高40余米，面积5000多平方米，两壁垂下百尺石帘，五彩斑斓，俨然天宫帷幕。正中有一石柱拔地而起，直抵顶棚，有十几只"小石猴"正向上攀爬，因此称"攀天柱"；柱后有面积约20平方米的水池，石莲浮出水面，称"瑶池"。

织金洞的钟乳石

讲经堂，长约200米，宽约50米，因岩溶堆积物如罗汉讲经得名。中有水潭，被钟乳石分隔为二，名"日月潭"，系全洞最低点。潭北为陡坡，石径盘旋而上，伸手可触顶棚，名"摩天岭"，这里就是当年6名织金洞发现者在黑暗中险些走不出来的"葫芦口"。

雪香宫，又名"水晶宫"，面积6000多平方米。因在洞厅顶棚上，布满数万颗晶莹透亮的"卷曲石"，像玲珑剔透的水晶宫而得名。卷曲石中空含水，洁白如冰花，弯曲横生，甚至不受地球引力的影响，向上生长。2021年4月27日，织金洞水晶宫的卷曲石搭乘中国"长征六号"运载火箭，在山西太原发射中心发射升空。卷曲石的太空之旅，对我国地质文化科普和科学传播具有重大意义。

琵琶宫，洞壁倒挂石琵琶，造型

逼真，琴弦历历可数，是目前世界上已发现的最大的、形态最优美的盾形石柱。只是不知道这把琵琶能不能弹奏《霸王卸甲》，为广寒宫里的"霸王盔"再添一段传奇。

清代曾任太平（治今广西崇左）知府的查礼写过一首《盆山行》，序曰"钟乳者，石液所成也。洞顶有隙，液自隙出，浸润下注，点滴渐凝，如烛泪然，日久则参差磊落，或似檐流冰柱。最古者乃上下相接，宛庭柱然"；诗曰"或如冰柱当檐挂，或如庭柱洞内撑；或疑钟磐悬错落，或状飞潜构幻形，或深入地作磊块，或浅入水效坚冰"。他描绘钟乳石巨细无遗，着实令人相信查礼其人真的到过打鸡洞。

造化"钟"神秀，织金最奇绝。织金洞类型齐全、分布集中的钟乳石，几乎涵盖了所有钟乳石的形成条件和沉积类型，是目前世界上钟乳石分布密度最高、类型最丰富、珍稀形态最多的洞穴。

2005年，《中国国家地理》评选"中国最美的地方"，织金洞以90分的最高分荣获"中国最美六大旅游洞穴"之首①，专家们在评语中写道："洞穴是人在一生中至少应该去一次的地方，否则您不会知道自己居住的这个星球是多么的奇妙。假如您希望只选择一个洞穴即可填补这方面的空白，请您不要错过中国最美的旅游洞穴——织金洞。"这次评选结果，树立起织金洞申报世界地质公园的信心和勇气。

三、织金大峡谷

织金大峡谷又名绮结河峡谷，全长约8000米，由洗马塘至大槽口峡谷，长2000米，是绮结河峡谷最美的一段。沿途有燕子洞，犀牛望月天生桥，大、小槽口天坑，天谷天生桥等多处景点，总体呈"一河一洞二桥二坑"展布。

---

① 中国最美六大旅游洞穴排行榜：贵州织金织金洞、重庆武隆芙蓉洞、湖南张家界黄龙洞、湖北利川腾龙洞、重庆丰都雪玉洞、辽宁本溪水洞。

"一洞"即燕子洞，为绮结河下游地下河洞穴，洞穴里风化严重。有天然燕巢，每到黄昏时分，万燕归巢，在大峡谷的天窗上方形成密密麻麻的黑影。据说春夏之交，乳燕初飞的时候，洞内的燕子可达30多万只，有"天下第一燕子洞"之称。

"二桥"即犀牛望月天生桥、天谷天生桥。犀牛望月天生桥发育在古河道上，为双眼穿孔桥，大拱高约85米，小拱高约55米，两拱相距约50米，无论形态还是跨径都是世所罕见；天谷天生桥横跨绮结河，跨度82米，拱高67米，桥面高度约150米，雄伟壮观。天谷天生桥一侧，有佛寺坐落崖下，红墙青瓦，如一抹朱砂，施在大峡谷的翠眉之间，清幽别致。

"两坑"即天谷天生桥分隔的大槽口天坑和小槽口天坑。织金天坑群，发育于绮结河两侧，共有大槽口、小槽口等7个塌陷型天坑，是世界上天坑分布密度最高的地区之一。大槽口天坑，容积55.65立方千米，是全球超大型天坑之一。

织金大峡谷两侧相伴发育了峰丛、天坑、天生桥等多重地表岩溶地貌景观，与地下暗河、溶洞等共同构成了完整的岩溶发育系统，有"水上水、洞上洞、桥上桥、天外天"之称，是一处罕见的喀斯特峡谷形成演化模式地。

四、东风湖

东风湖园区，位于织金县和黔西县交界处，为东风湖峡谷的核心景区。东风湖峡谷，由乌江上游鸭池河及其两大支流六冲河、三岔河历经漫长、持续的纵向侵蚀及搬运、堆积等作用而形成。全长约38千米，共有11个曲折的弯道，由5段峡谷组成。

峡谷两岸峰壁险峻，织金巨龟、天竹峰（笋子岩），各自恢弘有形。每当夕阳西下，东岸高耸的岩壁便呈现出胭脂般的绯红，连绵错落，蔚为壮观。

岩壁发育有多个单独的小溶洞，偶见涓涓细流从岩缝中流出，形成灵泉飞瀑，跌落湖中。湖水时而倒影沉碧，宁静唯美；时而云开霞映，涟漪微风。东风湖峡谷是千里乌江上最美的崖壁画廊，因此东风湖园区又称"乌江源百里画廊"。

五、织金逸事

贵州西部，是古代中原人眼中的"西南夷"之地。清康熙三年（1664），贵州水西土司安坤联合四川乌撒土司安重圣等起兵反清，翌年事平，清廷以水西地置平远、黔西、大定三府。次年，置威宁府，辖三州（大定州、黔西州、平远州）二县（毕节县、永宁县）。平远州，就是织金县的前身。因和广东平远县重名，1914年改称织金县。

有清一代，织金出了一位大名人，他就是川菜名品"宫保鸡丁"的发明人、晚清名臣太子少保丁宝桢。"宫保鸡丁"，常讹写为"宫爆鸡丁"，由鸡丁、干辣椒、花生米等炒制而成，地道的吃法是三者合在一起入口，香辣脆嫩，"巴适"得很，未详是否为丁宫保传此秘诀。

织金洞周边居住着苗族、彝族、布依族等多个少数民族，他们过去盛行占卜。苗族的打鸡神判，彝族的打鸡卜，都是以鸡占卜吉凶祸福。《平远州志》载："或以鸡骨看卦，辨吉凶焉。凡有所疑，皆用鸡卜。"打鸡洞的来历或与苗族的打鸡神判有关。朱邦才回忆当年勘察队询问路边犁地的老乡，老乡"敬畏地说：'那是打鸡洞的天窗，洞口在山那边，你们千万不要进去，那里头邪得很。'"可见打鸡洞这个名字不光接地气，还自带"神"气。

东风湖峡谷的天竹峰（笋子岩）下，苗族村寨化屋基依山傍水，是苗族支系"歪梳苗"聚居的地方。

歪梳苗，因女子挽髻为斜插木梳而得名。歪梳苗妇女精于蜡染，亦工于盘线绣、锁绣与挑花。"衣服先用蜡绘花于布而染之，去蜡而花现。袖口、领缘皆用五色线刺绣为饰，裙亦刺绣，或更以红线各色布镶成。"（《平远州志》）她们坚守着织布、蜡染、刺绣等传统手工艺，不仅散发着浓烈的艺术魅力，而且极具社会功能及文化价值。

苗族"跳花节",在织金又称"跳花场"。《平远州志》载:"春夏之交,男女未婚者有跳花之会。预择平敞地为花场。及期,男女皆妆饰而来,女则团聚于场之一隅,男子于场中各吹芦笙,舞蹈旋绕。女视所欢,或巾或带与之相易,遂定终身。""苗族蜡染技艺""苗族跳花节"均被列为国家级非物质文化遗产,离不开包括"歪梳苗"在内的织金苗族的一份贡献。

六、喀斯特与碳中和

碳中和,就是人类在一定时间内的活动中直接或间接排放的二氧化碳(CO_2)等温室气体,被人为努力(植树造林、节能减排等形式)和自然过程(吸收)完全抵消。那么它是如何与喀斯特(岩溶)产生联系的呢?

喀斯特碳循环发生的驱动力是碳酸盐岩的风化溶解,主控因子是水和二氧化碳。喀斯特地貌的母岩主要是碳酸盐岩,其主要成分碳酸钙($CaCO_3$),在有水和二氧化碳时发生化学反应,生成碳酸氢钙[$Ca(HCO_3)_2$],而碳酸氢钙可溶于水,分解出碳酸氢根离子(HCO_3^-)。在此过程中,大气圈的二氧化碳不断移出,主要以碳酸氢根离子的形式进入到水圈中,这对大气圈而言就起到了"碳汇"的作用。

研究数据显示,70%~80%的喀斯特碳循环主要发生在浅表层的岩溶表层带,只有少部分发生在地下河和地下洞穴中。富含HCO_3^-的岩溶水在迁移过程中,少部分HCO_3^-转化为CO_2逃逸到洞穴空气中;更多的HCO_3^-随地下水的流动,以泉、地下河的形式流出地表,这些高浓度无机碳含量的岩溶水,刺激水生植物进行光合作用,使部分无机碳转化为有机碳。

因此可以看出,喀斯特生成的每一步都默默地参与了地球碳循环。碳酸盐岩的风化溶解会像植物光合作用一样,对大气圈产生碳汇效应,喀斯特(岩溶)与碳中和大有关系。

贵州高原溪流与山石的相爱相杀从未停止,在长达数亿年的"角力"中,变得支离破碎,形成了大面积的喀斯特地貌。

贵州有句民谚"天无三日晴"，亚热带湿润季风气候下的连绵阴雨在喀斯特地区快速渗透到地下，久而久之，导致地表干旱和水土流失，只留下石头密布的"荒漠"。生活在那里的人不得不"在石头里种地"，艰辛备尝。贵州大多数的喀斯特地区，地貌美则美矣，但石漠化和遍布的孔道、落水洞也使这里的生态环境极为脆弱，人与自然如何相处，的确是一个难题。

针对贵州喀斯特地区缺水、少土、植物生存条件差、生态环境脆弱的特点，保护和修复裸露岩溶区的生态环境，不仅是国家石漠化治理的需求，也是国家碳中和的需求。

笔者相信，随着节能减排、绿色发展的深化，碳循环中，喀斯特岩溶碳汇效应与作用会越来越受到科学界的重视与认可。织金洞世界地质公园在喀斯特（岩溶）与碳中和关系的宣传方面大有可为。

参考资料

[1] 朱邦才、杨春明：《黔西北记忆（114）织金洞发现始末》，公众号：云上毕节，2020年11月18日。

[2]《地质角度|贵州织金洞是如何形成的？》，公众号：自然资源之声，2020年6月26日。

[3] 韦跃龙：《织金洞之高原魂》，公众号：自然资源科普与文化，2016年8月2日。

[4] 曹建华：《岩溶与地球碳循环》，公众号：地球杂志，2021年12月2日。

[5] 织金洞景区公众号资料。

双钉峡谷：湘西世界地质公园①

在我国地势第二级阶梯的东缘，武陵山脉连荆楚而挽巴蜀，在湖南西部孕育出形似苍鹰展翅、神秘与美丽兼具的湘西世界地质公园。公园北起龙山洛塔，南至凤凰天星山，东头为永顺芙蓉镇，西尾是古丈红石林，完整记录了云贵高原边缘斜坡地带新构造运动地壳快速抬升的地质历史，见证了大地史册的书签——"金钉子"的诞生。

一、"金钉子"

"金钉子"（Golden Spike）一词源于美国铁路修筑史。1869年5月10日，联合太平洋铁路与中央太平洋铁路在犹他州合龙，合龙庆典在犹他州波莫托里峰（Promontory Summit）举行。在一根预留了4个钉孔的月桂枕木上，象征性地钉下了4枚特制道钉，最后一枚道钉顶端刻有"LAST SPIKE"标记，含有货真价实的黄金，也称"金钉子"。砸下这枚金钉子的荣誉归于中央太平洋铁路公司总裁利兰·斯坦福（Leland Stanford），他同时宣告美国首条横穿美洲大陆铁路的竣工。鉴于这条铁路的修建对美国西部开发战略的实施功勋卓著，1965年7月30日，美国政府在当地建成了"金钉子国家历史遗址"

① 湘西世界地质公园地处湖南省湘西土家族苗族自治州，主体部分涉及吉首、凤凰、花垣、保靖、古丈、永顺和龙山七个市县。地理坐标为北纬28°06′49.23″～29°17′24.26″，东经109°20′13.66″～110°04′12.55″，总面积2710平方千米，由北至南由洛塔、芙蓉镇、红石林、吕洞山、矮寨、十八洞、天星山七个园区组成。

（Golden Spike National Historic Site，Promontory，简称GSSP）。

同样在1965年，国际地质科学联合会（IUGS）的专业委员会之一国际地层委员会（ICS）成立，正式推广全球界线层型剖面和点位（Global Boundary Stratotype Section and Point，简称GSSP），在年代地层学上相当于美国铁路史上的"金钉子"，同样具有里程碑式的意义。于是，两个同年诞生的GSSP奇妙地发生了语义置换，冗长且绕口的地质科学术语"全球界线层型剖面和点位"被鲜活好记的"金钉子"所取代。

地层单位依次分为宇、界、系、统、阶，作为基本单位的阶，要由全球地层分界和对比的唯一标准"金钉子"来确定底界。就像大地史册的书签一样，"金钉子"钉在哪里，哪里就是标准；别处地层的年代，都必须和"金钉子"标准剖面去比较才能确定。

什么样的地质剖面才符合"金钉子"标准呢？答案是：它须具备全球范围内保存最连续、最完善的岩层发育，化石含量丰富并且分布广泛，某种特殊的古生物化石带在地层序列中首次出现，同时这个剖面又是穿越一个地质

寒武系古丈阶全球层型"金钉子"

年代起始点的最佳地质记录等一系列条件。

1997年1月，中国第一枚"金钉子"在浙江常山国家地质公园确立。目前世界已经正式确立77枚"金钉子"，中国拥有其中的11枚，居各国榜首。

湘西世界地质公园拥有2枚"金钉子"，分别是寒武系芙蓉统排碧阶"金钉子"和寒武系苗岭统古丈阶"金钉子"。

2003年2月，由国际地质科学联合会终审批准，寒武系的首批正式年代地层标准单位和寒武系内首个"金钉子"在湖南花垣县排碧乡四新村（今双龙乡镇）被正式确立。排碧阶"金钉子"剖面全长约1.7千米，主要依据寒武纪中晚期沉积的一套碳酸盐地层中含有分异度较高的"过渡性"三叶虫动物群，并由其确定了寒武系芙蓉统排碧阶的底界。

寒武系地层年代表

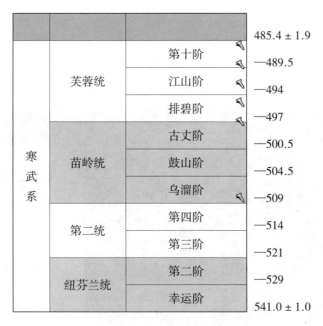

			485.4 ± 1.9
	芙蓉统	第十阶	—489.5
		江山阶	—494
		排碧阶	—497
	苗岭统	古丈阶	—500.5
寒武系		鼓山阶	—504.5
		乌溜阶	—509
	第二统	第四阶	—514
		第三阶	—521
	纽芬兰统	第二阶	—529
		幸运阶	541.0 ± 1.0

（各阶底界距今时间/百万年）

2008年，寒武系第三统苗岭统第七阶被正式命名为古丈阶；2010年10月18日，湖南省第二枚"金钉子"正式揭牌。古丈阶"金钉子"位于古丈县罗依溪镇西北凤滩水库罗依溪剖面，填补了全球年代地层表寒武系第三统苗岭统第七阶的空白。该"金钉子"与全球分布的"光滑光尾球接子"三叶虫的首现层位一致，成功解决了澳大利亚、西伯利亚、北美多地寒武系地层的精确划分问题。

"金钉子"的确立是地层学研究的一项极高荣誉，对于了解地球历史、探求地球生物演化奥秘等具有重要意义，历来是各国地质学家研究的热点和激烈竞争的领域。排碧阶和古丈阶"金钉子"，是目前世界上唯一完整的寒武系第七阶和第八阶地层标准剖面，都是根据球接子类三叶虫动物群确立的，具有重要的地质遗迹价值和广泛的国际地层对比意义，是地质公园名副其实的"镇园之宝"。

二、岩溶台地—峡谷群

古近纪以来，受新构造运动的影响，湘西地区快速隆升，向斜成山，古酉水和武水水系沿着云贵岩溶高原边缘侵蚀切割，形成洛塔—吕洞山—德夯岩溶台地—峡谷群。

一座座山如豆腐块，顶部平缓，外围为陡坡及陡崖，是为切割高原型岩溶台地景观。湘西世界地质公园内的岩溶台地类型丰富，既有形态完整的半解体、完全解体台地，又有极为破碎的残余台地。

洛塔岩溶台地整体为一个孤立的宽缓向斜台地，面积82平方千米，海拔1000～1437米，已完全解体，属于残留的古夷平面的一部分。它从平缓的低山丘陵之中拔地而立，如漂浮于大洋迷航中的诺亚方舟。整个洛塔台地上，俨然是一个喀斯特世界。溶丘洼地、漏斗溶洞、石芽石林、伏流盲谷、天窗洞穴、峡谷岩柱、河流瀑布等组合地貌类型多样，堪称"中国南方岩溶台地的样板房"。其中已发现溶洼漏斗106个，大小溶洞314个，分布密度达3.83个/千米，构成独立完整的岩溶水文地貌系统，是世界溶洼漏斗和洞穴分布密度最高的地区之一。

　　岩溶峡谷是由于地壳的快速抬升，在河流切割，或大型平直洞穴顶板崩塌，或河流沿节理、裂隙侵蚀等作用下而形成的。湘西的岩溶台地，往往与峡谷如影随形，台地越是高度切割破碎，峡谷越是密集深幽险峻。流水沿断裂带侵蚀和溶蚀，形成脉网状岩溶峡谷群。

　　峒河峡谷群从云贵高原边缘脱离切割而出，是由德夯峡谷、龙洞河峡谷和牛角河峡谷3条巨大峡谷及30余条中小峡谷组成的峡谷带，可称为世界上发育最密集的岩溶高原脉网状峡谷群。

　　领略峒河峡谷群最好的地方是德夯大峡谷。德夯，苗语意为"美丽的峡谷"。世界峡谷跨径最大钢桁梁悬索桥——矮寨大桥就横跨在德夯大峡谷间，从大桥俯视峒河峡谷群，岩柱群高低错落，形态各异。尤其是清晨，峡谷烟雨迷蒙，云雾飘渺，岩柱悬浮半空，俨然微缩的张家界峰林。

　　山势高峻，峡谷深切，加上雨量充沛，在岩溶台地的边缘和峡谷两侧崖壁，往往发育瀑布。

　　营盘溪，从大山深处一路蜿蜒而来，穿过一个叫芙蓉镇的小镇，直奔酉水，叠水成瀑，在镇旁汇成两级阶梯状帘式瀑布。第一级落差有20多米，宽50米左右。落下来的瀑布，又流过一个大约1000平方米的长方形台地，再接着往下跳；跳入酉水前的第二级瀑布被乱石分为3段，落差约33米，宽60米左右。从地质学上说，这种瀑布的形成，主要是受亿万年前酉水断裂和地壳间歇性抬升的影响，

芙蓉镇梯级瀑布

为溯源侵蚀型瀑布。

壮观的梯级瀑布成就了一座"挂在瀑布上的千年古镇"。永顺县芙蓉镇，原名王村镇，因电影《芙蓉镇》而改名。只是这一改，把王者之村——明代土司王彭翼南率兵抗倭出发之地的含义改没了。

不同于芙蓉镇的梯级瀑布，岩溶台地边缘发育一种神龙见首不见尾的瀑布——地下溶洞或暗河中的地下水体从崖壁上岩溶洞穴口流出的悬挂式洞瀑。双龙岩溶台外围陡崖——布瓦壁，绝壁高至少500米，呈一个圈椅状，三面崖壁直上直下，完全壁立，另一面则开口与峡谷相接。绝壁的中部，一道瀑布从崖壁上的洞穴中喷涌而出，直泻谷地，瀑水撞击岩壁之声响彻峡谷。

三、红石林

就色彩而言，中国南方喀斯特演化故事中既有云南黑石林的苍莽峥嵘，更有湘西红石林的奇美绝伦。

在古丈县，出露于酉水及其支流两岸的谷坡地带的红石林古老而又年轻。言其"古老"，是因为构成红石林的"骨骼"是距今4.8—4.4亿年奥陶纪扬子古海沉积的含铁锰质红色碳酸盐岩；言其"年轻"，则因其地貌是由近100万年的土壤水和地表水溶蚀而成。

红石林的形成经历了完整的地层沉积—构造抬升—风化剥蚀等阶段，具有明显的垂直溶痕和水平溶痕叠加现象；最初在土下发育，后来地表土壤被水流侵蚀冲走，红石林露出地表，继续接受雨水和生物的改造。在地下水和大气降水的长期溶蚀风化作用下，土下差异溶蚀转为地表差异风化，最终形成下部叠层状、上部火焰状的形态。在红石林的岩层中分布有化石，这些化石的前身就是角石，又称为"宝塔石"或"中华角石"。"中华角石"是研究区域古地理环境变迁的重要依据，具有很高的科研、收藏价值和观赏性。

红石林造型独特，有塔状、火焰状、墙状、剑状、柱状、锥状等十余

古丈墙状红石林、小天池及绿树紫藤

种形态，石柱平均高度达到3米以上，面积84平方千米，分布不均。这是目前全球在奥陶纪红色碳酸盐地层上发育的规模最大的一片红色石林景观，堪称全球红色碳酸盐岩石林的模式地。

每到春夏，红石林被绿色包裹，在织毯般的草坪、攀爬的紫藤花的映衬下，略显粗糙的"红皮肤"焕发出光彩，舒展"心眉"。扬子古海、天池、地池、人池、奥陶海底、小龙峡、水漫金石、花儿包、摆手坪、幸运门、宝藏坪等景点或连片或分散，配置不输任何掇山理水大师的创制。

更绝的是红石林的色彩因天气而变，晴天望之，一片紫红；阵雨过后，顿成深褐，宛如一幅山水画。这种晴红雨褐、四季变幻的特性，可能是由石柱表面的藻类造成的。

四、溪山阻绝话湘西

自从读了沈从文《边城》中的"凡有桃花处必有人家，凡有人家处必可沽酒"，笔者开始相信陶渊明笔下"夹岸数百步，中无杂树，芳草鲜美，落英缤纷"的桃花源就在湘西。虽然渔人始入桃花林的洞口从未被发现，桃花源或许永远成谜，但把整个武陵山区想象为秦人乃至后世的避世范本，岂不很有诗意？

诗意湘西，占据湖南三分之一面积的神秘土地，始终保持着与湖南其他地区不同的"西南气质"，这种气质是西南地区共有的地理环境所赋予的。

湘西地处云贵高原的边缘，一山放过一山拦的溪山阻绝形成若干相对区隔的地理空间，活动于其间的族群长期相对稳定和独立，古人形象地称之为"溪洞"。湘西彭氏集团在溪州"以恩结人心"，为溪洞"诸蛮"推戴，竟在中原王朝的卧榻之侧割据八百年，直到清朝才系统设立州县，建立王朝国家的直接统治秩序。

与溪山阻绝相伴生的却是峰回路转，山重水复。湘西地处中国腹地，酉水在群山间弯弯绕绕，到沅陵汇入沅水，再随沅水入洞庭。水路虽是中原王朝进入湘西的"地形阻力"，却也为双方的沟通提供了通道。湘西与中原互动了上千年，土苗共生的湘西表现出的"边缘性"，经过清代以来官员士大夫的教化、民众的互通，所谓"鼓舞于上者为之风，习染于下者为之俗"，已融入浩浩汤汤的中华历史文化的长河。到了沈从文所处的时代，湘西山里的一切虽然慢了些，精神上也从巫傩①到了孔孟，经济上也从狩猎到了农耕。山里其实也有源流千古的史诗、乡贤、政商、军事、歌舞和画艺……

五、精准扶贫

隐藏着世外桃源，留存着边地世界，"交织野蛮与优美"的湘西，山水之间塑造了湖南颜值的天花板。在庸常的读山未见山，读水难见水，读城不到城的诸般想象、印象建构中，笔者纵然对书本上的自然和人文景观再三参悟，对漫游（此处为卧游）中的地质奇观了然于胸，也无法对湘西曾经的贫

---

① 傩（nuó），古代驱赶疫鬼的仪式，后来演变成一种舞蹈。

困与落后置若罔闻。

毋庸讳言，湘西曾属于我国14个集中连片特困地区之一的武陵山片区。

1991年，八旬高龄的费孝通先生从湘西凤凰、吉首，进川东的秀山、酉阳、黔江，入鄂西的咸丰、恩施、来凤，又转到湘西的龙山、永顺，然后从大庸市（今张家界市）出山，通过21天的跋涉考察，在当年10月8日举行的湘鄂川黔毗邻地区民委协作会第四届年会上，首次提出"武陵经济区域"概念：应当把武陵地区看作一个经济地区，一个少数民族聚居的经济区域。武陵山区是跨省交界面大、少数民族聚集多、贫困人口分布广的连片特困地区，是国家扶贫攻坚的主战场之一。

2013年11月3日，习近平总书记来到湘西花垣县十八洞村，在这里他首次提出"精准扶贫"，作出了"实事求是、因地制宜、分类指导、精准扶贫"的重要指示。

在"精准扶贫"政策的指导下，这个沉睡在贫困中的苗寨已经旧貌换新颜，成为人类减贫史上的村级标本。距十八洞村仅19千米的矮寨大桥建成通车，通过"交通＋旅游＋扶贫"的模式，见证了"精准扶贫"首倡地的山乡巨变。

遥想1936年，2000多名筑路者栉风沐雨奋战了7个月，以牺牲200多人的代价，突破矮寨天险，在一座坡度为70°～90°、水平距离不足100米、高差440米的斜坡上，建成6000米长，有26道弯，其中13道为锐角急速弯道的矮寨盘山公路，打通了湘川公路。全面抗战开始，湘川公路是衔接粤汉、湘桂黔路通向西南大后方的唯一通道。盘桓曲折的矮寨公路像一根被强力压缩的弹簧，与"湘川公路死事员工公墓"碑、"开路先锋"铜像一起，默默诉说着当年筑路的艰苦卓绝。

看如今桥梁界的"珠穆朗玛峰"——矮寨大桥，西起坡头隧道，东至矮寨三号隧道，塔间主跨为1176米，安然跨越德夯大峡谷，彰显出一个经过浴血洗礼，赢得过抗战胜利，正在崛起的民族蓬勃的信心和实力。1000多名建设者昼夜苦战1800多天，结合错综复杂的地质条件，创新设计，采用塔梁分离式结构应用施工，实现桥梁与自然、地域景观、人文环境的协调，保护了十八洞村等数十个苗族村寨的绿水青山和数千年的苗族文化。

2012年3月31日，渝湘高速湖南境内吉茶段矮寨大桥通车。从此，十八洞村的十八个溶洞不再沉寂，十八洞矿泉水走出大山，千年苗寨风光尽现，苗家吊脚楼一跃成为湘西气质的旅游新地标，为湘西世界地质公园的设立提供了交通保障。

湘西地区传统民居聚落是一种松散的建筑群体，形状不规则，房屋布置可疏可密，因地而设，融入自然。大大小小的土家寨、苗寨透着原生文化的古朴奔放和烟火浓情，活出了山里人的里子，装点着湘西山水的面子。

例如吕洞山的苗族先祖以吕洞山为中心精巧布局了五个原始苗寨，将其分别命名为金、木、水、火、土，是为"五行苗寨"。这种山与寨、寨与房、房与水、水与土的搭配结合，点缀在吕洞山景区内奇山、瀑水之间，不是图画，胜似图画。

吕洞山，位于矮寨西北保靖县境内，有双洞如"吕"横贯山体，故得是名。主峰阿公山海拔约1227米，峰顶巨岩壁立，突兀摩天，阿婆山海拔近1300米，站立两山之上登临远目，蔚为壮观。两座山传说是苗族第十二代苗王"里东"幻化而成，因里东夫妇德高望重，教化一方，为苗民所敬仰，被视为护佑苗民的吕洞山神。吕洞山是苗族人民心中的圣山和精神原乡。

小贴士

湘西土家语地名作为民族记忆，是湘西社会物质文化变迁的活化石，是一种特殊的文化现象。以洛塔（在今龙山县洛塔乡）为例，它有两种解释：一是，土家族语言学家叶德书先生在《中国土家语地名考订》中认为，洛塔是土家语"糯托"的音变，因为以前这里是土家族先祖八部大王之一"糯托裸猛"的住地。"糯托"是他的名，"裸猛"是"头人""首领"的意思。由于"糯"音转为"洛"，"托"转为"塔"，故"洛塔"这个地名是用"糯托（洛塔）"的名字命名的。二是，有学者认为"洛塔"是"劳塔"的音变。"劳塔"是"劳茨塔"的简读，"劳茨"土家语就是"太阳"，"塔"就是"照、晒"的意思，故"劳塔（洛塔）"就是"太阳照晒的地方"。今两说并存，若要细究，可参阅陈廷亮、向华武《湘西地质公园土家语地名考释》一文。

参考资料

[1] 湘西世界地质公园公众号资料。

[2] 李平、姚远：《湘西：寒武金钉子 岩溶大观园》，公众号：保护地故事，2020年9月3日。

[3] 李忠东、张晶：《湘西台地峡谷，喀斯特的华美"舞台"》，公众号：侠客地理，2019年5月23日。

[4] Redlichia：《破晓时分，黎明的曙光——寒武纪》，公众号：中科院地质地球所，2021年3月9日。

[5] 丹丹：《5亿年金钉子，邀你欣赏秀美湘西岩溶奇观！》，公众号：湘西世界地质公园，2019年6月25日。

[6] 叶庆子：《地球旅行社 湘西站——见证一眼万年的大地传奇》，公众号：地球杂志，2020年9月22日。

山水清音：光雾山—诺水河世界地质公园①

光雾山—诺水河世界地质公园位于秦岭造山带南缘，川陕交界秦巴山地米仓山穹隆的腹心之地。独特的地理气候和大地构造背景造就了南北喀斯特过渡地貌，以岭脊型峰丛、高密度的洞穴群，构成一个完整喀斯特景观系统。光雾山的十八月潭，诺水河的诺水洞天，米仓古道的历史人文，红叶之乡的绚丽晚秋，风情韵致，各成经典。

一、清音序曲

十八月潭，一个听名字就很浪漫的地方，被称为"川东北的九寨"，自然禀赋极高。在川东北米仓山脉第一高峰、海拔2508米的光雾山西侧的珍珠沟内，密布着18个恍若神造仙成的瀑潭，古木镶边，形似月桂，以花岗石为基底，溪流奔涌其上，谓之"十八月潭"。

十八个碧潭有名有姓，从上往下，依次是金龟潭、神童潭、吉运潭、长寿潭、云梯潭、情侣潭、月牙潭、宝石潭、五彩潭、赵公潭、回龙潭、四方潭、婚纱瀑布潭、千绿潭、桂花潭、新月潭、玉兔潭、仙女潭，每个潭大抵有一相应的瀑布，瀑潭珠连，时而浅吟低唱，时而喧腾直泻，尽情拨弄着一

---

① 光雾山—诺水河世界地质公园位于四川省巴中市南江县和通江县，总面积1818平方千米，包括南江县的光雾山（镇）（原称桃园）、米仓山（原称大坝）、十八月潭、神门景区和通江县的诺水洞天、临江丽峡、空山天盆景区。

十八月潭婚纱瀑

曲曲流水之音，奏响清音的序曲。

婚纱潭连着的最高瀑——婚纱瀑布，从50余米高的崖壁直泻而下，瀑布上窄下宽，仿佛一袭撑开的银白色婚纱，落下时腾起的水雾弥漫很远。风吹过来，可以感受到水雾的滋润。

十八月潭景区中的蝴蝶也感受到弥散的水雾气息，飞行速度变慢。有小溪穿过的沟谷地带比较潮湿、阴凉，万千绢粉蝶（成虫发生期为5—8月）嬉戏着，顾不上拥挤、重叠，聚集在山涧沟壑饮水纳凉，为夏季的光雾山增添了一道奇特的蝴蝶谷景观。

二、岭脊峰丛

山要隆重出场了。不同于光雾山的花岗岩地貌景观和香炉山的砂岩、板岩地貌景观，光雾山—诺水河世界地质公园最具特色的地貌景观当属基部完全相连，顶部为圆锥状或尖锥状的喀斯特峰丛。

光雾山—诺水河世界地质公园碳酸盐岩（主要为石灰岩和白云岩两类）分布面积约876平方千米，厚达3000米，是喀斯特景观形成的物质基础，由震旦系、寒武系白云岩和灰质白云岩发育而成的镁质喀斯特地貌和寒武系、奥陶系、志留系、二叠系和三叠系石灰岩发育而成的钙质喀斯特地貌，构成一个完整的喀斯特景观系统。

光雾山旅游区（以南江县光雾山镇命名，光雾山主峰则在十八月潭景区）极具观赏性的峰丛有9处，最具代表性的贾郭山岭脊型峰丛，发育于寒武纪白云岩中，面积近30平方千米，由11座山峰相连，绵延10千米，宽数米至数十米，宛如天然长城，极为壮观震撼。

燕子岭峰丛，因绝壁下有一巨大溶洞，燕雀翔集，在此栖息，故得名燕子岭。燕子岭峰丛也是岭脊型峰丛，由震旦系白云岩形成，石峰峭拔，石笋林立。在燕舞雀鸣的陪伴下，游燕子岭、七女峰、万笏朝圣、燕岩石林组成的燕子岭环线，别具风味。

九龙山峰丛，因9条山梁形如9条龙而得名。山梁形状各异，有笋状、钟状、柱状、塔状、宫殿状、刃脊状等，连绵3000多米，为大型墙状山梁峰丛景观。九龙山被植被覆盖，一览峰丛全貌并非易事。云雾缭绕时，峰丛如巨龙于空中时隐时现，用"神龙见首不见尾"形容再合适不过。

在表述中国喀斯特（岩溶）地貌时，诸如石林、峰丛和峰林，成为专业术语。因其形态挺拔、造型多姿，富有独特的美感，在汉语语境中容易使人产生诗意联想。

"仰看成峰俯成丘"，脱胎于苏轼的"横看成岭侧成峰"，一语道出岭脊型峰丛的特色。这些南北喀斯特过渡地带特征鲜明的峰丛，有的如长剑出鞘，有的如巨臂擎天，有的纤细清秀，有的浑

被绿色植被覆盖的光雾山峰丛

圆丰厚，配上峡间淙淙流水，充满"闲上山来看野水，忽于水底见青山"的宋人诗意，因而成为地质公园最吸睛的自然景观。

三、诺水洞天

从地质公园的光雾山旅游区沿米仓大道（诺水河至光雾山公路）向东南方向行进约100千米，即可抵达诺水洞天景区。景区处在米仓山穹状杂岩体外围，石灰岩地层产状平缓，钙质喀斯特地貌唱主角，发育有坡立谷、峡谷、洞穴及洞内钙华景观。

在通江县北部，长20余千米、面积约100平方千米的诺水河上段，龙湖洞、狮子洞、楼房洞、红鱼洞、仙人洞、仙女洞、宋家洞等128个洞穴星罗棋布。洞内常年温度恒定在17℃～18℃，湿度96%～98%，形成了北纬32°纬线上独特的溶洞气候。各洞穴交错相通，洞中有洞，在海拔700米至1300米的范围，普遍可见三至四层洞穴，分布于寒武纪、奥陶纪、志留纪、二叠纪、三叠纪"五世同堂"的地层中，是世界上发育母岩地质时代最多的溶洞群。

龙湖洞的钟乳石

楼房洞的雄川石瀑、龙湖洞的鹅管、狮子洞的宝莲灯……每个溶洞都有自家镇洞之宝，一反藏而不露，竞相闪亮登场，把岩溶水与时间长相厮守的各式极致——展现出来。

雄川石瀑又称"雄川飞瀑"，长约23.7米，高约3.5米，是一种壁流水状态下沉积的钙华，保存了流水的形态，酷似融水的冰川。壁上水流如帘，肉眼视若无物；下面细流入潭，方知长年不竭。

龙湖洞，以拥有"亿万鹅管"而闻名，鹅管单片面积约800平方米，是目前已知的单片面积最大的鹅管群。鹅管是一种滴水沉积，是洞顶的水往下滴落的过程中，析出的钙华由洞顶往下慢慢形成的中空的长管。这种细长管是钟乳石发育最初的造型，上下大小基本一致，只有在洞内环境洁净无污染且不受扰动的环境下，才能造就如此色如白玉、质似凝脂的鹅管。

在龙湖洞内的第二层"仙境龙宫"内，由石钟乳形成过程中大量飞溅水形成20余米高的"棕榈树"，亭亭净植，叠生光采。龙湖洞还有向光型石钟乳，是指靠近洞口的石钟乳向光的一侧，因有苔藓与藻类生长，钙华沉积速度更快，因此石钟乳会朝洞外倾斜弯曲，好似镶嵌于洞顶的牛角。

中峰洞，为诺水河溶洞群中最大的迷宫式洞穴，有三个地面开口，即曙光洞、中峰古洞及大洞地下河出口。洞穴有36条支洞，洞道总长15千米，最大的厅堂——曙光洞面积达3万平方米，世界排名第18位。曙光洞顶保存有完好的波痕、天涡、涡穴、天沟、天井，是洞穴形成时水流活动留下的痕迹。

宋家洞，拥有目前发育密度和单片发育面积最大、组合形态最美的石盾群。石盾是由溶洞顶部裂隙形成的渗透水沉积，上端有近似盾形的圆盘，下部生长有流苏状的石钟乳或石幔。

诺水河两岸地下的诗意空间——溶洞，像极了仙人居住的洞天福地。如果重修道家《洞天福地岳渎名山记》，诺水洞天入选几乎没有任何疑问。

在诺水洞天东北方向，地上的喀斯特奇观"空山天盆"没有让地下的诺水洞天独享赞誉。空山天盆是一个典型的高山溶蚀盆地，面积达23平方千米，发育于二叠系石灰岩中。盆地底部平坦，最低海拔1100多米，尚且高出周围河谷600米以上，故称"天盆"。天盆中四座孤峰拔地而起，分别为天元峰、天宇峰、天蝉峰、天香峰，名号与颜值个个不俗；山坡上有峰丛、石芽，盆地中有落水洞、地下暗河、地缝，似被溶蚀掏空，故又称"空山"。

空山天盆原称空山坝，地处四川通江与陕西西乡、镇巴、南郑三县（区）交会之地。1932年12月，红四方面军在徐向前、陈昌浩率领下，涉汉水、越巴山，进军川北，取得空山坝大捷，解放"通（江）南（江）巴（中）"，建立了川陕革命根据地。

空山镇中坝村的空山战役遗址和纪念园，给这片地上喀斯特奇观注入一抹永不褪色的红色，在空山天盆熠熠生辉。

四、古生物化石

地质公园"五世同堂"的地层系列，系统展示了扬子地块33亿年的沧桑变化，丰富的古生物资源引人注目。

首先，地质公园是"蜀兽目"动物的发现地和命名地。地球上最古老的哺乳动物之一——董氏蜀兽的化石产于南江县赶场镇石龙寨村的中侏罗统沙溪庙组地层中，距今约1.5亿年。化石标本为一块左下颌骨，上面保存有5颗完整的牙齿、2颗破损的牙齿和1个齿槽，标本现藏中国古动物博物馆。"中国老第三纪（古近纪）哺乳动物的奠基人"周明镇院士（1918—1996）在 *Australian Mammalogy*（《澳洲哺乳动物学》）期刊上发表论文，将其定名为董氏蜀兽（Shuotherium dongi，Chow et Rich，1982），属于哺乳纲蜀兽目蜀兽科假碾磨齿兽属。"蜀兽目"由此首次建立。

其次，地质公园还发现蜓（tíng）化石。在南江县桥亭二叠系（距今2.98—2.52亿年）茅口组、栖霞组地层中，分别发现纺锤虫化石——希瓦格蜓、南江南京蜓。蜓科（Fusulinidae）属于原生动物门根足虫纲有孔虫目，其希腊语词根fusu具有纺锤的意思，日本人译作纺锤虫。李四光先生借用筳（我国古代纺丝时卷丝用的竹制工具）字，加上虫字旁，创造了"蜓"字。蜓生活于水深100米左右热带或亚热带的平静正常浅海环境，最早出现于早石炭纪晚期，早二叠纪达到极盛，末期全部灭绝。蜓类分布时代短，演化迅速，地理分布广泛，是确定形成时代的海相标准化石。

五、红叶之乡

光雾山—诺水河世界地质公园生物多样性丰富，是我国重要的生物基因库。据资料显示，公园内已发现维管束植物2107种，有国家重点保护野生植物15种；各类动物597种，其中有国家一级保护野生动物8种，国家二级保护野生动物16种。巴山水青冈、米心水青冈、长柄水青冈、亮叶水青冈4种冈属植物，有"植物活化石"之称，在这里分布面积达70余平方千米，是国内水青冈属植物保存面积最大的地区。

光雾山及周边集中连片彩叶林面积达600多平方千米，云山雾罩中，红豆杉、巴山水青冈、银杏、枫树、椴树蓊郁参天，一年四季变化着调色盘。

每当秋风习习，带起一片镶上金边的叶子，化身为一团火种，飘忽着、飞旋着，传递着金黄绚烂、万叶流丹的信号。手掌状、羽毛状、船状、针状等20多种形状的树叶，呈现出火红、品红、酒红、赭红、玫瑰红、紫红、金红等10多种颜色。红透的水青冈，醇美迷人；火红的枫叶，灿若流霞；赭色的椴栎，色如渥丹；金黄的银杏，不吝吐露出最后的金子；美丽的红豆杉，矜持留到了最后，深秋时红豆杉的果实刚刚泛红……

飒飒金风，吹醉了林梢；簌簌落叶，染红了溪石。深秋，光雾山迎来了一年中观赏红叶的最佳时节。科学家们推出"红叶指数"，分为三级，指导游人提前准备，不误佳期。

Ⅰ级红叶指数：代表叶子变色率为10%～35%，叶片处于发黄状态，较适宜出游观赏；

Ⅱ级红叶指数：代表叶片变色率为35%～60%，叶片处于红黄与橙红之间，适宜观赏；

Ⅲ级红叶指数：代表叶片变色率为60%～95%，叶片全部是深红、暗红或紫红色，是观赏红叶的最佳时期。

光雾山头秋易老，红叶指数知多少。待到漫山红遍时，诗情总被闲情绕。

六、米仓古道

先秦时期的《三秦谣》唱道："武功太白，去天三百。孤云两角，去天一握。山水险阻，黄金子午。蛇盘鸟栊，势与天通。"其中的"孤云"，便是今天南江县的光雾山。

东汉初年，成都史歆叛乱，光武帝刘秀御驾亲征，南下米仓道，驻跸孤云山，令吴汉出米仓道转金牛道去成都平定叛乱。从此孤云山又称光武山，又呼"光木山"，后来定名为光雾山。光雾山是米仓道的必经之地，来此地质公园的游客在时空转换中或与古人擦肩。

米仓道始于夏商，贯穿秦巴，系远古巴人开辟，因翻越大巴山系米仓山而得名，曾名"巴岭路"。古米仓道是石牛道未开通之前唯一的川陕通道，也是我国最早的国道之一，已有约3500年的历史，比欧洲古罗马大道还要早几百年。

体现中国人口分布空间特征的"黑河—腾冲线"，是由地理学家胡焕庸（1901—1998）在1935年提出的，它是划分我国人口密度的对比线，与我国400毫米年等降水量线，也就是雨养农业和无法从事雨养农业的分界线走向基本一致。汉中盆地位于年降雨量大于800毫米的地带，完全可以自给自足，但每逢用兵或遭受饥馑，粮食须仰仗蜀地供应，巴山背二哥[①]便用铁肩背粮，穿越米仓古道运粮到汉中。大巴山深处让鬼见了都发愁的地方，历史的长河里却常常回响起背二哥们负重攀爬的蹬（qióng）音。

在汉代，米仓道沿线秦汉时期的官仓坪（又名巴峪关），蜀汉丞相诸葛亮屯兵集粮的牟阳故城，都在追述着与米粮有关的故事。

---

① 背二哥，又称背老二，以背运东西为生的人。多见于交通不便的山区，所用工具为喇叭形背篼一个、绳架一副、丁字拐杖一根。

《太平广记》卷三九七引了五代王仁裕《玉堂闲话》记载的巴岭路上"其绝顶谓之孤云两角，彼中谚云：'孤云两角，去天一握。'淮阴侯庙在焉。昔汉祖不用韩信，信遁归西楚，萧相国追之。及于兹山，故立庙貌"。

萧何月下追韩信的故事要比背粮精彩多了，米仓道上流传下"不是寒溪一夜涨，焉得汉室四百年"的诗句，刻有"寒溪夜涨"的石碑成为古道一景。

米仓山脉南麓的巴中，扼巴蜀门户，连接川陕两省，有"秦川锁钥"之称。诗人李商隐《夜雨寄北》云："君问归期未有期，巴山夜雨涨秋池。何当共剪西窗烛，却话巴山夜雨时。"这首在巴蜀寄给妻子（一说友人）的诗"寄托深而措辞婉"，"巴山夜雨"两次出现，回环往复，让每个爱李商隐诗的人记住了"巴山"，只是无法确认他是否由米仓道北返长安。

米仓道上，同样无法确认身影的诗人还有陆游[①]。他在《剑南诗稿》卷一四《十月二十六日夜梦行南郑道中既觉恍然揽笔作此诗时且五鼓矣》有"孤云两角不可行，望云九井不可渡"；卷一七《西路口山店》有"店当古路三叉处，山似孤云两角边"；卷三三《蜀僧宗杰来乞诗三日不去作长句送之》有"孤云两角山亡恙，斗米三钱路不忧"，三番五次提及"孤云"，无一不是和"两角"连用，假借意象对对子，但并不能确定其真实来过孤云山（光雾山）。

"孤云两角"在宋代及以后记载中，方位多舛，有学者认为是"虚拟空间认知"的"区位重构"的典型；不过也有地方文史专家指出：由陕西汉中南行，从两河口经龙洞子、九角山到达中坝，就见到了历史上有名的孤云两角山。两角山即今南江县坪河镇的三角山。从光雾山向南远望三角山最高峰，只看到两个角，故三角山原称两角山；居住山中的坪河本地人能看到山

---

① 陆游是南宋孝宗乾道八年（1172）三月经金牛道从成都来到南郑（今汉中），途中作有《金牛道中遇寒食》《晓发金牛》等诗，当年十一月调回成都。后来诗中所及"回首金牛道，加鞭负壮心"（《剑南诗稿》卷一五《夜行》），"恍然唤起西征梦，身卧金牛古驿亭"（卷二三《独夜》），与"孤云两角"不同。陆游在南郑军幕期间，是否经行米仓道存疑。

上有三个小山峰，故习称此山为三角山，此名一直沿用至今。

两角山即三角山，何以产生这番"见两不见三"的效果？只有从光雾山一带峰丛地貌去解释。"仰看成峰俯成丘"，从高处俯视，方可窥其全貌。待有机会，笔者将实地踏勘，来个诗、史、地互证。

2015年，米仓古道已列入世界自然和文化遗产后备名录，薅草锣鼓、巴山皮影、茅山歌、巴山背二哥等众多民俗文化得到传承发扬。2018年11月22日，经过建设者9年的不懈努力，巴（中）陕（西）高速公路全线通车，全长13.8千米的米仓山隧道从米仓古道底下穿过，天险变成了通途。

纵贯秦巴山区，北上三秦、下通巴渝，连接中原黄河文明与西南巴蜀文明的米仓古道，不会因巴陕高速公路的开通而沉寂。遍阅沧桑、褪尽喧阗（tián）的米仓古道，曲终人未散，在留得住的流光碎影中，依然能洞见历史，昭示未来。

参考资料

[1] 光雾山—诺水河地质公园公众号资料。

[2] 巴中文旅公众号资料。

[3] 范晓：《圣之光雾 善之诺水——光雾山—诺水河世界地质公园》，公众号：河山无言，2018年10月24日。

[4] 黄成龙：《光雾山—诺水河：千年蜀道行，百里红叶妆》，公众号：保护地故事，2021年8月5日。

[5] 周书浩：《"孤云两角"今何在》，公众号：巴中文史丛谈，2021年11月20日。

[6] 方志四川公众号资料。

中国的沙漠地貌类世界地质公园

　　整个地面为大量流沙覆盖的荒漠称沙漠。因远离海洋，空气含水量低，气候干旱，降水稀少，风力作用很强，形成各种风蚀和风积地貌。在中国西北干旱区，沙漠面积约68万平方千米，戈壁面积约45万平方千米，约占中国陆地国土面积的12%。

　　阿拉善沙漠世界地质公园西北至东南，由巴丹吉林、腾格里和居延3个园区及其所属的10个景区组成。该公园保存了我国西北地区风蚀地质作用形成的各种典型地质遗迹，融沙漠、戈壁、花岗岩风蚀地貌及古生物化石于一体，系统而完整地展示了风蚀地质作用过程，是世界上唯一系统而完整地展示风力地质作用过程和以沙漠地质遗迹为主体的世界地质公园。

　　沙漠和森林、草原、海洋、雪山等一样，是自然景观的重要组成部分，同样是地球"自然资产"的一部分。如何实现这部分自然资产存量的增值升值，发展旅游业是可行手段之一。巴丹吉林沙漠—沙山湖泊群申报世界自然遗产的工作已正式提上日程，入选沙漠世界地质公园将促进当地旅游业的发展，使当地居民的收入来源从农牧业向服务业转变，从而更好地保护该地沙漠的特殊生态系统。

沙漠秘境：阿拉善沙漠世界地质公园

中国最美沙漠在哪里？答案只有一个——巴丹吉林沙漠。2005年，巴丹吉林沙漠被《中国国家地理》杂志评为中国最美丽的沙漠。2021年，我国唯一的申遗名额被确定为"巴丹吉林沙漠—沙山湖泊群"。

不仅如此，在2009年8月，阿拉善沙漠地质公园进入联合国教科文组织《世界地质公园名录》，巴丹吉林与腾格里、居延分列为地质公园三大景区。那么，巴丹吉林、腾格里两大沙漠，谁更有资格享有"沙漠千湖"的美誉？"漠漠平沙际碧天，问人云此是居延"，曾经的戈壁绿洲如何为人类敲响保护环境的警钟？

一、沙湖并胜：巴丹吉林

巴丹吉林沙漠，位于内蒙古自治区阿拉善盟阿拉善右旗北部，面积5.2万平方千米（2010年），是我国第二大沙漠，仅次于新疆塔克拉玛干沙漠。高大的沙山与种类多样的沙漠湖泊共存，堪称巴丹吉林沙漠之奇观。其最高沙峰为必鲁图峰，"必鲁图"在蒙古语中的意思是"有磨刀石的地方"，据传其东面的沙地产优质磨刀石。必鲁图峰海拔1611.01米，相对高差近500米，是世界上最高的固定沙丘，号称"沙漠珠穆朗玛"，登顶必鲁图峰，千里沙海尽收眼底，多处湖泊交相辉映。位于巴丹吉林沙漠边缘的宝日陶勒盖是世界上最负盛名的鸣沙区域，风积沙脊，如"上帝之手"画出的曲线，高低错落。从沙脊处用双手拨沙向下滑行，会发出飞机轰鸣般的隆隆声。鸣沙比普通沙粒形态更均匀，粒径更一致，最重要的是其表面有很多蜂窝状微小孔洞"共鸣箱"，由长年的风蚀、水蚀和化学溶蚀而成。当沙粒相互之间发生运动，摩擦产生的细小声音与这些共鸣箱产生同频共鸣，声音被放大，隆隆的轰鸣声远传数千米也不稀奇。

海森楚鲁景区是风蚀地貌形成和演化的天然博物馆，如同一座不断变化样貌的沙漠城堡。距今约1.8—1.5亿年的侏罗纪花岗岩，由于昼夜温差大，岩石产生热胀冷缩反应，加上强大的风力吹蚀，导致花岗岩体表面形成极不规则的风蚀蜂窝状洞穴。最奇特的风蚀地貌当属"石蘑菇"，由于接近地表的气流中含沙量多，磨蚀作用强烈，风的吹蚀和磨蚀使得石柱下部变细，像蘑菇柄，上段则形成伞帽，状如石蘑菇。当平衡被打破，石蘑菇柄断伞落，形如废墟，尤其是伞帽部分又开始接受下一轮风蚀。一切任由风的摆布，曾经歇息，却从未停止。

额日布盖峡谷，又称红墩子峡谷，是水和风共同的杰作。褐红色的岩层是由恐龙繁盛时代沉积在河口三角洲的砂砾形成，统治地球的恐龙消失后，其足迹和骨骸被岩层掩埋。为了探寻1亿年前的奥秘，流水锲而不舍，切割岩层留下一条巨大的深沟，自己也耗尽了生命；唯有执著的风，不思过往，不畏将来，掠过峡谷，继续打磨着红色砂岩的边边角角。

曾有诗人感叹"沙漠留痕是风的裙摆"。不仅如此，巴丹吉林沙漠还有欣赏"裙摆"的眸子——内陆湖泊，当地称海子。从高空俯视，它们宛如黄色缎带上星罗棋布的蓝宝石。

据统计，巴丹吉林沙漠有内陆湖泊144个，常年积

海森楚鲁的石蘑菇

巴丹吉林沙漠海子

水的约110个。最大的是布尔德，面积为2.32平方千米；最深的是诺尔图，蒙古语意"海子"，湖水最深16米，面积1.5平方千米。湖水多为咸水，不能饮用，不过咸水湖中竟有清泉涌出，泉水甘甜而湖水涩苦，彼此和平共处；有的咸水湖中礁石兀出，不足3平方米的礁石上密布100多个泉眼，此歇彼涌。

　　巴润伊克日，蒙古语意为"南双海子"，分东、西两个咸水湖泊，水域辽阔，水草繁茂。东海子仅有一眼泉，水质极佳。距离该泉十几米处是险峻的沙壁，很少有水草分布，却孕育了一簇傲然而生的红柳。西海子北岸是高大挺拔的沙山，泉水日夜从细长的湖岸上喷涌入湖。两湖之间有一个季节性淡水湖，春夏时蒸发量大，成为草甸，草甸间洒满珍珠般的水洼；秋冬季蒸发量小，喷涌而出的泉水会淹没草甸，连片成湖。一年四季，天鹅、野鸭、狐狸、骆驼、牛、羊、马会来这里休养生息，为巴润伊克日带来无限生机。

　　巴丹吉林沙漠深处，还藏有3个粉红色的湖，粉嫩偏红，间有杂色，被称为"玫瑰湖"。因何会有这般绝世的"花朵"藏在大沙漠深处？一种未经证实的说法是，巴丹吉林沙漠有一种粉色的喜欢生活在盐湖中的"盐卤虫"，是它们把湖水弄成了粉红色。"玫瑰湖"可遇不可求，即使它们行将"凋谢"（干涸），也透着无法抗拒的美。

　　除了雄浑粗犷的沙山、峡谷，线条优美的沙丘和沙漠湖泊，巴丹吉林沙漠还散布着人类文明的印记——岩画。

　　从雅布赖山到曼德拉山，分布有旧石器时代到清代制作的岩画数千幅，是我国岩画最密集的地方，被称为巴丹吉林岩画群。曼德拉山岩画发现于20世纪80年代，至今尚存4200余幅，刻在"天然画板"——坚硬的黑色玄武岩上。这里的岩画取材广泛，其中骆驼岩画颇具写意，用长长的竖道表示双峰，驼背上乘坐着牧人。"沙漠之舟"阿拉善双峰驼，不仅用强壮的身躯铸就了人类在戈壁沙漠的文明史，而且时至今日骆驼养殖仍是当地牧民脱贫致富奔小康的支柱产业。

　　1984年，在雅布赖山洞穴首次发现彩喷手印岩画，之后陆续发现六处手印岩画遗址，共90幅；它们使用动物骨髓和矿物粉末混合颜料，画面清晰，制作年代距今3—1.4万年。考古学家、"中国岩画学之父"盖山林先生曾说过："岩画以它全球性的广度和历史性的深度，而成为当今世界社会科学界关注的研究课题和广大外行群众十分感兴趣的参观对象。"

　　与刻在岩石上的信仰——岩画不同，沙漠深处还掩藏着一座蒙古民族普遍信仰的藏传佛教格鲁派的寺庙——苏敏吉林（藏语名"噶勒丹彭茨克拉布吉林"，意为"上天赐给吉祥如意的湖水"）。古庙楼阁式，上下两层，建于乾隆五十六年（1791）。由于地处大漠，它幸运地躲过了历次战火和十年浩劫，成为阿拉善地区唯一保存完好的古代寺庙。如今的苏敏吉林四周环湖（庙海子），古朴庄重，被称为"沙漠故宫"。

　　巴丹吉林是蒙古语的译音，"巴丹"本为"巴岱"，传说是牧人或僧人的名字；"吉林"，数量词六十，巴丹吉林即"巴岱在沙漠里发现了60个湖泊"的意思。不过有人认为"吉林"是由藏语"哲让"演变而来，意为"地狱"。巴丹吉林沙漠气候特点为"地热、多沙、冬大寒"（《居延汉简》），是被称为地狱的由来。始料未及的是，沙漠腹地和湖泊区竟然存在"暖岛现象"，孕育有漠中江南的美景。在沙漠降水稀少和强蒸发量的巨大反差的环境里，众多湖泊居然能够长期存在，到底是一种怎样的机制"设计"？

　　有地质学家认为，巴丹吉林沙漠的地下水可能来自沙漠周边雅布赖山区百万年前的降水径流，以及发育于祁连山的古河道补给水。山区的降水落在砂砾岩层上，不断向下渗透，并且在重力的作用下向地势低的沙漠运动，在一些地方露出头，从而达到"曲线补水"的效果。

二、大漠长天：腾格里

蒙古人用意为永恒的最高神"长生天"作为腾格里的地名，为南越长城，东抵贺兰山，西至雅布赖山的茫茫大漠冠名，可见这片沙漠在蒙古人心目中的地位。

腾格里沙漠面积为4.27万平方千米，位列中国第四大沙漠，次于巴丹吉林沙漠；然而腾格里沙漠拥有422个大小不等的湖盆，其数量远远多于巴丹吉林沙漠，是真正的"沙漠千湖"。湖泊以淡水湖居多，绕湖形成适宜人居的绿洲，与连绵的沙丘、沙山形成沙山湖泊群，彼此相映成趣。

月亮湖面积3平方千米，是古代大湖因长期干旱被分割成的众多湖泊之一，得名月亮是因为从东面俯瞰，其状如一弯新月；而从西面看，它的形状又像中国的版图；最妙的是湖中芦苇丛错落有致，仿佛有意将各省区一一标明。环湖生长着花棒、沙枣、梭梭等，草甸摇曳着不知名的小花，禽鸟白天鹅、黄白鸭、麻鸭等在此觅食栖息，一旦黄羊、野兔、獾猪闯入，不啻"惊起一滩鸥鹭"。不远处遍布金色沙丘，如凝固的海浪，静谧中透着雄浑壮美，丝毫不逊江南春景。

距月亮湖35千米的天鹅湖，不必说沙山环抱，白天鹅、野鸭、灰鹤、麻鸭作为湖主，早已让"大漠天湖"享誉海内外。每逢5月，腾格里沙漠中生命力最顽强的马兰花迎风怒放，天鹅湖宛如系上蓝色缎带，更加靓丽；远处千株沙枣树围成的绿色屏障撑出片片绿荫，待到沙枣花香风行湖上，环湖内外到处透着令人心怡的美的气息。天鹅湖离盟、旗首府巴彦浩特镇28千米，是游人光顾地质公园的必游景区。

敖伦布拉格峡谷，又称梦幻峡谷群，景区内发育10条长短不等的峡谷，最长的达5000米，由早期流水作用侵蚀下形成的丹霞地貌经风蚀作用而成。

峡谷蜿蜒曲折，总体由西向东展布，两壁陡峭，崖壁上清晰保存着水纹层理；风蚀形成象形石，似绵羊、似卧狮、似蘑菇，形态各异，栩栩如生。

骆驼瀑飞流直下，降雨季节落差可达50米。瀑布垂下的岩壁，隐约可见一头奋蹄前行的骆驼身影。神水洞，隐于峡谷，出于裂隙。岩层裂隙汇水经构造裂隙汩汩流出，多重过滤使得神水洞水质达到国家饮用矿泉水标准，甘甜可口，当地牧人将其奉为神泉。

神根是一褐红色砂砾岩石柱，高近30米，直径5米多，挺拔矗立，直刺苍天，状如男性"神根"。一百多年前，有人筑起红塔寺守护神根，或许与藏（蒙）传佛教中"大黑天"信仰有关。至今，仍然常有牧民为求子前来祭拜。

阿拉善左旗北部的戈壁地带，遍布奇石——风凌石，它们主要为硅质岩，有玛瑙、玉髓、蛋白石、水晶等，以葡萄玛瑙为珍品。风凌石经水侵风蚀，表面被打磨得光滑细腻，五彩斑斓，为大漠戈壁增添了不可多得的靓丽色彩。

三、警世戈壁：居延

阿拉善沙漠地质公园的徽标是三颗星缀在蓝色天空，俯视着翻着波浪的金色的沙海，寓意巴丹吉林、腾格里、居延三个景区，共同展示风力主宰的沙漠戈壁的秘境奇观。唯有居延，历史的厚重与遭际，赋予这块土地更深邃的内涵。

"居延"一词源出匈奴语。匈奴有居延部，居于今额济纳河中下游（弱水）地区。公元前102年，汉武帝开拓西域，为了保障河西走廊的畅通，设立居延都尉，实民屯田，后设居延县，属河西四郡之一的张掖郡。汉地居延有弱水流过，其上游称黑水。至西夏王朝建立，用党项语意译汉语的"黑水""弱水"，复经蒙古语音转，成了"额济纳"，元代称"亦集乃"。

亦集乃城的废墟一直保留至今，现通称黑水城或哈剌浩特（蒙古语"黑城"之意）。黑水城西北角上的五座佛塔，造型优美，高耸在城墙上，是黑水城的标志性建筑。黑水城的城墙高约十几米，四角加厚，呈圆锥形，穿过残破的瓮城就可以进入黑水城了。1908年4月，俄国探险家科兹洛夫（P. Kozlov，1863—1935）在黑水城掘得大量西夏文物，包括《番汉合时掌中珠》及《同音》《文海》等西夏文典籍。科兹洛夫先后三次盗掘黑水城，无数文物珍品从此流落异域。但不可否认的是，这在留给中国考古史一个巨大的创伤的同时，也开启了现代意义上的西夏学研究。

1927年，经过以北京大学为核心的中国学术团体的呼吁，中国学者徐炳昶、袁复礼和瑞典探险家斯文·赫定（Sven Hedin，1865—1952）共同组织了第一个中外科学工作者平等合作的中国西北科学考察团。1930年7月开始，瑞典考古学家弗克·贝格曼（Folke Bergman，1902—1946）带人陆续在居延长城烽燧遗址（即额济纳河黑城附近之破城子、大湾等地）发掘出汉代木简万余枚，后称"居延汉简"，成为此次西北科考取得的重大成果之一。居延汉简的再次发现是在20世纪70年代，从1972年开始，我国考古界又在居延地区进行了为期4年的集中考察，共发掘出土汉简2万余枚，数量相当于30年代出土汉简的2倍。此后，内蒙古考古所在1999年、2000年、2002年又对居延汉简进行了发掘，获得汉简500余枚，其中王莽时期的册书颇为重要，现以"额济纳汉简"称之。

拂去岁月风尘，出现在世人眼前的木简用文字再现了两千年前的居延。两千年里失落的烽燧、城垣、寺庙，又一次顽强地重现并焕发出灿烂的文明之光，把过去和今天生动地连接在一起。不知道制作居延汉简的木料是否取自当地的胡杨树，只知道木简记录的文明犹如沙漠胡杨般顽强，历经辉煌，走过苦难，奋发自省，浴火重生。

额济纳河两岸，分布着当今世界上仅存的三大原始胡杨林之一，约有2500平方千米。胡杨，落叶乔木，蒙古语称"陶来"，是世界上最古老的杨树品种，素有"生而不死一千年，死而不倒一千年，倒而不朽一千年"的传奇，被誉为"活着的化石树"。

每逢秋季就变得金灿灿的胡杨林和四季变幻的梭梭林，昭示着生命律动，撑起片片荫凉，守护着额济纳河。千百年来，无数旅行者在此歇脚，洗净沙尘扫过的脸颊，再犒劳一下座下的骆驼，让它们干瘪的驼峰重新鼓起来。

1927年10月，斯文·赫定率领西北科考队向额济纳河进发，很快就看到绿

额济纳河畔的胡杨林

树成荫，胡杨、柽（chēng）柳成片的绿洲，及额济纳河主河道。据测量，当时该河宽约140米、深1米。斯文·赫定等将营地设在宽阔的草地上，造独木舟，准备沿河而下考察东、西居延海。据测量，当时的西居延海湖面面积达1200平方千米，湖岸线与相距35千米的东居延海相连。

20世纪50年代，东、西居延海面积急剧缩小，分别只有35平方千米和267平方千米，然后于1992年、1961年干涸。胡杨林面积也由50年代的5万平方千米减至目前的2.5万平方千米，缩小了一半。干枯倒卧的胡杨"怪树林"，为世人敲响了生态危机的警钟。痛定思痛的人们开始自赎，经过治理，如今的额济纳河不再断流，沙漠终于在此停住脚步，干涸的居延海湖床蓄积起一泓湖水，保持住了一弯新月的模样。绿洲、沙海孕育出茂密的芦苇丛，鲤鱼、鲫鱼、大头鱼、草鱼等鱼类重现，天鹅、大雁、灰鹤、水鸭等禽鸟重回这个一度失去过的家园。

众所周知，阿拉善盟地处内蒙古自治区西北边陲，著名的巴丹吉林沙漠、腾格里沙漠、乌兰布和三大沙漠横贯全境，全盟27平方千米国土面积，沙漠就占了30.23%。近几十年，人类活动的加剧，植被破坏，樵采过度、过

牧和天气变暖等因素，导致了巴丹吉林沙漠和腾格里沙漠在雅布赖山段呈现"握手之势"，引发当地土地沙化、频繁发生沙尘暴等生态问题。

如何面对脆弱的生态环境，巧妙利用风沙地貌条件，让巴丹吉林的沙山、鸣沙和沙漠湖泊、曼德拉山岩画、额日布盖峡谷，腾格里的敖伦布拉格峡谷、月亮湖和居延的居延海、胡杨林和黑水城文化遗存，集中展示风力地质作用过程和沙漠地质遗迹的同时，积累科研成果，认识沙漠，治理沙漠，只许巴丹吉林沙漠和腾格里沙漠守护相望，而绝不可"握手言欢"。以居延海的变迁警示世人环境保护的无比重要性，将是阿拉善沙漠世界地质公园义不容辞的责任和使命。

参考资料

[1] 阿拉善沙漠世界地质公园网站资料。

[2] 辛光耀：《我国的第一处申遗沙漠——巴丹吉林沙漠》，公众号：中科院地质地球所，2020年2月24日。

[3] 吴月、范坤、李陇堂：《阿拉善腾格里沙漠地质公园旅游资源及其综合评价》，《中国沙漠》2009年第3期。

[4] 王乃昂、于昕冉：《学术争鸣｜巴丹吉林沙漠的十大科学问题》，公众号：地理发现与探索，2019年1月9日。

[5]《阿拉善：沙漠极致风光之地》，公众号：保护地故事，2022年1月13日。

[6] 苏德辰等：《大漠天池，实至名归》，公众号：桔灯勘探，2021年3月24日。

[7] 高平：《居延汉简》，《光明日报》，2017年7月16日。

中国的火山地貌类世界地质公园

　　火山通常分为活火山和死火山两类，活火山一般指全新世（1万年前至今）以来有过活动的火山，而死火山泛指1万年以来无喷发活动的火山。中国火山类地质公园共有28处，包括雷琼、浙江雁荡山、福建宁德、黑龙江五大连池和镜泊湖、内蒙古阿尔山、香港地质公园等7处世界地质公园；吉林长白山、云南腾冲、山西大同、北海涠洲岛、江苏南京六合等21处国家地质公园。

　　雁荡山为白垩纪破火山与流纹质火山岩的典型地区，是我国这一学科的教学基地；雷琼以玛珥湖火山为主，兼有多处自然和人文景观，被称为中国热带火山生态博览园；宁德区域上属中国东南沿海中生代火山喷发带，是环太平洋火山岩带的重要组成部分；东北地区是中国新生代火山最多的地区，五大连池、镜泊湖都是火山的杰作；阿尔山地质公园的龟背熔岩是全球地质公园中唯一大型发达完整的龟背熔岩；香港火山园区，则以出露良好的酸性火山岩六角形岩柱为主要特色。

　　火山作用是地球的灵魂闪现，水与火交织淬炼出火山地貌与水体景观共生的地质公园。公园的地质多样性很大程度上决定了该地区独特的生物多样性，深深影响着人类各具特色的山水栖居方式与思想文化传统。

天下奇秀：雁荡山世界地质公园

"癸丑之三月晦，自宁海出西门，云散日朗，人意山光，俱有喜态。"明万历四十一年三月晦即1613年5月19日，地理学家、旅行家徐霞客记下了他的第一篇游记《游天台山日记》。

近400年之后，5月19日被赋予新的意义。2011年3月30日，国务院常务会议通过决议：自2011年起，每年5月19日为"中国旅游日"。

就在徐霞客的游记开篇之后第10天，他首次来到雁荡山。19年之后，明崇祯五年（1632）三月及四月，徐霞客又先后两次登临雁荡，终于探明了大龙湫源头不是雁湖顶——"水出绝顶之南、常云之北，夹坞中即其源也"。

如今，在雁荡山灵岩景区双珠谷口，树立起徐霞客的塑像，以纪念这位三次游历雁荡山、留下两篇《游雁宕山日记》的大旅行家。

一、雁荡山得名

雁荡山位于浙江省温州市东北部海滨，背靠括苍山，面临东海乐清湾。宋代地理学家沈括《梦溪笔谈》载："温州雁荡山，天下奇秀，然自古图牒，未尝有言者。"

为何"天下奇秀"的雁荡山未被言到？因为隋唐时期雁荡山尚称"芙蓉山"，《新唐书·地理志》只载"括苍山"，而无"雁荡山"。到了宋代，芙蓉山定名为雁荡山，声誉大盛。雁荡得名可能与传说中的开山祖师诺矩罗有关，五代时僧人贯休《诺矩罗赞》云："雁荡经行云漠漠，龙湫宴坐雨蒙蒙。"诗中意境为后世留下广阔的想象空间。

顾名思义，雁荡山因"山顶有湖，芦苇茂密，结草为荡，南归秋雁多宿于此"而得名，并被写进方志。山顶的湖顺理成章叫作"雁湖"。徐霞客第二次游历雁荡，一心要探究竟，攀到雁湖顶却只发现六处"洼"（山脊"夹处汇而成洼"），"洼中积水成芜，青青弥望，所称雁湖也"，寥寥数笔的记载，似有失望之情。

无论雁荡美名，还是芙蓉过往，历代诗人旅行者竞相书写，各不偏废。徐霞客初游雁荡，一上盘山岭便惊叹道，"望雁荡诸峰，芙蓉插天，片片扑人眉宇"；清代乐清人方尚惠著《雁荡纪游》二卷，有诗云"云间峰朵朵，锦绣似芙蓉。不待秋风起，花光映日红"。可以说，芙蓉意象成就了雁荡山的天下奇秀，使之成为"海上名山，寰中绝胜"。那么，雁荡山的芙蓉意象因何而来呢？

二、天开图画：古火山—破火山

雁荡山是环太平洋亚洲大陆边缘巨型火山（岩）带中白垩纪火山的典型代表，先后经历4期火山喷发、2次破火山口塌陷与复活和1期中央侵入体的侵位，记录了距今1.28—1.08亿年一座复活型流纹质古火山—破火山演化的历史。

所谓破火山，是指在火山爆发后经过塌陷的大型火山。塌陷的原因，一般认为与一定深度的岩浆库的晚期活动有关，因岩浆大量喷出，地下空虚所致。

雁荡山第2次破火山形成及中央侵入体侵位后，该地区岩浆活动全面结束，进入长期风化剥蚀阶段。在将近1亿年的地质历史时期内，经断裂切割与抬升，大自然的力量解剖了雁荡山，切割出破火山内部的岩石层序和构造断面，使之成为一个天然的破火山立体模型和研究中生代白垩纪破火山的野外露天实验室。

　　雁荡山破火山是陆上喷发、陆上堆积的，它包含了与现代火山喷发相对应的各种方式和相应的岩石，几乎涵盖了岩石学专著所描述过的各种流纹岩。由于种类齐全、构造清楚，它使雁荡山享有"流纹岩造型地貌博物馆"的美称。

　　雁荡山的流纹岩层主要发育在第2期喷发的岩石地层单元，岩层产状近乎水平，雁荡山的峰嶂、洞穴、飞瀑的岩壁等主要分布在该单元之中。例如剪刀峰——流纹岩构成的锐峰之一，沿柱状节理切割为状如直立的剪刀；显胜门——天然石门，由巨厚流纹岩层经断裂切割而成。

　　雁荡山的芙蓉意象便与流纹岩大有关系。流纹岩的化学成分与花岗岩相似，因二氧化硅含量大，岩浆黏度大，喷出地表后的岩浆在流动中迅速冷却下来，矿物和气孔被拉长后定向排列，形成流纹构造。这种结构容易破碎，新鲜的断面呈浅粉红色。所以，远望雁荡山体，颜似芙蓉；当遇上强光照射岩壁，让徐霞客们惊呼的"芙蓉插天"就出现了。

三、雁荡三绝

　　雁荡山属于浙东南中低山、丘陵区，海拔一般500～600米，最高峰百岗尖海拔1108米。巨厚的流纹岩经1亿年的切割打磨，造就了雁荡山以叠嶂、锐峰、方山、怪洞、石门为骨架，飞瀑、流泉、涧溪、湖潭为动脉，配置和谐的景观组合。其东南部的灵峰、灵岩、大龙湫瀑布并称为"雁荡三绝"。

　　灵峰是雁荡山的东大门，沿鸣玉溪而上，群峰荟萃。合掌峰位于鸣玉溪畔，是倚天峰和灵峰合一的奇峰，高约270米，从一侧看像两掌合在一起，参拜上天。它的形成可能是顺着岩层内的垂直节理风化、流水侵蚀和重力崩塌，导致部分岩体与山体分离。

　　合掌峰内的观音洞，被称为雁荡山第一洞天，是断层破碎带经风化作用和水沿裂隙下渗侵蚀作用，岩石不断崩落垮塌而形成。洞顶岩石裂开一隙，称"一线天"。观音洞高113米，深76米，宽14米，似一大型石室，依岩重建九层楼阁，石仿木结构，最上层大殿供观音菩萨、十八罗汉。据观测，太阳每天正照洞底大殿，只有数分钟。如此无上妙境，含而不露，近乎是按照佛道两教精义量身定制。

金鸡峰是骆驼峰顶的一块象形石，如"金鸡报晓"或"美女梳妆"，缘于第二期流纹岩作基座，其上为火山爆发形成的火山碎屑岩，岩石结构复杂，内部差异大，风化侵蚀速率不同所致。

象形石之金鸡、美女的形象，全凭个人想象。据说月明星稀之夜，"美女梳妆"最为逼真。笔者以为，进入灵峰须移步换景，且要等待夜幕降临，此时当月色撩人、朦胧移情、时空进入恋爱的前奏，群峰在夜空中剪出片片倩影，幻化为惟妙惟肖的"黄昏恋""相思女""夫妻峰"，才让夜幕下的灵峰充满柔情和温馨。

鸣玉溪穿过果盒桥，下聚凝碧潭，似一块镶嵌在灵峰景区领口上的绿翡翠，晶莹透剔，人见人爱。果盒桥连同果盒亭、果盒岩，自带"仙侠"气，古装连续剧《琅琊榜》来此取景，使这座始建于清光绪年间的老桥（1982年重建）一时成为灵峰景区的新宠，游人纷纷到此打卡。

灵岩号称雁荡山的"明庭"，在徐霞客眼里如"另辟一寰界"：灵岩寺居其中，寺以岩名，"南向，背为屏霞嶂，嶂顶齐而色紫，高数百丈，阔亦称之。嶂之最南，左为展旗峰，右为天柱峰"。

屏霞嶂，别称"灵岩"，顶天立地，方展如屏，其上近水平的纹理五彩相间，远远观之，如霞似锦，故称"屏霞嶂"。

以雁荡十八古刹之一的灵岩寺为中心，背倚屏霞嶂，左展旗，高260米，气势壮阔；右天柱，高266米，色白体圆。两峰隔空对峙，使人顿生肃穆之感。

展旗峰腰有天聪洞，远望若人耳，故名。主洞为因沿断裂风化而成的裂隙崩塌洞，辅洞因流纹岩内岩块崩落而成。徐霞客首次登临雁荡，冒险进入天聪洞，称之为"嶂左第一奇"，这个"嶂"便是屏霞嶂。

清光绪朝榜眼喻长霖题有长联："山雁荡，水龙湫，洞石佛，百二峰拔地凌云，海上名山称第一；左展旗，右天柱，后屏霞，数千仞神工鬼斧，灵岩胜境叹无双。"下联单道灵岩胜境，不同凡响。只是山高动辄"数千仞"，犯古人游记之"通病"，又受对联数目字对仗的限制，故榜眼也无法免俗。

大龙湫景区位于雁荡山中部偏西，古称西内谷。谷中泉水名锦溪，源于大龙湫。瀑落为潭，潭溢为溪，溪跌为涧，最终跌落成了筋竹涧，入清江而归海。

大龙湫属于锦溪分支尽端，源头在"绝顶之南、常云之北"的"夹坞中"，现代地理学上将其归为上龙湫水潭。潭水沿切割连云嶂的北北东向断裂带向南流经湫背潭、龙湫背，由连云峰凌空泻下，形成单级落差达196米的一线飞瀑，像从银河倒泻下来，十分壮观。在瀑布底部，形成了瀑水冲蚀—剥蚀型洞穴。穴连碧潭，时有游人泛舟其上。

若逢阳春三月，水源不足，瀑布如珠帘下垂，不到几丈，就化为烟云。性灵派大诗人袁枚有诗："龙湫山高势绝天，一线瀑走兜罗棉。五丈以上尚是水，十丈以下全是烟。况复百丈至千丈，水云烟雾难分焉。"夏季雷雨初过，大龙湫变成一条逞威的银龙，民国沈志坚所题"活泼泼地"，难得一见的白话文，把大龙湫这条龙写"活"了。

"雁荡三绝"而外，三折瀑、显胜门，同样值得一游。三折瀑是同一条水流历挂三处危崖形成，瀑壁均为巨厚的流纹岩层。

下折瀑落差

展旗峰

为50余米，居中折瀑之下，瀑壁内凹，人称"葫芦天"。瀑下有一水潭，直径约5米。瀑左侧的龙游洞，深达8米，是岩层内角砾剥落，在重力作用下逐步崩塌形成的。

中折瀑落差约为120米，状似水帘，瀑壁半圆筒状明显。瀑下有一椭圆形水潭，游鱼历历可数。沿潭边石路可绕至瀑后观瀑，这里清风习习，珠帘难卷。石壁题有"雁山第一胜景"，大有藐视"三绝"的气势。

上折瀑距中折瀑较远，深藏幽谷。瀑布深陷于岩体之中，藏身露尾，落差最大，达130米。瀑底一池浅水，布满青苔。

三折瀑地貌反映了三次火山喷溢，三次岩流叠置的过程。三次火山熔岩溢流构成三个岩流单元，每个单元的上部为火山玻璃质流纹岩，发育流纹，坚硬，蓄水能力差；中部为致密块状流纹岩，发育柱状节理，为隔水层；下部为角砾状流纹岩，为透水层。由于岩石劈理发育、重力崩塌、流水向源侵蚀，瀑水不断后退，瀑壁呈半圆桶状（或剖瓷形）独特构型。

雁荡山中称"门"的景点多达十几处，而以显胜门为最。显胜门是由两面崖壁耸峙收束而成的石门，高达200米左右的两门相隔仅10余米，素有"天下第一门"之称。

大龙湫

　　春季的显胜门翠竹幽幽，碧潭如玉；脚下涧水铮铮，境极幽邃；抬头仰望，顶壁复合，仅留一线。此景区较三绝区略微偏远，适合体验"陌上花开，可缓缓归矣"的闲适。

绵延数百千米的雁荡山，古火山喷发年代比环太平洋安第斯火山带、美国西部火山带、俄罗斯远东火山带更古老。流纹质古火山—破火山独特的滨海山岳地貌景观，独具特色的峰、柱、墩、洞、壁，飞瀑流泉、凝翠碧潭，锐锋102座，景点500余处，无不给人以强烈的美感。见多识广的"世界地质公园之父"沃尔夫冈·伊德评价道："雁荡山是岩石、水与生命的交响曲，乃世界奇观。"2005年2月12日，雁荡山地质公园被列入联合国教科文组织《世界地质公园名录》。

四、摩崖题记和诗画纪游

有资料显示，雁荡山现存400余处摩崖石刻和7000多首诗文，在我国世界地质公园谱系中，只有泰山、黄山可与之比肩。灵岩景区的龙鼻洞摩崖题记，已被列为第八批全国重点文物保护单位。

被徐霞客称为"嶂右第一洞"的龙鼻洞，上下共分三坛。摩崖主要分布在第一坛两侧岩壁，左壁分布尤为密集；碑大多竖立在二、三坛平地上，少数嵌在崖壁间。这批摩崖题记上起唐代，下迄现代，现存共95处，其中碑刻12通；分为题名、题字、诗刻、记游等，各种书体兼备。

唐贞元十年（794），曾任武康县尉的包举来游雁荡，在龙鼻洞留下年代最为古老的摩崖题记，它位于第三坛右壁靠洞口处；宋熙宁七年（1074）四月，沈括察访温台，今龙鼻洞左壁可见"沈括"二字，是诸题记者中名气最大的；南宋朱熹所书的"天开图画"，在距洞口约50米的路旁岩石上，自成莘莘大观。

摩崖题记，这种古老的石刻艺术赋予石头以生命的质感，再现了历史的细节。"雁山碑窟"成为雁荡山一处独特的人文景观。

关于雁荡山的诗文，清代自号"龙湫院行者"的江湜有两句诗"欲写龙湫难下笔，不游雁荡是虚生"，一语道出古人面对"两灵一龙"的大龙湫，"水口难安"、技痒而难下笔的感觉，最堪回味。大龙湫如何"水口难安"，明代大诗人王稚登的《龙湫》诗早勘破情由："石潭寒水翠如苔，日暮搴萝俯涧隈。投绠漫言浮海出，荡舟刚及隔岩回。泉飞暗作千山瀑，龙去先从二月雷。不饮何须愁笑客，桃花洞口未曾开。"

雁荡山的画作，以现当代的居多。国画大师潘天寿绘有三张巨幅《记写雁荡山花》，被分别藏于浙江省博物馆、潘天寿纪念馆和中国美术馆。

《记写雁荡山花》是潘天寿1955年暑期在温州雁荡山下乡写生之行后，忆写得来的创新之作。"强其骨"笔墨之下的雁荡山花或攀覆磐石之上，或摇曳磐石之侧，无不欣欣向荣。潘天寿写生时并有诗"一夜黄梅雨后时，峰青云白更多姿。万条飞瀑千条涧，此是雁山第一奇"，赠给灵岩寺的住持守觉法师。

《记写雁荡山花》是一人三次作画，也有数人共同创作一幅画的。1937年，张大千、谢稚柳、于非闇、黄君璧和方介堪一行在南京"美展"之后，同游雁荡山，合作了一幅《雁荡山色图》。

那天乐清县县长盛情款待几位艺术家，席间侍者端上一盘鱼，鱼身略带金黄色，周身细鳞密布，身为永嘉人的方介堪介绍说："此即雁荡山香鱼，乃淡水鱼之王。早在明代，香鱼就和雁茗、观音竹、金星草、山乐官（鸟

摩崖题记

名）并称为雁山五珍。"餐后，县长请几位艺术家留下墨宝，众人即兴共同创作了一幅《雁荡山色图》。由于事先毫无准备，谁都未带印章，情急之下，方介堪当场觅石奏刀，刻下"东西南北之人"小印，钤盖画上，众人拍手叫好。

"东西南北之人"的"东"指浙江永嘉方介堪、江苏武进谢稚柳；"西"指四川内江张大千；"南"指广东南海黄君璧；"北"指山东蓬莱于非闇。一枚小印，将在场各位画家包罗无遗。1979年，张大千作《雁荡大龙湫图》，忆及40多年前的雁荡之游，称其为"一时乐事"。

五、新三绝

民国初年，即有人在展旗峰和天柱峰之间表演"灵岩飞渡"。灵岩飞渡乃模仿当地在悬崖峭壁上讨日子的采药人。他们生活在雁荡山麓，世代以采集雁荡山上的多种珍稀药材为生，如价格高昂的善退小儿发热的金钗石斛。随着雁荡山旅游开发，采药技能被派上新用场，在"世界上最高的空中舞台"表演飞渡，惊险刺激。

敢为人先的温州人，如今又引进了一种能让旅游者参与的新项目——飞拉达——意大利文Via Ferrata的音译，有中西合璧之感，意为索道式攀岩。

飞拉达，没有轻功，照样"飞檐走壁"。雁荡山沓屏峰200多米垂直山峰陡峻壮美，3条飞拉达线路既保留了野外攀岩的惊险刺激，又降低了对专业技术的要求，让无数挑战者直呼过瘾。

长屿硐天是1500年来人们开采石材后留下的一座硐群，大小硐窟形态各异，"虽由人作，宛若天成"。硐体岩性为火山碎屑岩，有天然壁画效果，现已成为我国最大的硐穴博物馆。

火山碎屑岩硬度适中，古人采石的金石撞击之声，仿佛与琵琶、古筝、编钟等民族乐器演奏声暗合，一声声，不徐不疾；一阵阵，不激不厉，演绎出瓯（ōu）越大地上一个个古老的故事。

感谢古代先民为后人留下了一座岩洞音乐厅，在其中欣赏大自然的环绕音效，成为开发利用长屿硐天的新范式。

勿忘楠溪江。以河流地貌和古村落文化著称的楠溪江，让游罢雁荡山仍沉浸在兴奋中的人们，真切体验一下慢生活的滋味；让乡愁替代旅愁，让美味加深回味，让雁荡山之旅更加丰满惬意。

来上一圈飞拉达，到长屿硐天听一场国风雅奏音乐会，然后漫步楠溪江，漫游雁荡山世界地质公园的"新三绝"，您同意吗？

参考资料

[1] 金华：《雁荡山火山岩地貌特征及其成因》，公众号：中科院地质地球所，2018年9月21日。

[2]《花样旅行丨雁荡山：海上雁荡，天下奇秀》，公众号：科学画报，2016年9月14日。

[3] 浙游君：《浙江居然有这样的低调名山，与张家界齐名，却独自美成一股清流！》，公众号：诗画浙江文旅资讯，2021年9月3日。

[4]《千年摩崖，深藏在雁荡山里的宝藏》，公众号：箫台清音，2021年4月27日。

[5] 杨辰、胡光晓、詹瑜：《雁荡山世界地质公园：流纹岩火山的天然博物馆》，《地球》2016年第11期。

陆谷火山：雷琼世界地质公园[①]

　　2018年6月26日，第二届中国火山地质公园论坛在雷琼世界地质公园海口园区开幕，论坛主题为"世界地质公园火山遗迹与可持续发展"，并发表"2018中国火山地质公园《雷琼宣言》"。

　　论坛旨在推进地质公园资源保护、科研、科普、旅游等各领域的交流与合作，按照联合国教科文组织世界地质公园的理念和要求，守护好山水林田湖这个人类赖以生存的生命共同体，并促进当地经济和社会可持续发展。

　　雷琼世界地质公园包括湖光岩风景区、九龙山国家湿地公园、三岭山森林公园、海口火山口公园和琼州海峡，以广布、多样的火山岩为纽带，涵盖山水林田湖，组成一个充满生机的"中国热带火山生态博览园"。

一、琼州海峡：沧海何曾断地脉

　　琼州海峡东西长80.3千米，南北平均宽度29.5千米，是雷州半岛与海南岛的交通咽喉，也是广东省和海南省的自然分界线。

　　从地质学上讲，琼州海峡与雷州半岛和海南岛为完整陆地。从距今约3000万年的新近纪开始，雷州半岛与海南岛之间地块断裂下沉，形成地堑

---

　　① 雷琼世界地质公园位于广东省湛江市与海南省海口市，总面积为3050平方千米。由湛江园区、海口园区和琼州海峡组成，包括湖光岩风景区、九龙山国家湿地公园、三岭山森林公园、海口火山口公园等。

式凹陷，海水涌入断陷区形成琼州海峡，雷州半岛与海南岛从此隔海相望。

琼州海峡南北较浅、中部最深，南北横切面大致呈"V"形构造。其中处于雷琼世界地质公园范围内的海域面积为335平方千米，是地质公园的重要组成部分。

整个公园在地质学上属于雷琼陆缘裂谷（陆谷）火山带，裂谷在演化的不同阶段遭受不同应力作用，使得岩石圈减薄，下地幔岩浆上涌，冲出地表形成了火山。火山活动伴随裂谷的发生与发展，前后11期喷发，共有177座火山，其中雷州半岛76座、海口101座，几乎涵盖了玄武质岩浆爆发与蒸气岩浆爆发的所有类型。其数量之多、类型之多样、保存之完整，堪称一部第四纪火山学和岩石学的天然巨著。2006年9月18日，雷琼地质公园被列入联合国教科文组织《世界地质公园名录》。

琼州海峡正是这部天然巨著的"书脊"，枢纽南北火山，让雷琼世界地质公园浑然一体。作为华南海域与北部湾国际海域的天然通道，它赋予地质公园异彩纷呈的社会经济特色与厚重的历史人文内涵，为世人瞩目。

二、湖光岩：中国玛珥湖研究起始地

火山喷发——大自然最热烈的心跳，在雷琼火山带并不是炽热岩浆的独

湖光岩玛珥湖全景图

湖光岩火山岩奇壁景观

角戏，而是由它和另一个主角——水，共同演绎完成。地下岩浆在上升过程中遇到地下水或地表水产生蒸气而引起蒸气岩浆爆发，炸成凹陷大坑，由火山碎屑及冷凝岩浆形成低矮岩环绕其一周，近乎平地，这样形成的火山叫作玛珥（Maar）火山。

Maar源自拉丁文Mare，本是德国莱茵地区的人们对当地小型圆形湖泊、沼泽的称呼，地质学上因之称此类火山口湖为玛珥湖。

我国最具代表性的玛珥湖湖光岩玛珥湖，位于湛江市麻章区湖光镇，由第四纪晚更新世（距今16—14万年）火山爆发形成。湖光岩玛珥湖由双火山口积水成东西两湖，火山碎屑岩环出现了残缺，看似两湖连体，呈一"心"形。湖面海拔高程23米，最大水深约22米，面积约2.3平方千米。湖光圣水，波平如镜，含有锶等60多种微量元素和矿物质。

湖光岩玛珥湖是中国玛珥湖研究的起始地，其火山喷发的基性火山岩，由玄武质火山角砾岩开始，至涌流凝灰岩结束，从粗到细，喷发韵律清晰。

涌流凝灰岩具有交错层理和波状层理或落石下陷构造，是见证玛珥湖存在的重要依据。湖水在四周火山堆的保护下，不受外界水系干扰；长期自然沉积形成的湖底沉积层，记录了湖泊区气候和人类活动等多种原始信息，是预测未来气候变化规律的"天然年鉴"。

三、硇洲岛：风弄碧漪摇岛屿

硇（náo）洲岛位于湛江市东南约40千米处，西依雷州湾，东南接南海，总面积约56平方千米，是一个约50—20万年前由海底火山爆发而形成的海岛，也是中国第一大火山岛。

玄武岩，水火交融的爱的结晶，柱状节理发育，柱体并列依偎如竖起的琴键。这种奇观是由于岩浆所含的化学成分均匀，当它喷出地面，在空气中冷却凝固的过程中，能够十分均匀地沿着中心等距离收缩，而各个收缩中心点之间，又形成了等距离的开裂，这样就形成了柱状节理。

硇洲岛东面的那晏角，一条百余米长的白色沙滩，如一个大型的"凹"字，挽起两翼纯黑如漆的礁石，缓缓延伸进海里。白色海滩常有，沙滩上的黑石阵却鲜见，任海浪千番淘洗，黑者磨而不磷，白者不缁不涅，各守其道，共同吸引着游人的目光。

硇洲岛，南宋王朝倾覆之际，端宗赵昰（shì）、卫王赵昺（bǐng）兄弟在大臣陆秀夫、张世杰等护卫下逃难至此，升硇洲为"翔龙县"，开基复国，最后一搏，留下宋皇城遗址；清光绪二十五年（1899），法国人强租"广州湾"（今湛江），在硇洲岛上建起灯塔，灯塔通高23米，光照射程26海里，是世界上仅存的两座水晶磨镜灯塔之一；1925年，在美国留学的闻一多遥想"广州湾"，发出了"东海和硇洲是我的一双管钥，我是神州后门上的一把铁锁"的沉重叹息。

硇洲岛，一个有故事的地方……

四、田洋干玛珥湖："菠萝的海"

并不是所有的玛珥湖都像湖光岩一样湖水充盈，雷琼地质公园出露最多的是无水的干玛珥湖。

雷州市英利镇的青桐洋大约形成于41—34万年前，面积约9平方千米，是目前已知中国乃至世界最大的干玛珥湖。海拔239.6米的鹰峰岭碎屑锥为其火山北锥，是雷州半岛第二高峰。湖盆昔日为深潭，后因堆积了硅藻土和泥炭土而干涸而被开垦成为1.2万亩的良田，自古就是雷州半岛的粮仓。

有专家认为，徐闻田洋干玛珥湖是我国现存裸露纵断面最深的玛珥火山口，深度达223米，大约形成于48万年前的中更新世，历经空湖—深湖—半深湖—浅湖—沼泽5个阶段的演化，现已干涸成洼地，人称"田洋口"。

田洋干玛珥湖区沉积了一套含油腐泥岩、泥炭层、淤泥质黏土的湖沼沉积物，上覆火山岩风化后富含矿物质的红土田，约占六成，其他是铁锈水田、乌泥底田。水田宜稻，每到收获季节，稻谷金黄，古号"金盆"。红土田尤其适宜菠萝生长，此处形成远近驰名的徐闻"菠萝的海"。

徐闻县曲界镇田洋村和龙门村一带丘陵山坡上的菠萝园，连片35万余亩，色彩斑斓，漫无边际。成熟之际，它把黄绿两色尽情涂抹在干玛珥湖区这块油画板上，与转动的风车、绿油油的茶园，合成一幅中国大陆尽头的南国原乡风貌图，看得人心旷神怡。

徐闻人形容自产菠萝身披龙鳞、头戴凤尾、肉中带金，为众多菠萝品种之中的上品。清明节前后是菠萝收获旺季，每天上市的菠萝有将近5000吨，全国每3个菠萝至少有1个来自徐闻，或说占比高达四成，称其"菠萝的海"当之无愧。

五、三岭山：湛江"市肺"

三岭山景区位于湛江市霞山区，在雷琼地质公园的最北部，属于国家森林公园。这里地处南亚热带，阳光充足，总面积14.7平方千米，森林覆盖率达到95%，是湛江市最大的绿色保护屏障，被誉为湛江"市肺"。

三岭山国家森林公园动植物资源十分丰富，已发现的脊椎动物有4纲18目35科89种，其中有白鹭、岩鹭、小天鹅、鸳鸯、苍鹰、雀鹰、褐翅鸦鹃、虎纹蛙、蜥蜴等9种国家一、二级保护动物；植物共计117科350属472种，其中属于国家一、二级保护植物6种。

三岭山国家森林公园是一个集旅游观光、科普教育和运动娱乐于一体的生态郊野公园，是人们休闲避暑、踏青登高、尽享野趣森林游的胜地。

六、九龙山：候鸟"驿站"

雷州九龙山红树林湿地公园建于2009年，2017年雷琼世界地质公园扩园成功，将湿地公园纳入，使其成为地质公园的一个重要景区。湿地公园占地面积31.3平方千米，孕育了许多独特的珍稀动植物，被誉为"海上鸟巢"。

九龙山是首个以红树林命名的国家湿地公园，红树林是九龙山湿地的主要植被类型。有林面积约1.277平方千米（合127.7公顷），红树林的主要构成种类18种，其中真红树植物9种（无瓣海桑为外来造林树种），半红树植物9种（玉蕊为广东省新记录树种），常见伴生植物15种（红海榄等常绿灌木或小乔木）。树种组成表明，九龙山红树植物的丰富度仅次于海南岛，是中国大陆红树种类最丰富的区域。

九龙山红树林湿地公园记录到的鸟类达145种，被列为国家二级重点保护的野生动物24种，如黑耳鸢（yuān）、雀鹰、红隼（sǔn）、草鸮（xiāo）等。贯穿湿地公园内的河道九曲十八弯，流水潺湲，林茂风清，鸥鹭翔集，鹰隼掠空，是大自然给予这个湿地公园最美的馈赠。

九龙山红树林湿地公园位于东亚—澳大利西亚、中亚—印度两条鸟类迁徙路线的通道上，是大批候鸟、旅鸟迁徙中转的"驿站"。其中被列入中日候鸟保护协定的有87种，进入中澳候鸟保护协定的有38种。

　　在自然资源部国土空间生态修复司的支持下，湛江红树林造林项目列为我国首个符合核证碳标准（VCS）和气候、社区、生物多样性标准（CCBS）的红树林碳汇项目。将湛江红树林国家级自然保护区（包括九龙山红树林）内2015—2019年种植的380公顷红树林，按照两个标准进行开发，预计在2015—2055年实现16万吨二氧化碳减排量。北京市企业家环保基金会购买了该项目签发的首笔5880吨二氧化碳减排量，用于中和机构开展各项环保活动的碳排放。

　　这是我国首个蓝碳①项目的成功交易，标志着蓝碳生态系统的产品进入市场，实现价值。蓝碳系统主要成员红树林的保护与修复，在应对气候变化、保护生物多样性等方面可发挥重要作用。通过项目交易等形式，它将为我国实现碳中和目标做出贡献。

七、琼北火山：遗迹与村落

　　琼北海口火山群是中国为数不多的休眠火山群之一，在面积达108平方千米的区域，拥有40座火山，岩溶隧道30多条，平均每2平方千米就有一座火山。根据地质学家考证，这片"火山大本营"是我国新生代以来火山运动最强烈、最频繁、持续时间最长的地区之一，自1万年前的全新世火山喷发活动结束后，至今处于休眠状态。

　　马鞍岭火山口位于海口市秀英区石山镇，是地质公园海口园区的标志性景区。马鞍岭由风炉岭、包子岭两座火山构成，因两座火山之间的山坳状如马鞍而得名；其旁侧有两个寄生火山，称眼镜岭，又称火山圣婴，是火山通道被堵塞后，仍有少量岩浆喷出地表而形成。在2平方千米区域，由主火山、副火山与寄生火山组成一个完美的火山家族。

---

　　① 蓝碳是沿海生态系统捕获的碳，是高效的碳汇。海洋中的蓝碳主要通过红树林、盐沼、海草和其他藻类的光合作用来捕获碳，以生物量和生物沉积的形式储存在海底。

　　这个火山家族并不表现为典型的锥状尖顶，因为岩浆排空后火山口会发生塌陷，火山的中心部位都呈凹坑状。风炉岭火山口呈筒状，内径120米，深度达69米，用"风炉"命名，寓意传神。

　　风炉岭海拔222.8米，是琼北最高峰、海口的制高点。登上风炉岭，周围的火山锥星落棋布，此起彼伏，尽显我国唯一的热带城市火山群世界地质公园的风貌。

　　罗经盘干玛珥湖位于海口市永兴镇西，是一个大型的低平火山口，内径达900~1000米，深度约35米，形态完美的圆形低平火口，放射状与环状梯田园依火山口形态精心布局，是自然与人类共同创造的一道独特风景。

　　双池岭玛珥火山位于海口市石山镇，形成于晚更新世。由两座相距70米的玛珥火山组成，西岭呈圆形，内径120米，深8米；东岭呈椭圆形，内径140~260米，深15米，是琼北火山群中最小的孪生玛珥火山，雨季可在两个火山口积水成湖。

海口火山口及玄武岩台地上发育出的热带雨林

　　离开火山口，海口市石山镇荣堂村以号称"七十二洞"的火山熔岩隧洞而闻名。当岩浆在地表流动时，其表层会先行冷却凝固，而表层之下岩浆仍会继续流动，当表层之下的岩浆排空后，就会形成隧道状的空洞，这种熔岩隧洞一般都很宽大。还有一种情况，岩浆流的表层先行冷却形成硬壳，表层之下的岩浆较晚冷却收缩后，与表层硬壳之间形成空洞，这种洞穴一般较短且十分狭窄。"七十二洞"长约800米的主洞，以及长约数十米的一些支洞，分别属于上述的两种火山熔岩隧洞。

千百年来，琼北的先民与火山为伍，耕作生息，火山岩在湿热气候下风化形成的肥沃红土，以及取之不竭的火山岩石材，给他们的耕作、定居创造了良好条件，从而形成了具有地域特色的传统村落。

三卿村位于海口市石山镇，是琼北数十个火山岩古村落的代表。2015年，被列为地质文化村。2016年，被列入中央财政支持的中国传统村落名单。

三卿村形成于宋代，整个村庄建在一个火山熔岩台地上，至今原汁原味保存有清代至民国时期的火山岩民居建筑。不像有的石屋建筑，用柱础石来垫石屋内隔墙木柱或庙宇廊道的石柱，三卿村居民几乎所有建筑都是就地取石，有石筑的石门堂屋，天然熔岩流形成的村巷，石垒的院墙，环村古城墙，村门"豪贤门"，乃至学童就读的"古学堂"，敬惜字纸的"敬字亭"，父老饮射的"古拜亭"，乡民日常活动的"休憩台"，还有整个村子的标志、民国时期兴建的防御工事"安华楼"和各个时期的古碑、古墓等火山石古建筑。

三卿村重视耕读传统，希望村里读书人能够博取功名，位列卿相，借以光大桑梓，"古学堂""敬字亭""古拜亭"缺一不可；保卫村子安全，"安华楼"和环村古城墙属于重中之重，有备无患；而饮食起居、婚丧嫁娶要打火山石的主意，却少为人知，包含着些许无奈。

玄武岩质地坚硬致密，适宜制作生活器具，例如石碾、水缸。水缸不仅是火山岩上的村落离不开的生活器具，摆设出来还有显示家境富裕的用途。当地村民为了不让女儿嫁到夫家天天辛苦挑水，就将她嫁给水缸多的富裕人家，这也是当地歌谣"嫁女不嫁金，不嫁银，谁家缸多就成亲""滴水贵如油，嫁女数水缸"广为流传的原因。

八、五公祠：琼台胜境流风遗韵

发源于羊山湿地的海口市母亲河美舍河，由东南向西北蜿蜒流入占据龙首之地的海南第一楼"五公祠"。

五公祠始建于明万历年间，清光绪十五年（1889）重修，后又多次修缮。楼阁歇山顶建筑，整座大楼由10根火山石柱子和18根木柱支撑，而且整座建筑没有用到一钉一铁，全木制造，榫（sǔn）卯结构。五公祠最初祭祀唐朝宰相李德裕、宋朝宰相李纲、赵鼎，大臣李光、胡铨五位曾贬谪海南的名臣，后五公祠扩建，移建了苏轼的苏公祠和西汉路博德、东汉马援两位伏波将军祠，合祀八位贤哲。

美舍河依次流经五公祠、苏公祠、两个伏波祠，串起了一座城的古今岁月。

唐宋时期，"孤悬海外"的蛮荒之地海南岛是众多流放地中距离政治文化中心最远的贬谪（zhé）之地。

宋建炎元年（1127），只做了75天宰相的李纲被罢官，建炎三年（1129）遭贬万安军（今海南万宁、陵水一带），旋遇赦北归。途经雷州时，应楞严寺琼师和尚的邀请饮酒赏月，李纲看到湖水流光，欣然提笔，大书"湖光岩"三字，后被刻在楞严寺顶的崖壁上，至今历历在目。

南宋胡铨直言谏诤，绍兴八年（1138）上疏反对与金议和，乞斩秦桧等三奸，遭诏令除名，"流窜"20余年，在崖县（今海南三亚）待了8年。直到秦桧死，才"量移衡州"。胡铨在海南开馆教书，遇上一位"梨颊生微涡"的崖县黎妹。宋代罗大经《鹤林玉露》卷一二载："胡澹庵十年贬海外，北归之日，饮于湘潭胡氏园，题诗云'君恩许归此一醉，傍有梨颊生微涡'，谓侍妓黎倩也。"朱熹夫子见后，对胡铨的真性情不以为然，留诗《自警》云："十年湖海一身轻，归对梨涡却有情。世路无如人欲险，几人到此误生平。"

"我本儋耳氏，寄生西蜀州"的苏轼于绍圣四年（1097），贬谪海南儋

（dān）州，琼州人姜唐佐步行数百里到儋州从苏轼求学，苏轼抱病为其授作文法，师生结下真挚的情谊。苏轼北归时特地赠诗予他："沧海何曾断地脉，白袍端合破天荒。"后姜唐佐中进士授官，苏轼已逝，弟弟苏辙为其续成完篇。苏公祠建成，姜唐佐得以弟子身份入祀，永久地留下这段海南人文史上的佳话。

五公祠的琼园内，有浮粟泉、粟泉亭、洗心轩等苏轼遗迹。相传苏轼来琼时，教授当地百姓掘井之法，并亲自"指凿双泉"，一泉曰金粟，一泉曰浮粟。两口井水源旺盛，常冒小泡浮于水面，很像粟米。流淌千年的浮粟泉，清澈甘洌，从未枯竭，泉水汇入美舍河，陪伴八位先贤，让五公祠"以景以娱"，溢彩生辉，让海南文脉源远流长。

参考资料

[1] 中国雷琼世界地质公园网站资料。

[2] 湛江市湖光岩风景区公众号雷琼世界地质公园资料。

[3]《中国的"菠萝的海"在哪里》，公众号：中国国家地理，2020年4月6日。

[4]《我国首个蓝碳项目交易完成！》，公众号：观沧海，2021年6月15日。

[5] 范晓：《原生海口：火山下的石头村落》，公众号：河山无言，2018年1月23日。

[6] 彭陈川、黄文钊：《去中国大陆的南端看火山》，公众号：地球杂志，2020年8月17日。

海上仙都：宁德世界地质公园①

　　宁德世界地质公园处于中国东南山地丘陵区，主要为鹫峰山、太姥山脉，最高峰东山顶海拔1479米。区域上属中国东南沿海中生代火山喷发带，是环太平洋火山岩带的重要组成部分。园内集晶洞花岗岩地貌、火山岩地貌、河床侵蚀地貌、海岸海蚀地貌于一体，人文资源丰厚，物产丰饶。

一、海上仙都

　　有一桩文史公案，李白名篇《梦游天姥吟留别》中的天姥山原型在哪里？有说是浙江新昌的天姥山，有说是福建福鼎的太姥山。主天姥山者言李白受"谢公"谢灵运"暝投剡（shàn）中宿，明登天姥岑"启示，才有"湖月照我影，送我至剡溪，谢公宿处今尚在"的诗句，"天姥岑"就是新昌（剡中辖境）的天姥山，与天台山相近，唐诗僧灵澈《天姥岑望天台山》，与此典实俱合；主太姥山者认为开元年间李白在长安与"开闽第一进士"薛令之相识，从薛进士处知道了他家乡长溪县（唐地名，今福安）一带的太姥山，梦中描画与太姥山景物拟合，"半壁见海日，空中闻天鸡"，是在太姥山一片瓦之上的观海亭眺望，可见"金鸡报晓"石等。双方各有所据，相持不下。

---

　　① 宁德世界地质公园位于福建宁德市，地理坐标为东经119°00′38″～120°26′13″，北纬26°50′33″～27°15′08″，总面积2660平方千米，由福鼎市太姥山、福安市白云山、周宁县九龙漈（jì）、屏南县白水洋四个园区组成。

　　若想弄清楚这桩公案，看来非起"诗仙"李白于地下不可——毕竟要把一场大梦还原坐实，唯有梦游者自己说得清。笔者无此手段，只好坐而论道，对太姥山管窥蠡测一二。

　　太姥山雄踞东海之滨，峰洞奇奥，山海相依，登山观海，可眺望福瑶列岛；日出东方，或参睹云蒸霞蔚，有"海上仙都"的美誉。

　　清初顾祖禹《读史方舆纪要》载："宋初僧师待图（太姥）山之奇峰二十二，林陶次第其名，为新月、豸（zhài）冠诸峰，后人复增摩霄、仙掌等峰，为三十六。近代好事者复增益之，为四十五峰。又岩石、溪谷、泉洞之属，其得名者以百计，绝顶为摩霄峰。相传太母（姥）上升时，乘九色龙马摩霄而上，因名。"

　　后来峰洞再有增益，层累重构，形成太姥山54峰、108洞、360处象形石之说，正所谓"太姥无俗石，个个似神工，随人意所识，万象在胸中"。

　　太姥山最高峰覆鼎峰，海拔917.3米，原名新月峰，清代陈奇荣《新月峰》云："仿佛蟾宫露半规，玉湖倒映势倾欹。采蓝女伴无相妒，齐向峰头

太姥山

学画眉。"民国时以峰头形如倒扣的古鼎,易名"覆鼎",与地名"福鼎"发音相谐。

新月峰和摩霄峰山体连接,东面新月峰略高,峰顶较小;西面摩霄峰略低,峰顶开阔。环睹神羊、石虎、天柱、天圭、仙女诸峰,拟物象形,尽皆俯首。古人多持"摩霄绝顶"说,明代秦邦锜《登摩霄顶》云:"峭岩苍树郁崔嵬,陟望摩霄海一杯。长啸清风生万壑,青山半是白云堆。"

峰奇洞自幽,太姥山的100多个洞穴,有向低处延伸,直通到海面,曰"通海洞";有向上扩展,可达"九鲤朝天"石顶,曰"通天洞";有两岩陡立,上夹附石,曰"七星洞";有削壁夹巷,见天如线,曰"一线天";有洞中套洞,神奇莫测,曰"神仙洞";有终年滴水,却难觅水从何来,曰"滴水洞";有乱石垒叠,洞顶崛岩高低,游人进入需弓腰折背而过,曰"三折腰"……

顾祖禹称道太姥山:"东西北三面皆海,秋霁(jì)远眺,可尽四五百里,虽浙水亦在目中。自摩霄而下,千岩万壑,瑰奇灵异,不可悉数。大约东北诸山,大(太)姥为之冠矣。"

太姥山出道很早,旧志记载多歧,汉魏之事难以稽考。六朝以降,羽士缁(zī)流竞相入山,翰卿墨客会此览胜,一时谓为"山海大观""海上仙都"。

唐薛令之《太姥山》云:"扬舲穷海岛,选胜访神山。鬼斧巧开凿,仙踪常往还。东瓯冥漠外,南越渺茫间。为问容成子,刀圭乞驻颜。"——俨然一幅唐代太姥山寻仙问道图,这不正是"五岳寻仙不辞远,一生好入名山游"的李白醉心向往的旅游胜地吗?

遗憾的是,诗仙李白终其一生,未得入太姥山,留下《梦游天姥吟留别》,让后世文人(尤其是闽地文人)叹惋牵挂,念兹在兹,释梦成真。"半壁见海日,空中闻天鸡。千岩万转路不定,迷花倚石忽已暝。熊咆龙吟殷岩泉,栗深林兮惊层巅。云青青兮欲雨,水澹澹兮生烟。列缺霹雳,丘峦崩摧。洞天石扉,訇然中开。青冥浩荡不见底,日月照耀金银台。霓为衣兮风为马，云之君兮纷纷而来下。虎鼓瑟兮鸾回车，仙之人兮列如麻……"文中每个图景都能在太姥山找到对应物，每个到过太姥山的游客都能感受到"仙人指路"。

澄怀诗意万象，一切过往，皆成序章。以"峰险、石奇、洞幽、雾幻"为四大特色的太姥山，如今进入了世界地质公园时代。

二、地质奇观

太姥山位于浙闽中生代火山断陷带中段闽东火山断拗带的东北端，北北东向福安—南靖断裂带的北端。晚侏罗世—早白垩世强烈的构造岩浆活动，燕山运动晚期，地下岩浆上升侵入，形成了太姥山造景岩石晶洞钾长花岗岩，节理和以脆性断裂为主的构造断裂特别发育，总体呈低山丘陵区峰丛—石蛋景观，以及嶂谷式崩积洞、流水侵蚀垂直沟槽"干瀑布"等特色地貌。

太姥山园区包括迎仙台、一片瓦、白云摩霄、乌龙岗、香山寺、国兴寺和玉湖7个游览区。

迎仙台游览区的夫妻峰：花岗岩水平和垂直节理发育，岩石暴露地表后，受到热胀冷缩和其他外力作用的影响，发生球形风化，形成石蛋地貌，如一对老夫妻，老妇背驼，依偎老翁，老翁昂首向天，似不服老。仙人锯板：花岗岩受到两组垂直节理的控制，在长期风化作用下，节理面不断增加其宽度，形成石缝，似锯板吊的墨线，巨大的花岗岩体看起来像是被竖着锯成近10米高的三块平行排列的石板。峰林大观：海拔765米，面积8万平方米。因花岗岩体长期风化剥蚀和崩塌，形成基部相连、顶部分离的峰丛地貌，高低错落，蔚为大观。

白云摩霄游览区九鲤朝天峰：由9座挺拔的石峰、石柱组成，既有球形风化形成的石蛋，也有垂直节理发育形成的峰丛石柱，远望犹如群鲤出水，竞跃翕（xī）张。

香山寺游览区的九鲤湖在香山寺右侧山谷，小巧玲珑，环境清幽，湖里倒映着九鲤朝天的奇峰怪石，湖光山色，如诗如画。

一片瓦游览区：代表景观是一块板状巨石覆盖在两块崩塌落石之上，如石瓦盖屋，俗称"一片瓦"，实际是花岗岩重力崩塌的大石块堆叠形成的崩积洞。孤峰为孤立在丛山中的花岗岩山峰，是周围岩石沿垂直节理面风化崩塌后所残留的石柱，高度约40米，似擎天一柱，又名天柱峰。

太姥山的奇峰怪石，虽则"仙之人兮列如麻"，却多拜花岗岩所赐，连最高峰覆鼎峰峰头，其状如倒扣的古鼎，也是球形风化所致，统统与仙无涉。"海上仙都"的名号坚不可移，因为还有茶——福鼎白茶赋予它以仙气："五碗肌骨清，六碗通仙灵。七碗吃不得也，唯觉两腋习习清风生。蓬莱山，在何处？玉川子乘此清风欲归去。"

三、福鼎问茶

一千多年前，"茶圣"陆羽《茶经》引《永嘉图经》："永嘉县东（南）三百里有白茶山。"永嘉南三百里是福建的福鼎，福鼎白茶原产于太姥山，具有地域唯一、工艺天然、功效独特等特点。

自一片瓦入通天洞，前边不远处即福鼎白茶的祖地——鸿雪洞。守护了鸿雪洞口上千年的一株白茶古树，主干在"文革"浩劫中被伐，所幸从祖树的根部长出新芽，历经近半个世纪的霜风雨露，已是亭亭玉立。这株进入《中国野生茶树种质资源名录》的福鼎名茶的母本茶树，有一个美丽的名字"绿雪芽"。

清初周亮工的《闽小记》卷一"闽茶曲"载："太姥声高绿雪芽，洞山新泛海天槎（chá）。""绿雪芽"，不知谁人命此佳名，对绿叶上带着白毫的白茶，绿描其色，雪喻其质，芽状其态，实在是雅人深致，美得不同凡响。

从《闽小记》算起，"绿雪芽"传世已近四百年。民国卓剑舟《太姥山全志》载："绿雪芽，今呼为白毫，香色俱绝，而尤以鸿雪洞产者为最。"民国时期，福鼎白茶已走出国门，行销世界。

自20世纪80年代以来，福鼎大白茶、福鼎大毫茶两个国家级茶树良种所产白茶走俏，白茶母本茶树种由于产量低而受到冷落。经过30多年的荒野修炼，植根于富含火山岩风化物和腐殖质的黄红壤中的母本茶树厚积"勃"发，凭借没有污染、入口馥郁、有木枝香的特点，重出江湖，再度成为茶中珍品。

因后期母本不长芽只长叶，叶子自然舒张，型似蝴蝶展翅，新茶品被冠名"蝴蝶茶"。笔者有幸品尝，赋诗为证："鸿雪洞前认故家，因缘生叶不生芽。分身可作庄周梦，白梗今称蝴蝶茶。""终日向人多酝藉，年来水木湛清华。心眉交展凭滋味，差似白毫绿雪芽。"

宁德地质公园合作伙伴——绿雪芽山庄的白茶博物馆，福鼎点头镇"中国白茶第一村"柏柳村的白茶作坊，各路茶人建立的白茶庄园，纷纷走出茶旅结合的新路，让氤氲了深厚文化底蕴的"绿雪芽"白茶发扬光大。

四、福安白云山

白云山园区位于福安市境内，宁德地质公园的中部。白云山集火山岩、晶洞碱长花岗岩地质地貌和峡谷深切曲流地貌、河床侵蚀地貌等多种地质景观于一体。典型的中生代晚期酸性火山岩组成的火山岩山岳地貌和白云山破火山、笔架山穹状火山地貌，是研究火山岩石学的天然场所。

九龙洞景区的九龙洞，是溪流两侧崖壁因重力崩塌滚落至河床的巨大砾石堆积而成的迷宫状"巨砾堆积洞"，洞内河床基岩及滚石上的壶穴形态各异，一穴穴清澈明净的潭水，宛若一块块碧玉，温润地附着在岩石的肌体上。飞天井，直径约23米，深约38米，为大型穿壁瓮状壶穴。穴壁分布壁龛似的凹坑，反映出跌水冲蚀和涡流磨蚀同时进行的迹象。

蟾溪河谷，东侧深色岩石为距今约1.2亿年的早白垩世火山喷发形成的火山岩，西侧浅色岩石为距今约9000万年的晚白垩世形成的晶洞碱长花岗岩，而且侵入到火山岩之中。因花岗岩抗风化剥蚀能力强，经流水侵蚀、风化剥蚀及重力崩塌，形成堡状、墙状、柱状山峰，故山体更陡峻。

龙亭峡谷景区，发育于晶洞碱长花岗岩、正长花岗岩的深切峡谷曲流地貌，峡深壁陡，垂直峭壁高差最大达400多米，峡谷全长约20千米、水位落差近300米，溪流弯曲。峡谷河道及河道两侧崖壁上，分布着大量壶穴、流水冲蚀沟槽，其数量之丰、单体之大、发育之系统、保存之完整，均堪称一绝。

白云山另以日晕奇景——"佛光"著称，罕见的七彩"佛光"可与举世闻名的峨眉山"佛光"相媲美。佛家以为，"佛光"是从释迦牟尼的眉宇间放射出的吉祥之光，有缘方可一见。白云山地形特殊，鹫峰山脉迤逦东行，突然在此停下了奔向大海的脚步，汇聚云海，招徕季风，惠施雨露，造福一方，因此与佛结缘，一年四季皆可见"佛光"。每年的八九月间，山巅天池之畔还会上演子夜"佛光"。

五、周宁九龙漈

九龙漈园区出露形成于距今9000万年的晚白垩世火山岩和花岗岩，它们造就了九龙漈节理型瀑布群为主体的水体地貌、陈峭火山岩地貌、后垄大峡谷花岗岩地貌相结合的生态环境优良的综合性园区。九龙漈园区由地质公园建设之初的九龙漈升格而成，使得"太姥山—白云山—九龙漈—白水洋"地质公园带连在一起，构建起区域生态安全格局。

"海西第一瀑"九龙漈瀑高46.7米，宽75米，丰水期可达83米，是九龙漈梯级瀑布群中升降幅度大、陡崖最高一级。整个瀑布群共由九级瀑布组成，在仅一千余米长的流程中，落差达300多米。夏日丰水期，飞瀑经陡峭的崖巅跌落，轰鸣作响；潭面浪花飞溅，如雾似雨。站在观景台，由于瀑布重力势能转化，巨量热能被水汽吸收的效应，驱动强大气浪裹挟着水汽扑面而来，非止沁人心脾，更是冰爽到窒息。

滴水岩风景区位于周宁县城西南洞宫山麓，主景点滴水岩石壁，宽300

后垄大峡谷片段

余米，高200余米，形似巨狮横卧，气势雄伟。水从100多米高的洞口流下，随风飘洒，阵阵水丝犹如棱镜，遇阳光照射发生色散，现出七色彩虹，古人题匾“八闽首景”，其声誉盖过九龙漈瀑布一头。

“闽东的西双版纳”后垄大峡谷，峡谷全长25.6千米，宽几十米至百余米。陈峭景区是大峡谷的起点，为火山岩峡谷地貌，千年火山口上的陈峭古村依山就势，倚岩临溪，与鸳鸯溪一水之隔，清一色的土墙青瓦房。曲曲折折的卵石小巷，零零星星的石围菜畦，延续着上千年的农家耕织场景。

后垄大峡谷谷幽峰峭水美，森林密布，原始景观千姿百态，有观音坐堂、将军赠宝、金龟望月、雄狮报安、仙髯沶［沶同坻（chí），水中小块陆地］、龙舌瀑、石马顶、鸳鸯洞、九龙湖……主峰石马顶，海拔1040米，绿树成荫，青翠欲滴。巨岩从“绿浪”里频露峥嵘，其中一块似天马，它伏身屈腿，马首仰起，跃跃欲立。

相传后垄大峡谷隐藏了一块武林秘境，一位参加平定“安史之乱”的将军隐遁于此，创立梅花拳，训练猕猴成兵，帮助伐木的工人利用溪流漂运大原木，保护了后垄溪上的木拱廊桥。后来将军化身岩石，成了大峡谷的保护神，他训练的猴兵后代，至今仍生活在峡谷深处的保护区里。

六、屏南白水洋

白水洋园区位于屏南县境内的鹫峰山脉中段，平均海拔700～800米，面积77.34平方千米，是集火山岩火山地貌、水体景观为一体的园区。

白水洋浅水广场，是面积达4万平方米、最宽处达180多米的巨型平底基岩河床。仙耙溪与九岭溪走谷闯滩在这里汇合，整个广场平坦如砥，水浅仅没脚踝。

清乾隆年间屏南知县沈钟在县志上描绘白水洋："上下两洋，计有八里许。中有大石一片为溪底，石洁水清，俨若白锡灌地。临川一望，即见其底。"

专家认为，白水洋的形成受火山岩的岩性、产状、地质构造和水动力条件等制约。构成白水洋河床的正长斑岩形成于距今1亿年的火山活动，由岩

白水洋浅水广场核心景区

浆在近地表处沿火山岩层面侵入，形成与地面接近平行的板状潜火山岩体。岩石具完整性好、结构均一的特点。

约260万年以来，地壳缓慢上升至相对稳定，白水洋一带以拓宽河床的侧蚀为主。仙耙溪、九岭溪两条溪流在这里汇合，水量的增加提高了水流的侧蚀能力，河床在纵向和横向上沿板状正长斑岩体拓展延伸，形成光滑如镜、宽阔平展的白水洋浅水广场。

鸳鸯溪火山岩深切峡谷，主要受北西向断裂控制，峡谷全长18千米，水位落差达300余米。峡谷宽处数十米，窄处不足2米。两岸峭壁高耸，瀑布高悬，溪流曲折迂回，深潭频现，是集溪、瀑、潭、峰、岩、洞、林于一体，既清幽险峻又气势磅礴的峡谷溪流景观。

七、天下第一洞天

2020年8月，中国"洞天福地"系列文化景观申报世界文化遗产的首个遗产地筹备工作——"霍童洞天"正式启动。

宁德蕉城区境内的霍童山，位列道教天下三十六洞天之首，亦称"天下第一洞天"，同时也是佛教的"支提山"，准确地说是一山之两面。

道教名家左慈、褚伯玉、陶弘景、司马承祯等都曾在霍童山求仙问道。南朝梁天监十年（511），"山中宰相"陶弘景离开永嘉青嶂山（今温州陶山），自海上前往心仪已久的"仙都"霍童山。从交通的角度来看，霍童川谷可以通过霍童溪从海面驶入。

霍童山从初唐至北宋期间三次被朝廷敕封为"天下第一洞天"，是中国东南道教的发祥地。鹤林宫为霍童山道教之首观，建于梁大通二年（528），坐落于大童峰北侧正下方、霍童古镇之南缘。

据文献记载，鹤林宫观坐南朝北，背靠鹤头岩，主建筑分上下两座，按道教三十六天罡（gāng）、七十二地煞之数，立有石柱108根。宫观气势宏伟，历经千年，明嘉靖年间为洪水冲圮，自此，作为天下第一洞天"霍童洞天"实物载体的著名道观"鹤林宫"消失。

荷兰汉学家施舟人（Kristofer M. Schipper）发表《第一洞天：闽东宁德霍童山初考》，让霍童山、鹤林宫再次引发世人关注。施舟人还提到一点：霍童山成为一个"洞天"的理由，不只是因为它有一个霍林洞，更是因为它生产各种宝贵的草药。霍童山能够生产各种珍贵的草药，则归功于它得天独厚的自然环境。

虽然"天下第一洞天"霍童山不在宁德世界地质公园范围，但霍童山得天独厚的自然环境得益于霍童溪特别是其上游的保护，而霍童溪上游恰在地质公园之内。设立地质公园的目的之一在于使之成为先进地域文化的推广区，由此看来，建设好地质公园将助力"霍童洞天"的申遗成功。期待不远的将来，世界地质公园和世界文化遗产交相辉映，"东闽之光——宁德"更加辉煌。

参考资料

[1] 宁德世界地质公园网站资料。

[2] 福鼎市太姥山风景名胜区管委会公众号太姥山旅游相关资料。

[3]《闽东日报》资料。

[4]《古老白茶，留香太姥》，公众号：福鼎白茶，2018年6月14日。

[5] 汤亦方：《文苑撷英：武学秘境之后垄大峡谷》，公众号：生态周宁，2020年5月12日。

[6] 施舟人：《第一洞天：闽东宁德霍童山初考》，《福州大学学报（哲学社会科学版）》2002年第1期，收录于施舟人《中国文化基因库》，北京大学出版社2002年版。

火山之家：五大连池世界地质公园①

"默尔根东南，一日地中忽出火，石块飞腾，声震四野，越数日火熄，其地遂成池沼。此康熙五十八年事，至今传以为异。"（清代西清《黑龙江外记》）

"（康熙五十八年）十二月五日，讷谟尔河托莫沁庄以北三十里乌云和尔吉地方，地下忽出石块、火，声鸣如雷，石块飞腾。察得飞腾之石，大若牛只，亦有碎块。石块落至原地，亦落四周。坠落石块，视之若火，熄则呈黑。"（玛喀礼向康熙皇帝奏折）

"离城东北五十里有水荡，周围三十里。于康熙五十九年六七月间，忽烟火冲天，其声如雷，昼夜不绝，声闻五六十里。其飞出者皆黑石、硫磺之类。经年不断，竟成一山，直至城郭，热气逼人三十余里，只可登远山而望。"（清代吴桭臣《宁古塔纪略》）

清朝黑龙江代将军玛喀礼的奏折译自黑龙江将军衙门满文档案，"乌云和尔吉地方"，即现在的五大连池火山地区。以上史料系统地记述了康熙五十八年至六十年（1719—1721），五大连池老黑山、火烧山的喷发和火山熔岩流阻塞讷谟尔河支流白河河道，形成堰塞湖的过程。

---

① 五大连池世界地质公园位于黑龙江省五大连池市，地理坐标为东经125°57′42″～126°30′48″，北纬48°36′46″～48°50′43″，总面积720平方千米。主要地质遗迹类型为火山地貌及水体。

一、趁火打"截"

火烧山与老黑山在历时一年多的火山喷发中同为主角，但是老黑山资历更老，之前多次喷发，而火烧山首次担纲主角，格外用力，喷发强度远远超过了老黑山。

火山地震伴着火山喷发，大地被撕开一条口子，炽热的熔岩从地下涌出，在大地剧烈的抖动中，破碎成块状或炉渣状的熔岩以摧枯拉朽之势奔涌而下，填沟平谷，占河越沼，所经之处草木成灰、河水腾烟。蜿蜒流淌的白河，一时不知所措，任由一波一波的"翻花石"狼突豕奔地扑向河中，趁火打"截"。

火烧山的火山口浅而宽，南北两端各有一个溢出口。北溢出口内有一段狭窄的槽状溢流通道，是主溢出口，岩浆溢出中途分为两股：一股折往东南流向三池子，一股向北进入白河，在今天的四池子和五池子中间注入；与此同时，老黑山喷发的岩浆分成两路，一路一直向北，一路由北折向东，堵塞了白河主河道，形成了头池子、二池子和三池子。

莲花湖（一池）、燕山湖（二池）、白龙湖（三池）、鹤鸣湖（四池）、如意湖（五池），由南而北组成串珠状的堰塞湖群，五大连池由此而生。

二、火山家族

五大连池地处松嫩平原与小兴安岭西侧中段山地接壤的"北大荒"。在五大连池火山群25座火山中，有14座独立火山锥形成了巨大的熔岩台地，上有火山碎屑锥；另外11座是较小的熔岩盾，没有火山碎屑锥。熔岩覆盖面积约为800平方千米。14座火山锥，东列7座：东焦得布山、西焦得布山、小孤山、东龙门山、西龙门山、莫拉布山、尾山；西列7座：卧虎山、药泉山、笔架山、老黑山、火烧山、南格拉球山、北格拉球山。

格拉球山，爆发于203万年前，是五大连池火山喷发最早、海拔最高的火山。南格拉球山海拔596.9米，南、北山体相距只有150米。南格拉球山喷发后，留下了一个直径500米的圆盆状火山口，无缺口，四周高出的火口外围由火山集块岩组成。火山口内积水成池，即格拉球天池，它与地下泉水相通，终年不枯竭，最深曾达15米，盛产名贵的倒鳞鱼。

卧虎山，民间称"长寿山"，喷发年代距今141.6—105.3万年，仅次于格拉球山。卧虎山海拔495.9米，在14座层状火山中，锥体底座面积最大，火口最多，是由四个火山锥集合而成的"复式火山"。四个火山锥体成北东—南西向分布，呈长条形，形似猛虎卧伏在地，故得名卧虎山。火山口底部平坦，土质肥沃，孕育了五大连池最温情的一片绿地。

龙门山，喷发于距今34—28万年，其西龙门山海拔581米。拥有熔岩流动过程中形成的块状熔岩流堆积。当年火山喷发的岩浆温度比较低、黏度大，流动比较缓慢，上部熔岩流渐渐凝固，在下部的熔岩流驮浮下继续向前。经多次龙门山喷发运动和火山地震筛抖推移，块状熔岩流倒塌、翻滚，像倾圮的"山寨""石塘"，民间形象地称之为"龙门石寨"。大小石寨相距千米，总面积近50平方千米。春寒料峭，一丛丛兴安杜鹃（当地称"达子香"）在龙门石寨迎风怒放，是五大连池最早的报春花讯。

老黑山，海拔515.9米，高出地面165.9米。火山口直径350多米，深达145米，火山口内危石耸立。远处望去，老黑山锥体似乎分为两截，下方锥

老黑山火山口

体相对平缓，而上方锥体则明显陡峭，仿佛一个灶台上倒扣着一口大锅。这种外观是由早晚两期火山喷发形成的，第二次喷发的熔岩掏蚀第一次火山口下方流出，使火口垣有起伏，没有明显的缺口，其边缘和外坡铺满了浮石岩渣及火山弹。

火烧山，海拔392.6米，相对高度73米，是14座火山中最低矮的。底座直径800米，火山口内径450米，深63米。火山锥体南坡较陡，北坡徐缓。火山口垣高低不平，由于有南北两个溢出口，火山锥被切成了两半，当地人称其为"两半山"，形似莲花，也称莲花山。

火烧山与老黑山相距仅仅4000米，同期喷发，均由高钾玄武质熔岩岩盾和锥体构成，其岩性的低硅与高钾、相容元素与不相容元素并存的特性，使得五大连池高钾玄武岩研究一直受到学术界关注。

由于老黑山和火烧山喷发距今仅300年，火山地貌保存完好。这里有清晰的火山喷出口和熔岩流溢出口，完整的火山锥及火山锥附近堆积的火山灰、火山砾、火山弹、浮石等各种火山喷出物；熔岩台地上有熔岩流动过程中形成的石龙、石海、熔岩瀑布、熔岩暗道、熔岩钟乳、翻花熔岩、绳状熔岩、喷气锥碟、石骆驼、石熊等地貌景观。尤以崎嵚（yí）的山巅火口、浩瀚的翻花石海、精巧的喷气锥（碟）和冰封的熔岩隧道著称，被地质学家称为"天然的火山博物馆"。

由火山喷出物堆积成的"石骆驼"象形石

翻花石海，又称渣状熔岩，由大小不等、表面粗糙不平的岩渣状碎块组成。初看渣状熔

岩破碎的形态，人们容易将其误解为火山喷出的碎屑，实则不然。这种"翻花岩"的形成经历了"先立后破"的过程：岩浆沿斜坡流动时，其表面散热快，率先冷却，形成薄壳；后继岩浆继续涌动，推挤新结的熔岩壳，并将其冲碎、翻搅、拖拽，最终冷凝，便形成了渣状熔岩。

喷气锥（碟）情况如何？炽热的熔岩流经过湖泊沼泽，水受热汽化产生气体，每次气体喷出都伴随熔浆外溢，外溢熔浆逐层覆盖，形成喷气碟。喷气碟为喷气锥的雏形，碟子堆高了，便形成喷气锥。喷气锥外形远望似一座座黑色宝塔，高2～4米，底径2～5米。锥体空心，顶端有气孔。五大连池火山群中的石龙台地西部边缘，三池至五池之间分布有1500余座喷气锥（碟），其中绝大部分喷气锥（碟）分布在渣状熔岩的深处，未受破坏。其形态之美、数量之多、分布范围之广，在世界范围内亦不多见。

熔岩隧道，是火山喷发的熔岩在流动过程中形成的地下洞穴。在东西焦得布火山北部，有白龙洞、水晶宫两条熔岩隧道。白龙洞，全长515米，洞底或斜坡或平直，洞有分支，中有砥柱，洞顶、洞壁有熔岩钟乳、熔岩棘刺，常年结冰，有"冰河"之称。水晶宫，全长150米，常年平均气温为零下8℃，即使在炎炎夏日，洞中依然是晶莹剔透的冰凌冰雕世界。

三、五池连珠

白河，今称石龙河，是讷谟尔河的重要支流，经历了老黑山和火烧山的趁火打"劫"，仍初心不改，像一条蓝色绸带，从14座火山锥之间穿流而过。五个火山堰塞湖（池子）的头池，禁不住诱惑，又向白河投去一瞥。

莲花湖（头池），是五大连池的第一个湖泊，最小最浅，蓄水大约24万立方米，深仅一二米。南岸熔岩礁石冒出，水转石绕，有水经石龙熔岩东侧南流，故称石龙河。莲花湖是五大连池唯一有睡莲的湖泊，夏季湖面睡莲田田，浮生若梦，不亚于江南一湖春水。

燕山湖（二池），丰水期水面可达7.5平方千米，水深4～10米。燕山湖特

莲花湖（头池）

点有三：一是五池中看旭日东升和落日熔金最理想的水面；二是夏秋两季晨雾缭绕，水温最高可达30℃，犹如温泉；三是大胖头鱼（我国四大淡水家鱼之一鳙鱼的俗称）最集中的水域。

白龙湖（三池），在五池中最大最深，丰水期面积在21.5平方千米，最深处36米，可蓄水8600万立方米。白龙湖是重要的"地质界湖"，湖区西岸是火山熔岩地貌，东岸是泥砂岩地貌。白龙湖夏季"群山倒影"，冬天"三池冰断"，一景一谜，令人神往。

鹤鸣湖（四池），面对块状熔岩流"石塘"，背靠喷气锥碟，是一座熔岩怀抱着的湖泊，面积较头池略大，深3~5米。有两条宽50米的水生植物带，香蒲、芦苇、菱角等挺水植物茂密。湖岸水草丛生，白鹤、丹顶鹤常常在此双栖双飞、筑巢产卵。近年鹤鸣湖利用矿物质含量高的水质、宽阔的岸滩、丰茂的水生植物和贝类资源，在特定区域养殖大闸蟹，年捕15万斤，取得了良好的经济效益。

如意湖（五池），水域面积15平方千米，水深4~6米，形如一柄"玉如意"。如意湖既没有河道流入，又没有明溪巨泉，却是五大连池整个水系的源头汇集地，原来地下有数百眼泉水补给，湖水终年不竭。这里盛产"三花五罗"（鳌花、鳊花、鲫花、哲罗、法罗、雅罗、胡罗、铜罗等鱼类），湖畔和湖底是火山砂，湖岸长滩是理想的天然浴场。

五大连池连接流长5.25千米，总水面面积41.5平方千米，容量达1.7亿立方米，为中国第二大火山堰塞湖。五个湖泊色彩各异，湖岸曲线变化丰富，天然湿地沿湖边环状分布，苇荡灌丛，鹤舞鹰飞。从植被水平分布来看，地衣群落、苔藓群落、草本群落、灌丛、矮曲林、针阔混交林、阔叶林等多种群落并存，类型齐全。火山熔岩台地像巨龙盘踞在湖泊的边缘，柔美灵动的湖水中倒映着周边湖岸的雄峻火山，成就了火山堰塞湖的绝世美景。

"众山环抱翠湖清"，有人这样形容五大连池的水——头池和二池的是淡棕色里透着淡淡的绿，三池的是棕色中带着黄黄的绿，四池的是黄里透绿，五池的是淡绿中透着浅黄和浅棕。

很佩服这位观察者的细致入微，却不明白为什么忽略了"碧为湖色，翠为山色"的古训。斑斓的自然之色，各有源流和意趣——如果用深碧、浅碧、缥碧、晴碧、苍碧形容五大连池水的颜色，效果一定不会差。

四、神鹿示水

神鹿在北方牧猎、渔猎民族的历史叙事中屡见不鲜，比如蒙古民族的祖先苍狼白鹿、西北敦煌壁画中的五色鹿、北欧雪橇鹿等，充满灵性、体态优美的鹿受到崇拜。五大连池"神鹿示水"，与鹿回头、鹿衔草的故事一样，应当有一个共同的关于鹿的"母题"。

相传几百年前，一位达斡尔猎人打猎时，射伤一只小鹿，小鹿带伤逃跑，猎人紧追不舍，见小鹿穿过树丛，越过漫岗，一路直奔药泉山下，很快就来到一个池子边。小鹿跳到池子里泡了一会，又跑到另一眼泉水喝了几口，舔舐伤口，很快止住了血，然后健步如飞，遁入山林。猎人吃惊地上前察看，只见此处一眼泉水带着气泡涌出，禁不住捧起来尝了一口，感觉辛辣清凉；连饮数口，顿觉精神一振。一向崇奉神灵的达斡尔猎人立刻明白了，是上天让小鹿指示他发现了这眼泉水，于是他在泉边叩拜苍天，感激神灵，并堆起一堆石头作为标记，然后回去告诉了族人。这一天恰逢端午节，为了纪念这个天赐神泉的日子，以后的每年农历五月初五，大批民众来此欢聚，畅饮神泉，沐浴圣水，久而久之，形成了当地的"圣水节"。

　　五大连池药泉山形成于约100万年前，多处天然冷矿泉出露地表，有南饮泉、北饮泉、翻花泉和南洗泉等，泉水为铁硅质重碳酸钙镁型矿泉水，它们和法国的维希矿泉、俄罗斯北高加索矿泉，并称为"世界三大冷泉"。

　　五大连池矿泉水中天然含有多种人体必需的宏量和微量元素，有氧、硅、铁、钙、纳、钾、镁等，泉水可医、可饮、可浴，享有"药泉""圣水"的美誉。

　　五大连池的矿泥也是一种珍贵的火山资源，被誉为"黑色的软黄金"。百万年的岁月塑就了它的金身，使它具有神奇的疗效，可以治疗关节炎、皮肤病等多种疾病。

　　"圣水节"是我国百大民俗节日之一，是黑龙江省著名的国际火山旅游节。五大连池因火山矿泉而兴。1982年，五大连池被列入国务院批准公布的全国第一批重点名胜风景区。为加强保护和管理，1983年10月设立了五大连池市，陆续建立起国家森林公园、湿地公园、世界人与生物圈保护区、世界地质公园、世界自然遗产地。五大连池拥有举世罕见的六大自然环境优势：纯净的天然氧吧，神奇的冷矿泉水，独特的全磁环境，灵验的饮洗疗法，宏大的熔岩晒场，绿色的食品园区，被专家誉为"身体的大修厂，生命的加油站"。

五、永续利用

　　五大连池复杂多样的火山熔岩地貌和特殊的生态环境条件，孕育发展了五大连池独特的火山自然生态系统，向世界展示了火山熔岩上生命的复苏和演变的生动过程。五大连池地区有植物618种，野生动物397种，与同纬度地区相比，动植物种类丰富，成为生态演变过程的主要见证，展示了大自然顽强的生命力，是世界上研究物种适应和生物群落演化的上佳地区。中国科学院地学部李廷栋院士关注地质遗迹保护问题，他在一次访谈中谈到："上世纪80年代，我去黑龙江五大连池考察，发现清朝初期喷发的火山熔岩，沿着河沟一直下来几十公里，当地老百姓拦腰截断当石头去卖。我跟他们讲，咱们国家这个东西非常少，你们这样破坏以后再也没有了。老百姓回答，我们管不了这么多，我们要吃饭。后来建立了世界地质公园，老百姓明白了，这个东西这么宝贵，能致富。现在别人拿块石头老百姓都不干了。"

李廷栋院士认为科学普及是最大的公益性工程，地质公园在科学普及、文化建设和地学旅游方面，成绩显著，但仍然任重道远。只有当全民认识到地质遗迹的重要性，体现在自觉保护，才能使珍贵的地质资源永续利用。他呼吁："凡是搞地质的都清楚，很多地质遗迹是不可再生的，怎么把它们保存下来，永续利用是一个大问题。学习习近平总书记生态文明建设思想，建设美丽中国，我们要把很多地质遗迹保存下来，它们是美丽中国的重要组成部分。"

参考资料

[1]五大连池世界地质公园网站资料。

[2]五大连池风景区管委会公众号五大连池资料。

[3]陈洪洲、吴雪娟：《五大连池火山1720—1721年喷发观测记录》，《地震地质》，2003年第3期。

[4]李会中：《五大连池——大自然水与火的结合》，公众号：中科院地质地球所，2017年6月26日。

[5]弈鸣：《祖国的最北端，有个神奇的"火山博物馆"》，公众号：石头科普工作室，2021年5月25日。

[6]张泓：《【地球访谈】李廷栋院士：科学普及是最大的公益性工程》，公众号：地球杂志，2020年3月19日。

熔岩塑造：镜泊湖世界地质公园[①]

镜泊湖是我国第一大火山熔岩堰塞湖，唐称忽汗海，清称毕尔腾湖，同时称镜泊湖。"镜泊"意为"清平如镜"，湖面呈不对称的"S"形，蜿蜒曲折，纵长45千米，最宽处6000米，最窄处仅300米，丰水期水域面积90.3平方千米，总蓄水量约16.2亿立方米。湖水南浅北深，最深处超过60米，全湖南北通航。镜泊湖岛湾错落，别具一格，湖光山色，隽逸秀出，宛如一颗璀璨的明珠镶嵌在祖国北疆的翠屏之上。

一、熔岩塑造

镜泊湖位于长白山山脉张广才岭主脊东侧的丛山之中，新生代古近纪中期，形成断陷谷地，第四纪晚期湖盆北部发生断裂，断块陷落部分奠定了镜泊湖的湖盆基础。

古近纪古新世、始新世和第四纪全新世，镜泊湖地区火山活动频繁，共形成了16个大小不一的火山口，直径70～550米，深度30～132米，称镜泊火山群。距今1.2万年、8300年和5100多年，该火山群有过3次喷溢活动，大量稀薄、流动性好的熔浆从火山口和距镜泊湖西北50千米的大干泡火山群等地喷出，沿着倾角25°～30°的斜坡倾泻，绵延达60余千米，在吊水楼附近形成

[①] 镜泊湖世界地质公园位于黑龙江省牡丹江市宁安市西南部的牡丹江干流上，地理坐标为东经128°30′00″～129°11′00″，北纬43°43′34″～44°17′55″，水域面积79平方千米，分为百里长湖、火山口森林和渤海国上京龙泉府三大园区。

镜泊湖全景照

一道玄武岩堰塞堤，堵塞牡丹江古河道及其支流，形成世界最大火山熔岩堰塞湖、世界第二大高山堰塞湖——镜泊湖，还形成了小北湖、钻心湖、鸳鸯池等一系列大小湖泊。牡丹江自西南由大河口处注入镜泊湖，从湖的西北吊水楼瀑布处流出；另有大小约30多条河流，呈向心式汇入湖中。

二、吊水楼瀑布

当火山熔岩流堵塞牡丹江河道时，高热的熔岩流急速遇冷收缩形成柱状节理，降低了熔岩稳定性，形成危岩；而对湍急的流水一次出其不意的躲闪坠落，抑或是湖水从熔岩隧道断面跌下，又形成瀑布。随后新构造运动的差异性抬升、下切，加之湖水侵蚀，上层熔岩坍塌，水流落差和冲击力随之加大，不断下切、侵蚀和风化下部破碎的花岗岩岩体。在镜泊湖北出口处的熔岩堤上湖水跌落，形成了世界上最大的玄武岩瀑布——吊水楼瀑布。

吊水楼瀑布一般幅宽40米，落差12米，雨季或汛期最大总幅宽可达300米，是世界上最大的玄武岩瀑布，形似美、加交界的尼亚加拉大瀑布，气势磅礴，雄浑壮阔。

2020年9月6日以来，受热带风暴过境及镜泊湖上游连续降水影响，镜泊湖水位持续上涨，吊水楼瀑布出现三面溢流的环形瀑布奇观，宽幅超过300米，呼啸奔腾的湖水从环形的熔岩峭壁上飞泻黑龙潭，水立山摇，吼声如雷。据报道，此次镜泊湖大坝水位已冲至353.8米，超过最高水位353.5米，溢流30厘米，水流量每秒达2200立方米。

清乾隆年间宁古塔流寓诗人陈大文像是早有预言，在《镜泊歌》里恣肆高歌："沓嶂复崖胜瀛洲，飞湍千尺风雨遒。上有凌虚欲坠之悬石，下有冲波破浪之潜虬（qiú）。激响訇訇动天地，元圃欲裂鼋鼍（yuán tuó）愁。""乃知长白之山自天作，镜泊之水自天凿，天开灵境幻冥搜，烟雾盘抱空中楼。"

吊水楼瀑底受下跌水流冲蚀，形成直径70～100米、最深处32米的圆形水潭——黑龙潭，其南、西、北部为黑色的玄武岩悬崖峭壁，高12～18米。东侧为缺口，潭水腾溢，从此处流入牡丹江，向东蜿蜒，冲出一条长达3000多米的花岗岩峡谷。

吊水楼瀑布

镜泊峡谷位于吊水楼瀑布下至王八厅的风景区内，地势险要，跌宕起伏。两壁夹峙，壁高30余米，峭者如削，圆者如磨。江岸峻石丛生，似人似仙，似龟似蟒。丰水期时，汹涌澎湃的江水奔腾在峡谷中，浪花四溅，岚雾蒸腾，艳阳高照，浮光跃金，一派峡谷雄风。水势稍减，峡谷通幽，水流清澈，鸟鸣涧树，穷极要妙，真是奇景天成。

三、镜泊八景

镜泊湖两岸或湖中的岩石多为6亿多年前形成的花岗岩，造型独特的岩石与湖水，或凌轹（lì）激荡，或动静相宜，构成了优美的自然风光。"镜泊八景"，吊水楼瀑布当仁不让，位列第一，其他则人言各异。

白石砬（lá）子，在湖东岸，因石壁上千百年来堆积的大量鱼鹰粪便石化，使崖壁呈白色而得名。砬顶有三座白石峰，两侧低，中间高峻，峰顶一巨石，人称"蹲猴望月"。"砬子"，本意指孤立凸起的石头，是东北地区使用频率非常高、极富魔性的百搭词汇，如棒槌砬子、高家砬子、砬子梁等，当然还有镜泊湖中湖一侧的佛像砬子、南部湖中岛老鸹（guā）砬子等。

佛像砬子，又名千佛崖。呈金字塔形，海拔423.7米，宽130多米，南面是陡峭的山崖，刀削斧斫，参差峻峭，风化成了酷似消灾去病、普度众生的药师佛被千佛簇拥的景象，被中国佛教协会前会长一诚法师赞为"东方净琉璃世界"。

老鸹砬子，南部的湖中岛，海拔382.7米，高出水面26米。岛上奇岩怪石堆积成灰褐色岩崖，形如一只老鸹静卧，故称老鸹砬子。

珍珠门，位于中南部靠近西岸，两个高出水面15米、东西相距10米的精巧小岛，仿佛湖面上浮动的水道入口，故称珍珠门。枯水期小岛露出沙滩时，仿佛孪生双童在沙滩上游玩戏水，颇有情趣。

大孤山，镜泊湖最大的湖中岛，露出水面约150米。山体圆锥状，孑然一身于湖中，得名大孤山。岛上林木茂密，春季杏花、李花、玫瑰花等，满山盛开，也称花山，是镜泊湖南北航线必经的著名景点。小孤山，镜泊湖中的精品，长约19米，高出水面10米，斜卧湖心，宛如牙雕，又似设在湖中放大了的天然盆景。

镜泊风光神奇灵秀。每年4月、5月春季间，地处北纬44°的镜泊湖漫舒冬眠后的腰肢，波光闪跃，鳞浪层层，湖岸繁花似锦，悬崖峭壁变得润泽起来；盛夏游人如织，船行湖上，挥手之间，驶过长脖子鹿样的鹿苑岛，西面的老黑山（镜泊湖第一峰）遥遥在望，送走中湖小孤山的芳草萋萋，城墙砬子由远而近；秋水长天，山水涟漪，满眼"秋来湖水绿如蓝"，不知身在北国，还是置身"春来江水绿如蓝"的江南；常年不冻的黑龙潭，在零下二三十度的低温下，水汽瞬间被冻结成微小的冰晶，随风飘落在枝头草叶上，日复一日，造化出玉树琼枝的雾凇美景。

老一辈革命家董必武赋诗《游镜泊湖》："泛舟南北两湖头，到处青幽不用求。水碧山青宜入画，游人欣赏愿勾留。"此情此景，除了冬季，谁说得清它是春、是夏，还是秋呢？

四、火山口与洞穴

镜泊湖火山群集中在镜泊湖的西北，在长40千米、宽5千米的狭长地带上，分布着大小16个火山口，其中以火山口森林复火山最为出名。它是镜泊火山群中规模最大、海拔最高，火山结构最全，溢出熔岩量最多的复火山，由Ⅰ号、Ⅱ号、Ⅲ号、Ⅳ号四座火山组成，总长度约1800米，总宽度约700～800米。火山锥体覆盖在印支期斜长花岗岩之上。

1.Ⅰ号火山口　火山口森林复火山锥中规模最大的火山口，海拔高程1070米，是镜泊湖火山活动中心。火口呈圆形，长轴470米，短轴400米，深132米，剖面呈漏斗状，底部有2个内火口及小火山锥。

2.Ⅱ号火山口　海拔高程1030米，火山口呈圆形筒状，直径70米，深50米，属寄火山口，无溢出口。

3.Ⅲ号火山口　海拔高程980～1000米，为圆锥形混合火山锥。火口呈椭圆形，剖面呈漏斗状，直径250～300米，深90米。峭壁陡峭，距地表30米、50米处各有一个台阶。底部长满原始森林。

4.Ⅳ号火山口　海拔高程850～970米，火山口呈椭圆形，长轴500米，短轴350米，溢出口朝南。内壁陡直，底部较宽阔，有两个内火口。火山喷溢活动距今5140年。底部长满了原始森林。

火山喷出的熔浆在流动过程中表层冷却固化形成硬壳，而壳内的岩浆仍以液态形式向前流动。当没有新的熔浆补充的时候，硬壳下流动的岩浆逐渐耗竭，遂在熔岩内部形成形似隧道的洞穴，即熔岩隧道。熔岩隧道是熔岩流的地下活动记录者，岩壁由多层多期次火山喷发物构成。

龙岩洞天，是熔岩隧道洞口中规模最大、保存最完整的隧道。两壁有规律地分布着1～3个连续水平的熔岩床、熔岩盘，底部是熔岩绳、熔岩花、熔岩波纹等。

雄狮岩洞，洞长20多米、高3～4米、宽8～10米，坡度45°。顶部熔岩呈层状，厚几厘米至十几厘米，共有140多层，被称为"千层岩"。岩洞因洞口巨石状似雄狮而得名，洞口有"迎客椴"，洞底有地下森林。

坐井观天，洞口高8米、宽14米，几近堵塞。洞口近垂直地面，坐在洞底仰望头顶蓝天白云，如在井中观景，取其谐音称"坐景观天"。

冰洞，高约8米，宽约20米，洞口呈半月状，为熔岩隧道塌陷形成的洞中奇异景观。冰洞内冰体常年保持不融，夏季寒气逼人。

五、地下森林

历经千万年的沧桑变化，原来被岩浆灼伤的地面，如今长出了郁郁葱葱的森林。在低陷的火山口中长成的原始林带，被人们称为"地下森林"。

关于地下森林的成因，众说不一。有一种说法很有道理：火山口的内壁岩石，经过长期风化剥蚀，早与火山灰等物质一起变为肥沃的土壤，而衔着各种植物种子飞越火山口的群鸟，成为天然的播种者。雨水把种子唤醒，火山口底部和内壁的悬崖裂隙中终于长出了树，树木肆意生长，天长日久，形成森林。

火山口地下森林中蕴藏着丰富的

在低陷火山口生成的"地下森林"

动植物资源，有红松、黄花松、鱼鳞松、臭松、落叶松、白桦、黄菠萝、水曲柳、胡桃楸、紫椴、山杨、槭和蒙古栎等针、阔叶树种，不知是藤缠树还是树连藤，人参、三七、灵芝、五味子、猴头菇、榛子、木耳等名贵药材山珍遍布森林；黑熊、马鹿、野猪、青羊、悬羊等野生动物繁多，火山口曾被猎人们冠以"大羊圈""小羊圈""野猪圈""熊窝"等俗名；"鸟鸣山更幽"，时光流转，地下森林"建造者"的后裔们把自己活成了诗。

悬羊，睡觉时为了防御野兽的侵袭，它用犄角把自己倒挂在树上或是悬崖峭壁上，是火山口森林最警觉的动物。悬羊的存在，证明羚羊挂角并非无迹可求。

众所周知，向狩猎采集的原始文明告别，是所有农耕文明开始的标志。筚路蓝缕，以启山林，"柞棫①拔矣，行道兑矣"（《诗经·绵》），农耕文明在发展进程中，需要开拓更多的土地，以致在我国平野之上难见森林。去森林化，导致我国传统的山水景观中只有疏林，缺少了真正意义上的森林，影响到了国民的审美心理。因为告别森林太久，羚羊挂角想当然与无迹可

---

① 柞棫（zuò yù），栎树与白桵树。

求联系在一起。

镜泊湖地区原始森林非常稀缺宝贵，其面临的危险——潜在的火山喷发，犹如达摩克利斯之剑，时刻高悬。目前火山口内还存在喷气活动，火山一旦喷发，将对东北地区经济、环境甚至对更大范围内的大气循环系统造成影响。由于以往镜泊湖第四纪喷发的玄武岩火山以发育大量气孔为特征，表明火山喷发曾释放出大量的气体，所以研究镜泊湖玄武岩火山喷发对大气圈的影响，监测火山口内喷气活动，具有同等重要意义。

六、海东盛国

唐圣历元年（698），粟末靺鞨（mò hé）人大祚荣在东牟山建立政权，先天二年（713），唐玄宗遣使册封大祚荣为渤海郡王，并加授忽汗州都督。忽汗，唐羁縻州名，因其境内有忽汗河（今牡丹江）而得名；忽汗海，即今镜泊湖。

渤海二世王大武艺"斥大土宇"，天宝末年，三世王大钦茂"徙上京"。上京，渤海国五京之一，因地理位置在渤海北方，故称上京，故址在今黑龙江省宁安市西南约35千米的渤海镇，西濒忽汗河，历史上又称忽汗城。

上京仿长安都城建造，有外、内、宫三城，殿五重，规模宏大。今建筑遗址内可见城址、上京龙泉府址、禁苑址、寺庙址、古桥址等，出土的舍利函、大石龟、文字瓦等被列为国家级珍贵文物。保存最完整的兴隆寺遗址，石灯幢、大石佛和千年古榆树被称为"镇寺三宝"。石灯幢高6米、12叠层，共用大小玄武岩石材40余块，是渤海国时期的遗存。渤海国上京遗址是国务院1961年公布的第一批全国重点文物保护单位，是国家重点保护的100处大遗址之一。

大钦茂在上京建立了渤海国稳定的都城，疆域包括我国东北大部分和俄罗斯滨海边疆区、朝鲜北方各一部，开启了"海东盛国"的文治时代。

位于镜泊湖中部，小孤山西南岸上的城墙砬子即渤海国上京路湖州故城遗址。山岩峭立，地势险要，虽已历经千年，但城墙大部分仍巍然屹立。登城俯瞰镜泊湖，湖光山色，尽收眼底。

据考证，渤海国上京龙泉府的寺庙中，供奉着药师佛。1995年，在镜泊湖北湖头龙泉山南麓的半岛上，建起全国唯一供奉药师七佛的道场——药师古刹，由天王殿、钟鼓楼、观音殿、地藏殿、伽蓝殿和药师宝殿组成，主殿主尊为东方药师琉璃光王如来，古刹中坐落有兴隆寺石灯幢的仿品，旨在消灾延寿、兴废继绝。

渤海国作为唐朝地方政权，在崇儒兴佛的同时，仍保留着古老的萨满遗风。镜泊湖渔火未熄，充满神秘色彩的祭湖醒网仪式重新恢复，萨满祭祀，神语沟通上天，感谢赐予。仪式完毕，冬捕正式开始，拉网捕鱼，或直接凿冰来找冻鱼，都会满载而归。

镜泊湖水域和五大连池一样盛产"三花五罗"，还有体型不一的72种杂鱼。镜泊湖"三花"之一的鲫鱼为银鲫属，具有头小、体宽、背厚等特征，肉质鲜美，清朝时作为皇家贡品，民国初年曾任穆棱县知事的申伯勋题赞："镜泊湖中称特产，鲫大盈尺鳞如丹。"可惜时下它已不多见，成了名优稀有之物。"黄瓜香"，公鱼属，据说这种鱼只要一两只，就会有满船的黄瓜清香味儿，故名。黄瓜香是"杂鱼"，入侵物种，个头很小，繁殖速度奇快，用它裹面油炸，清香没腥味，简单、好吃又不贵。

七、镜泊湖连环战

抗日战争爆发伊始，东北义勇军率先揭起守土御敌义旗，在白山黑水之间谱写出一曲曲英雄篇章。1932年3月，发生在镜泊湖、宁安一带的"镜泊湖连环战"，就是一场颇具影响的战斗。

由于时代久远、史料的阙如，以及个别史料的舛误，"镜泊湖连环战"的战绩一直存在争议。抗战胜利70周年之际，随着抗日战争研究的广泛深入，首先是网络传播出"镜泊湖连环战"毙敌日本关东军天野旅团六七千人的故事，引起媒体及学界的关注，甚至因此引发了一场司法维权诉讼。

据黑龙江省社会科学院历史研究所研究员王希亮和哈尔滨金融学院讲师周丽艳撰写的《"镜泊湖连环战"战绩考辨》一文：镜泊湖连环战中，原东北军营长王德林任总指挥，率领"中国国民救国军"各部（含补充团）以及吉林自卫军一部，面对的主要敌手是日军独立守备队第六大队大队长上田利三郎中佐率领的4个中队。日军从敦化沿湖东岸而来，救国军利用有利地形，采取阻击、伏击和骚扰战术，予敌以沉重打击。仅据目前能够查找到的日文史料，上田部死伤人数在百余人以上，损失惨重。

王希亮、周丽艳的文章认为："在缅怀和研究先烈们英勇悲壮、前仆后继的抗战业绩时，我们没有理由妄自菲薄，也没有必要忽略历史事实，主观推断或盲目放大。如此，才能真实地展现中国抗日战争的惨烈和悲壮。"

参考资料

[1] 镜泊湖世界地质公园网站资料。

[2] 杨洪祥等：《探秘我国最大的高山堰塞湖》，公众号：地球杂志，2021年8月28日。

[3]《【龙江风情】文化寓意深远的山水之镜泊湖》，公众号：史志龙江，2020年8月10日。

[4] 许欣然：《地下也有森林？》，公众号：中科院地质地球所，2020年7月10日。

[5] 王希亮、周丽艳：《"镜泊湖连环战"战绩考辨》，《抗日战争研究》2020年第2期。

温泉天池：阿尔山世界地质公园①

　　1939年5月至9月间，在东北亚之一角，今天中国内蒙古呼伦贝尔市与蒙古国边界的诺门罕（Nomonhan，意为"法王"）地区爆发了一场影响那个时代历史走向的战役。

　　此役名义上是伪满洲国军队与外蒙古（今蒙古国）军队的"边境"武装冲突，事实上是日本关东军对苏联实施"北进"图谋的一场关键较量。苏联最高统帅部任命朱可夫将军担任第57特别军指挥官，把西线精锐装甲部队调往远东，对日本关东军实施打击。战役结果：日军第23师团几乎全军覆没，18000名军人死亡。诺门罕之战是日本陆军自成军以来遭受的首次惨败。

　　诺门罕战役，俄、蒙方面又称哈勒欣河战役，得名于流经诺门罕地区的哈拉哈（Halha）河（又名哈勒欣河）。"哈拉哈"为蒙古语"屏障"之意，由于河西岸比东岸高，从河东岸看西岸如同一道蜿蜒的壁障。

　　发源于大兴安岭西侧摩天岭北坡的松叶湖的哈拉哈河全长399千米，在阿尔山市境内有134千米。这条经历过战争洗礼的河流，当硝烟散尽，已分属两个"国度"。

　　1949年后，中华人民共和国与蒙古国签订和约并明确了两国边界线，终结了中蒙间"模糊边疆"的现象，揭开了历史的新篇章。哈拉哈河部分河段现为中蒙两国界河，干流由东南向西北奔流，注入中蒙共有湖泊贝尔湖后，

---

　　① 阿尔山世界地质公园位于内蒙古自治区的东北部，地处大兴安岭山脉中段，总面积约3653.21平方千米，包括哈拉哈园区、温泉园区、天池园区及好森沟四个园区。

　　折返中国境内的呼伦湖，因此它又被称为"爱国河"。

　　溯"爱国河"哈拉哈河而上，曲曲折折，或绕山而走，不与峰峦争胜；或悄然串起七个湖泊，忠实记录各色火山的冲冠之怒；或潜行数里，融入大森林的怀抱。一切的神奇隽美，构成了大兴安岭山脉中段的阿尔山世界地质公园。

　　阿尔山地质公园以火山天池、温泉、花岗岩地貌及高原曲流河地貌为主要特征，是探索蒙古高原隆升机制以及研究中国北方地质环境演化的地学百科全书。阿尔山火山群多期活动，形成高位火山口湖、火山熔岩堰塞湖、无水天池，是我国境内开展火山研究的重要基地。

一、哈拉哈园区

　　哈拉哈园区在阿尔山世界地质公园的西北部，面积为827.07平方千米，以河流地貌、花岗岩地貌景观为主，其最著名的地质奇观非玫瑰峰花岗岩石林莫属。

哈拉哈园区的玫瑰峰石林

玫瑰峰石林位于阿尔山市区以北，10余座石峰奇伟突兀，错落有致，大部分呈红褐色，故得名"玫瑰峰"，当地称红石砬子。玫瑰峰花岗岩石林地貌，在形态上类似于云南石林、新疆雅丹地

貌和现代冰川上的冰林地貌，但成因与它们完全不同。形成玫瑰峰的花岗岩整体特征，是水平节理和垂直节理发育，尤其是垂直节理，其倾角近75°。岩体出露地表，沿垂直裂隙方向形成了规模各异的"石柱"，沿水平裂隙方向形成叠层状的"石墙"。在花岗岩顶部较平坦的部位，发育有呈椭圆形、圆形、匙型和不规则的半圆形等的"石臼"，其小者如杯，中者如鼓，大者略如磨盘。关于岩臼的成因，冰川成因论者称之为"冰臼"，风成论者称"壶穴"，迄今未有定论。

站在玫瑰峰最高点俯视，哈拉哈河宛如银练，蜿蜒在群山森林之中。绿色国门阿尔山口岸、口岸湿地樟松岭若即若离，体现了阿尔山口岸坚持生态优先、绿色发展、绿色通关的发展理念，是地质公园中不可多得的地质遗迹与自然人文景观相结合的范例。

二、温泉园区

阿尔山的全称哈伦·阿尔山，蒙古语音译，意为"热的圣水"，所以阿尔山不是山而是温泉。这里的温泉属于火山性矿泉，得益于火山活动的馈赠。

阿尔山地区是我国重要的活火山活动区，自侏罗系以来火山不断喷发，有研究显示，最新一次喷发距今约1900年。火山喷发所产生的喷出岩和侵入岩经过不断累积，形成了一道巨厚的火山岩层，加之断裂发育，有利于地下水沿断裂带渗透到不同深度和不同岩性的裂隙中，经过长期的地热作用和矿化作用，形成了不同的温度及矿化度的矿泉。其中，冷泉来自地表潜水，温泉来自地下深层循环水，吸收了更多热能，而外围受火山口塌陷作用影响，为本区地下水的赋存和运移提供了良好空间。诸多因素造就了阿尔山汩汩涌动的矿泉（群）。

温泉园区面积为1191.74平方千米，按含矿物质区分，可分氡泉、偏硅酸泉、氟泉和重碳酸盐泉四种矿泉；按泉水温度，一般分为冷泉（1℃~25℃）、温泉（25℃～37℃，不含25℃）、热泉（37℃～42℃，不含37℃）和高热泉（高于42℃）。

阿尔山分布着成分、温度各不相同的大大小小的温泉76眼，其中阿尔山疗养院温矿泉群48眼，金江沟温矿泉7眼，银江沟温矿泉17眼，五里泉矿泉1眼，圣水泉温矿泉1眼，白狼温矿泉2眼，分属6个区域。

阿尔山疗养院温矿泉群位于市区东面的狭长盆地内，在长505米、宽70米的盆地内，共分布着48个泉眼，密度之大举世罕见。2004年，中国温泉博物馆在此建立。以37眼天然温泉的不同温度和功效为依据，用热带树木把它分隔为不同区域，一年四季尽可享受"温泉自由"的惬意。

在疗养院矿泉群以北500米的五里泉，水温常年保持3℃～6℃，富含13种人体所需的微量元素和全部宏量元素；疗养院矿泉群以南有五脏泉，人浸浴其中，五脏六腑有疾患处即有感觉，对多种疾病具有疗效；紧邻天池园区的金江沟温泉，7眼泉南北排列，水温高达47℃，有很高的医疗价值。

早在清代咸丰初年，担任记名总管的达斡尔人敖拉·昌兴，在今天阿尔山地区寻找到32眼温泉，测试中发现有的泉冒着热气，手插其中热得发红；有的冰凉刺骨；有的清凉可以饮用，饮后肠胃通泰；有的适合洗浴，浴后通体舒适。经过多次测试，敖拉·昌兴发现温泉的温度、水的成分和性质各不相同。如果把各个泉眼连接起来，其形状就像一个巨人躺在长500米、宽70米的半山腰中。更为奇特的是，巨人的头部、腹部和腿部对应的泉眼，基本是头部医头，腹部医腹，腿部医腿。翌年，敖拉·昌兴受呼伦贝尔副都统的委派，率领医师、工匠对阿尔山的温泉进行鉴定，在泉口设立围栏，旁立木牌，标明泉名和治疗科目，供当

地牧民使用。敖拉·昌兴被后世尊为利用阿尔山温泉的鼻祖。

　　阿尔山混合型矿泉群在泉眼数量、日涌出量和微量元素含量上，举世罕见，不仅具有较高的医疗保健价值，冷泉、温泉还可直接饮用。温泉园区是集地学旅游、科学普及、医疗保健为一体的园区。

三、天池园区

　　天池园区位于地质公园东北部，是阿尔山世界地质公园面积最大、最具特色的园区。

　　阿尔山火山群有50余座火山锥、19个高位火山口、9大天池、9大熔岩堰塞湖和数百个火山丘，堪称世界上最密集的火山群。阿尔山世界地质公园涵盖了其中最典型的火山景观，无论是静卧火山锥之上的天池，熔岩拥塞河道形成的堰塞湖，还是凹陷火山口的地池，都像一个个澄澈的明镜等待世人探秘。

美轮美奂的天池广角镜照片

　　阿尔山天池，形成于距今30—20万年的中更新世，东西长450米，南北宽300米，最大深度2米。水面海拔1332.3米，仅次于长白山天池（2189.1米）和天山天池（1910米），高度排名全国第三。一潭碧水宛如椭圆形的明镜，深邃耀眼，镶嵌在林海环绕的高山之巅。既无河流注入，亦无河道泄出，地泉补水，波澜不惊，属封闭型火山口湖。

　　驼峰岭天池，为火山喷发后在火山口积水形成的高位湖泊，水面海拔1284米，东西宽约450米，南北长约800米，最大深度34米，是阿尔山地区面积最大的火山口湖，有"久旱不涸、久雨不溢"之说。驼峰岭天池呈"左脚丫"形，仿佛是远古巨人赶着骆驼向前跋涉留下的足迹。

　　地池，又称仙女池，形成时代为距今约10万年的晚更新世。呈椭圆形，长轴为北东向，长150米，宽100米，深度可达39～50米。地池海拔1123米，是火山熔岩收缩凹陷而成的火山口湖，池岸为陡立的块状玄武岩。

　　乌苏浪子湖，原名四十九号泡子，名字太过随意，藏在深山少人识。新名赋予湖水浪子和水（"乌苏"意为水）的传说，令人遐想，吸引游客纷至沓来。乌苏浪子湖三面环山，面积13.5万平方米，平均水深2.5米，位列我国湛江湖光岩玛珥湖和德国的玛珥湖之后，是世界第三大玛珥湖。乌苏浪子湖以水草丰美闻名，栖息着无数的白鸥、野鸭、天鹅等禽鸟，游人亦可乘船垂钓，运气好的能钓到白鱼、老头鱼。白鱼是冷水鱼，有"天池鱼"的美称，味道鲜美。在阿尔山地质公园畅游了一整天的游人，晚餐不妨选择一顿天池鱼烧烤，好好犒劳一下自己。

　　杜鹃湖，火山熔岩流壅塞哈拉哈河形成的湖泊，是典型的堰塞湖。海拔1224米，湖面呈"L"形，东北为进水口，西南为出水口；上连松叶湖，下衔哈拉哈河，平均水深2.5米，最

深处5米以上。每逢残雪消融，春和景明，杜鹃湖迎来一年中最出彩的季节。湖岸杜鹃花盛开，灿若云霞，湖面被映衬得似朝日停止跃动，又似夕阳忘了收起最后一抹金辉。杜鹃湖是流动的活水湖，东西横贯整个公园的哈拉哈河将杜鹃湖、鹿鸣湖、仙鹤湖、石兔湖、松鼠湖、蝶飞湖、金莲湖串起，沿哈拉哈河谷形成串珠状的"七大连湖"。

　　哈拉哈河的源头在三潭峡——卧牛潭、虎石潭、悦心潭，它们联袂汇入哈拉哈河峡谷；三潭上溯，细听流水有声，睇视无踪，原来是暗河潜通，可达石塘林；三潭而下，到金江沟林场，演绎了一段-30℃气温下的"不冻河"传奇。隆冬时节，哈拉哈河大部分河面已经封冻，尚有几处河段受地热影响在潺潺流动，每段长约300米，冰花、雪花、水花"三花"竞放。河面水汽氤氲，河边碧草如涤，远远望去，绿野仙踪，如梦似幻。

　　石塘林是一个罕见的熔岩盆地，长约20千米，宽约10千米，由第四纪时期多次火山喷发的岩浆流淌形成。盆地内有翻花石、熔岩垅、熔岩绳、喷气碟、熔岩丘、喷气锥、熔岩陷谷、地下暗河，以及熔岩溢出过程中形成的堆

美不胜收的杜鹃湖

积剖面、龟背熔岩等遗迹。其中大片的熔岩丘又称熔岩冢，是阿尔山火山区有别于其他火山区的独特资源，绝对世界级。龟背熔岩，形成于玄武岩熔岩沉积物逐渐冷却。沉积物表面酷似龟壳图案，是全球地质公园中唯一大型、发达、完整的龟背熔岩，不仅在中国，即使在世界也属罕见。

石塘林是亚洲最大的近期死火山玄武岩地貌，地质构造、土壤、植被生物均保持原始状态，生物多样性复杂，再现了从低等植物到高等植物的演替过程。熔岩表面土壤十分稀薄，甚至没有土壤，但令人惊叹的是，石塘林里挺立着生命力顽强的兴安落叶松、白桦、桧柏、金银梅、杜鹃等多种植物。身高数米的兴安落叶松和白桦扎根于熔岩裂隙茁壮生长，偃松、苔藓布满熔岩表面，它们构成了石塘林独特的风景线。

四、好森沟园区

好森沟园区位于地质公园东部，面积402.5平方千米。园内的主要地质遗迹有花岗岩峰林和峡谷。好森沟是蒙汉混合型词语，"好森"，蒙古语，干的意思，每逢春季这里干旱缺水，故称"好森沟"。

暴露于地表的花岗岩体经过长期的风化作用和重力崩塌作用，形成了各种奇特的地貌景观，如麒麟峰、猎人峰、天河峡谷、仙人洞等，被人誉为"北方桂林"。好森沟园区原始森林密布，一年四季，松涛阵阵，桦浪滚滚，和2006年国家林业局批准成立的好森沟国家森林公园你中有我、我中有你，难分彼此。

麒麟峰，园区的主峰，因其形状酷似昂首远眺的麒麟而得名。形成麒麟峰的岩石为花岗岩，峰体基座较粗，直径约15米，向上峰体变细，峰高约20米，峰顶为一细颈，为节理发育的花岗岩经长期的物理和化学风化作用而形成。在长期的风蚀冻融作用下，花岗岩的垂直节理裂隙不断加大，裂隙的上部受到了比下部更强烈的风化作用，在重力作用下上部不稳定的花岗岩屑或岩块不断崩落垮塌，残留部分再经风的吹蚀等作用而不断圆化，最终形成形态不一、傲立长空的花岗岩石柱。

猎人峰是好森沟地貌园区的主要景观之一，因其形状酷似一位持枪的猎人而得名。猎人峰与麒麟峰因天河峡相隔而隔谷相望，因节理发育的花岗岩经长期的重力崩塌和风化作用而形成。

天河峡是切割两座高山的深谷，为两分水岭交汇切割而成，属河流雏形。谷深约8～15米，谷内砾石遍布。受地形和季节影响，每逢雨季，谷中水流顺沟而下形成瀑布，景色壮观。

五、人文生态

阿尔山的蒙古语Arxan（英语Arshaan），与哈萨克语Arasan、维吾尔语Arixang语源相同，已难以考证其源自阿尔泰语系还是突厥语系。语言是民族迁徙的文化地标，阿尔山一词辐射极广，在俄罗斯贝加尔湖地区，Arshan冷热气泡矿泉可以饮用；在俄罗斯图瓦共和国，Arzhan 2号墓出土的黄金艺术品与我国新疆哈巴河县古墓中的黄金艺术品高度类似，由此可大致勾勒出古代游牧民族在内亚腹地生息迁徙的路线图。匈奴、乌桓、契丹、蒙古等民族留在这里的印记经常被发现。

2011年，在阿尔山市天池镇境内哈拉哈河支流——哈达南河西岸山坡的一处岩石上发现两处回鹘（hú）式蒙古文题记。2015年，在阿尔山市境内的大兴安岭一处崖壁上发现墨书"契丹大字"。契丹大字创制于公元920年，由辽太祖耶律阿保机下令参照汉字创制，距今已有1100多年的历史。回鹘式蒙古文题记和契丹大字摩崖题记的发现，标志着阿尔山文化累积的厚度，引起各界关注，为生态示范城市阿尔山增加了一抹绚丽的文化色彩。

阿尔山被称为"森林、猎人和游牧民的土地"，是火山、花岗岩山峰、河流、天然泉水、火山湖和风景秀美的河段的复合体。自古以来，阿尔山地区一直是许多中国北方游牧民族诞生的摇篮。

阿尔山拥有一个5A级旅游景区、一个世界地质公园、两个国家森林公园、三个国家湿地保护区和一个国家重点风景名胜区；阿尔山还位于东北亚经济圈腹地和我国东北经济区的西出口，是内蒙古自治区继满洲里、二连浩特之后的第三个边境口岸城市，与蒙古国有着93.4千米的边界线。阿尔山的森林覆盖率达80%以上，绿色植被率达95%，空气中的负氧离子含量极高，空气甚至可以罐装上市售卖；阿尔山世界地质公园，出得林海雪原，入得热水温泉。大自然赋予阿尔山卓越的美景和历史承载的人文印记，但如何保护她，考验着决策者的智慧。

2014年1月，习近平总书记视察阿尔山时留下的深情嘱托和殷切期盼，为阿尔山的发展注入了强大活力。阿尔山未来的发展，要走生态优先、绿色发展的高质量发展新路子。首先要从历史的高度，以科学的思维阐明人与自然和谐共处的重要性，让阿尔山的发展决策具有缜密性和前瞻性。惟其如此，才能让世界地质公园成为阿尔山最耀眼的一张名片，发展潜力不断释放。

参考资料

[1]阿尔山市人民政府网站资料。

[2]《中国世界地质公园：火山王国 温泉圣地——阿尔山世界地质公园》，公众号：醉在夕阳里，2020年5月29日。

[3]全景sir：《矿泉、火山、林海，阿尔山有多炫？》，公众号：广州全景国家地理文化发展，2021年6月30日。

[4]乌日丽格：《边境口岸志13——阿尔山口岸志》，公众号：边疆研究，2019年10月30日。

[5]林梅村：《黄金！黄金！从欧亚草原开始》，公众号：文博山西，2021年7月4日。

方寸明珠：香港世界地质公园①

2016年7月13日，知名旅游指南《孤独星球》（Lonely Planet）公布亚洲十大景点，中国香港名列第五，其地质公园、荔枝窝村落和深水埗（bù，同"埠"）等旧街区的自然人文景观为上榜的主要得分项。

2018年7月24日，香港金融管理局和三家发钞银行公布了2018年全新系列香港纸币。500元面额港币背面是香港地质公园的六角形火山岩柱。目前，这套纸币正在市面上流通。

香港地质公园连续受到关注，它有何奇特之处呢？

一、奇观乍现

20世纪70年代，香港人口激增至400多万，供水面临巨大挑战。1971年，万宜水库工程开工，借助海峡修建大型水坝，将香港西贡区和粮船湾岛相连，形成一个大型闭合区域，抽干其中的海水后补充淡水，从而成就了今天香港这座最大的淡水库。

为了修建大坝，施工人员在水库东坝附近的山崖开辟采石场，随着爆破开凿，六角形岩柱包括六角形火山岩柱、断层、褶曲、扭曲的石柱，以及岩脉侵入等地质现象初露真容。这些地质奇观得到了保护，相关部门特意在水

---

① 中国香港世界地质公园（简称香港地质公园），位于香港新界东部及东北部，陆地面积逾150平方千米，有西贡东部火山岩和新界东北沉积岩两个园区。

库东坝附近开凿多个岩石剖面和新鲜露头，供人们近距离欣赏。

　　香港的火山岩柱面积逾100平方千米（含海域），总厚度超过400米，岩柱直径平均约1.2米，最粗可达3米，数量达20多万根，出露高度高，于海岛和海蚀崖上高达100米。大量整齐排列的岩柱，看起来像是人工修筑的一般，非常壮观。

　　香港火山岩柱分布面积和高度为世界之最，其岩石结构和化学成分与世界其他地区的六角形岩柱存有巨大差异，加上体积巨大、分布范围广阔，并融合多种海岸侵蚀地貌，构成独特的地貌景观。

二、六角形岩柱

　　香港处在中国东南大陆巨型中生代陆相火山岩带内，岩浆活动十分剧烈。1.4亿年前的中生代最晚期，西贡地区（包括海域）地壳活动引发火山喷发，喷发后期因岩浆库被掏空，火山上部失去承托力，结果造成大面积崩塌，形成一个约18千米长的巨大椭圆形盆地，称为破火山口（粮船湾破火山口）。

　　破火山口短时间内堆积大量熔融的火山物质，在未受扰动的环境条件下，这些火山物质稳定地降温，向中心部位及向下垂直冷凝收缩。由于六边形具有完全充填和最具效率的特点，基于最小耗能，火山物质表面首先产生规则的六角网状节理，随着温度下降，裂隙垂直向下延伸，最终把火山物质切割成数百万条平行排列的六角形岩柱，总体符合"冷凝收缩"的成因模式。实际上岩柱以六角形为主，也夹杂为数不少的四角或五角形岩柱。

　　形成六角形岩柱的火山岩同时展现凝灰岩和熔岩的特征，岩性是富含二氧化硅的细火山灰玻屑凝灰岩，或作流纹质凝灰岩，内地学者多主张是流纹质碎斑熔岩（白垩纪粮船湾组）。西贡粮船湾破火山属于被长期剥蚀（海蚀）作用严重破坏的破火山机构，其中心大致在沙塘口山—火石洲一带；破火山的东半部已基本隐没于海平面之下，目前所见的火山岩石柱仅为碎斑熔岩岩穹的残留部分。

万宜水库东坝是近距离欣赏六角形岩柱的最佳地点，有"天然六角岩柱壁画"之称。在万宜地质步道东坝底，可以看见"S"形弯曲的岩柱群，一般认为：熔融的火山物质在冷凝收缩形成六角形岩柱的过程中，会逐渐由塑性状态转变为固态；在岩柱刚刚形成的一刻，突然发生地质运动，强大的外力把未完全固化的岩柱推挤至弯曲变形。

更加有趣的是，在"S"形岩柱群中间有一条近乎垂直的深色岩墙侵入，那是在弯曲岩柱形成若干年后的另一次地质运动中，源自地底深处的基性（镁铁质）岩浆侵入地表六角形岩柱群的弱带，也就是岩柱弯曲的部分；这些基性岩浆其后冷凝固结，形成一道深色的岩墙。由此可见，以"S"形弯曲的岩柱群集合多种地质特征，内容丰富精彩，堪称万宜地质步道的精华。

六角形岩柱在世界火山地区并不鲜见，但大多由硅质含量较低、近乎黑色的玄武岩构成，如英国北爱尔兰的世界自然遗产"巨人堤"和中国福建漳州南碇岛的百万石柱。虽然浙江临海、衢州，吉林四平山门也发现了酸性火山岩柱状节理，但相比之下，香港的酸性火山岩柱无论面积、厚度、岩柱直径，均呈现最大的规模，尤其是它以独特的地貌与海水结合，更显奇丽珍贵。对于香港西贡火山岩柱群的成因，地质学家至今看法不一，极具科学研究价值。

西贡海岸六角形火山岩柱是橙黄中透着赭红色，作为自然景观和香港大厦林立的城市风貌，在色彩和造型上可谓天造人设，凸显了六角形岩柱这一香港世界地质公园核心景观的代表性意义，它不仅

万宜水库边上的"S"形六角火山岩柱

是地质公园的图案标志，也是东方之珠、香港之美的生动体现，登上港币流通于世也就毫不奇怪了。

三、香港后花园

香港位于珠江口东南侧，南临中国南海，北与广东深圳接壤，主要由香港岛、九龙半岛、新界和200多座离岛组成，陆地面积为1110平方千米，水域面积为1645平方千米（2021年）。香港是典型的岛海环境，曲折的海岸线总长1178千米。素有"香港后花园"之称的西贡区，拥有全香港最长的一条海岸线，也是岛屿最多的区域。千姿百态的海岸地貌，成为香港地质公园一条靓丽的风景线。

西贡火山岩园区包括桥咀洲、粮船湾、果洲群岛和瓮缸群岛4个景区。桥咀洲是位于西贡内海的一个狭长岛屿，南北长约2500米，东西宽约500米，最高点海拔136米，形如匕首。桥咀洲地处西贡破火山口的西缘，拥有比六角形岩柱更早期形成的多种火成岩，包括熔岩和条纹斑杂岩等。东西两端各有一个美丽的沙滩，西端退潮时才露出水面的天然连岛沙洲海岸布满砾石，由石英二长岩、火山角砾岩等组成。因潮汐涨退，石英二长岩巨砾时而浸泡在水里，时而露出水面暴晒在阳光下。强烈的热胀冷缩和多种风化作用与侵蚀作用，

砾石构成连岛沙洲海岸

在巨砾表面形成网状龟裂纹，布满黑云母斑点，貌似美食"菠萝包"，深受游客喜爱。

果洲群岛由南果洲、北果洲、东果洲和多个小岛组成，从高空向下望很像一盆生果浮在海上，因此得名。北果洲的"银瓶颈"大断崖由于断裂作用，上覆岩石滑落海峡，露出断裂面，有数个足球场大；其六角形岩柱状如蜜蜂巢，直径2米以上，为区内之最。南果洲孤悬海上，人迹罕至，任由风浪之手把岩柱当作绷紧的琴弦，一遍遍弹奏，排遣孤寂。海水穿石，海蚀洞、海蚀拱成为南果洲东西两岸的标准配置。

破边洲原本与西南侧的花山相连，因有一条断裂碎裂带横贯其间，并长期受到猛烈海浪的冲击，破碎的岩石被冲蚀搬迁，形成一条狭窄的水道"神削峡"，导致破边洲与花山分离，成为独立的海蚀柱。从万宜水库东坝远望海边就能看到破边洲，它长约200多米，宽约100米，高达63米，六角形岩柱处处可见。东坝段末端观景平台面对的海蚀洞，是因为海浪侵蚀岩柱的破碎带而形成，但由于水库建成，防波堤阻挡了海浪，其风化海蚀速度大大减慢。

大浪湾，是粮船湾超级火山的一部分，多种火山岩在此出露，展示了最动人的火山岩海岸地貌。在3000米的海岸线上，水清沙幼的西湾、咸田、大湾和东湾，连同北面著名的险峰——蚺蛇尖，合称"一尖四湾"，曾获选"香港十大自然胜景"第一名。

瓮缸群岛由沙塘口山、横洲、火石洲等多个岛屿组成。火山岩柱群底被海浪侵蚀贯穿，形成水道，顶部未被侵蚀的岩石状如拱桥，故称海蚀拱。火石洲的"关刀大洞"（高45米）、横洲角的"小台湾"（高30米）、沙塘口山的沙塘口洞（高24米）及吊钟洲的吊钟洞，合称"香港四大海蚀拱"，其中吊钟洞被誉为最美的海蚀拱。

四、沉积岩地貌

新界沉积岩园区包括赤洲—黄竹角咀、赤门、印洲塘和东平洲4个景区，

海浪侵蚀塑造出的著名"鬼手"

拥有从泥盆纪到古近纪（约4—0.55亿年前）形成的沉积岩层，裸露在地面上的沉积岩，记录了香港沧海桑田的变迁，堪称典型的户外沉积地质教室。

黄竹角咀位于新界船湾以东，是香港最狭长的岬角极地，这里出露香港最古老的岩石，约为4亿年前的泥盆纪陆相和浅海相沉积岩，以砂岩、砾岩为主，含有鱼类和双壳类等古生物化石。黄竹角咀与邻近的赤洲被列为地质公园的赤洲—黄竹角咀景区，著名景点"鬼手"，在黄竹角咀的海滨尽头，高近2米，状如紧握的右拳，指节历历可辨。由于水平的沉积岩层发生褶皱近乎直立，沿节理及薄弱层风化侵蚀，形成"手指"；海浪不断冲蚀岩石底部，形成"手腕"。"鬼手"出名后倍受追捧，结果手指越来越短，最可惜的是还少了一根，已经盛名难副了。

赤洲位于大鹏湾中部，大部分地方均是侏罗纪红色沉积岩，夹有岩脉，如港式红豆糕上加入丝丝花奶。东北岬角七只麒麟并列海上的"麒麟排"，以及"仙人脚印""猛虎下山"等奇景皆生动有趣。

印洲塘位于新界东北部，这里及其邻近离岛的地层由红色砂岩、砾岩和角砾岩组成，属白垩纪晚期的红层，与中国大陆的丹霞地貌同属一个类型。新生代以来，由于构造沉降，在8000—6000年前海平面上升之后，海水淹没了印洲塘一带原是河谷的陆地，形成湾湾相连、众岛环抱的内海环境。这里有"印塘六宝"：印洲的印章、白沙头咀的毛笔、笔架洲的笔架、印洲附近的石排浓墨、如纸张般平滑的海水，加上吉澳黄幌山的罗伞，比"文房四宝"还多出两宝，难怪港区旅游界有"内地有苏杭，香港有印塘"之说。

东坪洲，位于香港东北水域的大鹏湾，是香港最东面的小岛。面积1.1平方千米，以"三平"见称——岛平，最高点只有48米；海平，附近海域时常波平如镜；地层平，水平沉积了约5600—3200万年前古近纪的薄层粉砂岩和页岩，为地质公园最年轻的地层。为了方便与大屿山对开的坪洲区分，其名字前加上"东"字，称东坪洲，也作东平洲。

"离岛东坪洲，隔世小天堂。"这里有湛蓝的海水、变化万千的沿岸海蚀地貌、层理分明的页岩、棋盘似的粉砂岩、由蓝绿藻化石堆砌而成的叠层石（平洲组）、两层楼高的海蚀柱及岩层"龙落水"等景观。香港渔农自然护理署在岛上设置了环岛的郊游大道及相连小径，环岛一周约6000米。

五、美丽生灵

香港地处华南沿岸，属于南亚热带气候，受海洋性季风影响，夏季因台风潮湿多雨，年平均气温23.5℃，年平均降雨量超过2300毫米。这些得天独厚的地理条件和复杂多变的地形地貌，为香港孕育了丰富多彩的生物多样性。根据最新发布的《国家重点保护野生动物名录》，香港现有野生动物中，有172种为国家重点保护野生动物，包括兽类一级保护8种、二级保护18种；鸟类一级保护20种、二级保护93种；爬行类一级保护6种、二级保护17种；两栖类二级保护4种；鱼类二级保护3种；昆虫类二级保护的蝴蝶2种、蜻蜓1种。

香港处于东亚—澳大利西亚鸟类迁徙路线上，一到冬天不少迁徙鸟都会来到香港。地质公园中到处可见自由飞翔的白鹭，还可在布满火山岩柱的荒岛上找到多种燕鸥和香港最大型的雕类——白腹海雕。它们每年夏季都会到访香港，在此繁衍生息。

除了鸟类，蝴蝶和蜻蜓也是地质公园的常客，有香港最大的蝴蝶品种裳凤蝶，有翅膀透明、翅基橙褐色的蓝额疏脉蜻。它们娇艳的身影在花丛中穿梭，在湿地和溪流上飞舞，为地质公园增添了一抹抹灵动的光彩。

香港最具代表性的野生动物，当属香港特有的卢氏小树蛙。它身体短小，成年个体体长只有1.5厘米，是中国最小的蛙，通常生活在水源附近，栖于地面或枯叶堆里。比起蝴蝶和蜻蜓，卢氏小树蛙最突出的品质便是低调。

香港的亚热带气候及海洋环境适合热带及温带动物生长，海洋生物中记录鱼类即达1000种。香港地质公园水域水质良好，孕育了大面积的珊瑚群落，生长着香港记录的所有84种石珊瑚和23种软珊瑚。

六、治愈之地

从来给人一副花花世界印象的香港，也有葱茏天然的一面。乡村和离岛，是她的另一种原始风景，另一张繁荣背后的绿色容颜。大大小小的离岛，成为香港的历史原乡和怀旧之地，能够治愈以焦虑为主要症候的"城市病"。

荔枝窝，位于新界园区内，是新界东北地区最具规模、保存最完好的客家围村之一，至少已有300多年历史。荔枝窝农业最兴旺之时，村中人口过千，村民主要以务农为生，出产的农作物种类繁多，以稻米为主，秋收后稻田改种番薯、芋头，以及各种瓜果蔬菜，山坡上的果园也曾种植菠萝、年桔和梅子等。即使疏于管理，含有火山物质的土地也能带来不错的收成。荔枝窝是庆春约七个客家村落的中心，现荔枝窝村里设有故事馆，以庆春约七村村民的口述历史及捐赠文物为基础，通过庆春约的农耕生活、传统医术及草药、传统婚嫁、客家歌唱等四个主题，展示传统客家文化。

粮船湾是位于西贡的一个离岛，在古代是收粮集散的地方。粮船湾建有香港最富名气的天后宫，每逢农历三月廿三日即天后妈祖的宝诞，全港的善男信女都要在此庆祝。首先，身着类似于清朝服饰的参与人士，于三月十五开始打醮（jiào）；其次，拜山拜海，海山同佑民众事事如意；再者，天后娘娘的神像进行出海之巡，配之以诵经，场面盛大隆重。这些独具特色的庆祝活动，让粮船湾的天后宝诞不仅成为新界乃至全港民俗文化的亮丽风景，代表了香港地域文化与族群融合的范例，更是香港沿袭中国传统文化且源远流长的重要象征。

盐田梓是位于西贡内海的岛屿，居民的先祖客家陈氏家族于清朝初年由深圳到此建村，以捕鱼、晒盐和耕作为生，定名为盐田梓村。"梓"，桑梓的简称，指乡里，有缅怀故乡的意思。这个客家村已有300多年历史，居民曾达到200多人。这里是香港早期天主教的发源地，1841年罗马教皇派遣传教士到香港传教。1866年圣诞节，陈氏家族有30人受洗，信奉了天主教。1890年，奥地利的福若瑟神父到盐田梓传教，建成圣若瑟天主堂。盐田梓曾被废弃，近年展开修复工作，如今已恢复昔日的生机，与香港旅游发展局携手举办艺术节，为香港增添了一个新的自然与文化景点。

香港，她可述说的东西要比她的面积多得多。而世界地质公园同样如此，虽稍乏云蒸霞蔚、深山大泽之致，但一柱两园，已然超绝可喜，蔚为观止。

参考资料

[1] 香港世界地质公园网站资料。

[2] 石珊珊：《香港：一面城市，一面自然》，公众号：地球杂志，2022年7月1日。

[3]《发现香港的另一面——熟睡中的世界地质公园》，公众号：YHA青年旅舍，2018年1月26日。

[4]《香港，有你不知道的自然事》，公众号：森林与人类杂志，2021年7月26日。

[5]《不一样的香港：离岛风情》，公众号：广州全景国家地理文化发展，2018年3月26日。

[6]《在香港，有一种传承千年的繁华和记忆》，公众号：香港文汇网，2016年5月9日。

中国的冰川流水地貌类
世界地质公园

　　什么是冰川？在气温常年保持在0℃以下的极地高山区，长期下雪并且雪花越积越厚，成为粒雪。粒雪经过融化、再冻结、互相碰撞，转化成粒冰。粒冰变得更加致密坚硬，成为淡蓝色的冰川冰。冰川冰在重力作用下，沿着山谷慢慢流动，在流动过程中逐渐凝固成一条条冰河，这就是冰川。

　　冰川有很强的侵蚀、搬运和堆积作用，在这个过程中就形成了各种奇特的观赏地貌。中国的冰川多为山岳冰川。庐山以典型的中国大陆东部山地第四纪冰川遗迹（有争议）、地垒式断块山构造和变质核杂岩构造遗迹所构成的多成因复合地貌景观著称，从未间断的历史承载和丰厚的中西文化底蕴使其荣膺"人文圣山"的桂冠；苍山主要有第四纪冰川遗迹、变质岩变质变形遗迹、造山构造形迹、混合花岗岩峰丛峰林景观，是"大理冰期"的命名地；昆仑山以冰川冰缘地貌、地震遗迹等景观闻名于世，孕育了中国神话体系之一的昆仑神话体系。

"冰川"匡庐：庐山世界地质公园[①]

庐山又称匡山、匡庐，地处江西省北部、九江市南，北枕长江，南偎鄱阳湖，以雄、奇、险、秀闻名，享有"匡庐奇秀甲天下"之美誉。庐山的自然美景与历史和文化完美结合，形成了独特的景观，是中国人心目中的"人文圣山"。

一、楔（xiē）子

大约10亿年前，庐山在浅海沉积的古老地层中经过反复抬升和陆沉，最终得以浮出水面。2亿年以来，地壳活动再次明显增强，断裂拉张，岩浆活动不断，至6500—2330万年的晚白垩纪，庐山与其东南面鄱阳湖断陷盆地均初具雏形。2000万年前的喜马拉雅运动中，山体不断抬升，盆地继续下沉，当300万年前第四纪到来之时，庐山已是一座孤立雄伟的断块山。

第四纪塑造庐山真面目的力量来自何方？庐山独特秀异的地貌特征，被李四光先生认为是冰川曾经发育的证据，从此庐山与冰川缔下不解之缘。

二、"冰川"之争

1921年，李四光在山西大同及河北太行山东麓发现了冰川漂砾，识别出

[①] 庐山世界地质公园位于江西省九江市，地理坐标为东经115°50′～116°10′、北纬29°21′～29°45′，面积548平方千米。

冰川流动形成的擦痕；20世纪30年代，在江西庐山发现冰川沉积物，在鄱阳湖边发现具冰川擦痕的羊背石，并在安徽黄山发现"U"形谷削壁上的擦痕和冰川漂砾。1933年秋，在中国地质学会第十次年会上，李四光以理事长身份作了《扬子江流域第四纪冰期》的演讲，详细地报告了庐山冰川遗迹，认定第四纪冰川在中国东部中低山地广泛分布。他说："从低地冰川扩展的纬度而言，我们的亚洲大陆确是突破了地球上所有大陆的记录。"1937年他完成专著《冰期之庐山》（1947年印行），主要根据庐山地区的"冰碛物""冰川地貌及冰溜遗痕"，划分出鄱阳、大姑、庐山三次冰期和二次间冰期，并认为大理冰期晚于庐山冰期，为更新世最后一次冰期。后来通过修正，将鄱阳、大姑、庐山、大理四个冰期，与20世纪初德国学者根据阿尔卑斯山第四纪冰川研究提出的四大经典冰期形成对应。

　　李四光庐山冰川学说从20世纪30年代建立伊始，便争议不断。地学界逐渐形成两个观点对立的群体，就中国东部第四纪是否存在冰川进行多次论战。

　　1989年，施雅风、崔之久、李吉均等30多位学者一起，编写出版了专著《中国东部第四纪冰川与环境问题》，他们在被李四光称作第四纪冰川遗迹的庐山"大姑冰期冰碛物"中，找到了属于亚热带和温暖带的孢粉。由此证明，那些被李四光判定的冰川沉积，实际上是泥石流沉积。他们认为，中国东部除少数高山有确切的第四纪冰川遗迹外，李四光学派论述的中低山地冰川遗迹及冰期划

漂砾（又名冰漂石）

分，属于系统的误解。

地质学家黄汲清院士撰文评论说："今天看来，李四光教授的研究方法，毋庸讳言，是有缺点的，他始终注意和探讨冰川地形和沉积物，而对古气候变迁很少关注。最近施雅风、崔之久、李吉均等合著出版了《中国东部第四纪冰川与环境问题》专著，内容丰富，论证精详，他们的结论基本上否定了李四光学派的成果和观点，这是一件好事。"[①]

针对有人讲"施雅风在李四光生前毕恭毕敬，死后就开始反对他"，施雅风院士回应："李四光教授对我国科学技术有多方面杰出贡献，他首先提出第四纪冰川问题，鼓舞人们从事此项研究，促进第四纪冰川研究的发展，我们受教于他，现在来发展和修正他的认识，是职责所在，丝毫无违于对这位前辈杰出学者的尊敬。"[②]

三、庐山真面目

《中国东部第四纪冰川与环境问题》出版后在学术界产生重要影响，困惑中国地学界多年的东部第四纪古冰川之争，如施院士所言"有平息的趋势"，但并未完全平息，今天仍有学者不断对这一问题提出不同见解。可以说，对于以庐山为代表的中国东部海拔千余米的山地，在第四纪全球性冰期影响下能否发育冰川这一问题，迄今尚无定论。

庐山世界地质公园便是在"发育冰川"前提下，揭开庐山真面目的。庐山博物馆在介绍世界地质公园主要地质特征时说："庐山第四纪冰川遗迹，具有全球对比意义，是一种发生在中国东部地区少见的中纬度、中山区的山麓冰川。庐山是中国第四纪冰川地质学奠基地。"

庐山世界地质公园，是中国东部地区第四纪冰川地貌最典型最集中的地

---

①② 施雅风：《一项发展和修改前人认识的研究》，中国科学院官方网站，创新专题，2014年10月10日。

区。在庐山共发现100余处重要冰川地质遗迹，冰窖、"U"形谷、冰斗、刃脊、角峰等，完整地记录了冰雪堆积、冰川形成、冰川运动、侵蚀岩体、搬运岩石、沉积泥砾的全过程，是中国东部古气候变化和地质特征的历史记录。

冰窖，冰川学上称其为粒雪盆，像是储存冰的地窖。冰窖是冰川最初的起源，也是冰川的积累区，可以说是冰川的摇篮。芦林湖和如琴湖，曾经都是冰窖。芦林湖所在的芦林湖盆，位于大校场"U"形谷的下方。冰窖长约1300米，宽约750米，底部高程约1000米，略向西北倾斜。在被改造成人工湖之前，它是一个高山天然湖泊。芦林冰碛泥砾位于大校场冰川"U"形谷口，由黄棕色泥砾组成，大小混杂，无分选，无层理，是40—20万年前冰川消融后的堆积物。其中的冰川条痕石及熨斗石，都是庐山冰川成因的证据。如琴湖在大地回暖后，一直是个溪水潺潺的水洼，旁边曾经伫立着大林寺。1961年，人们在靠近冰溢口筑起大坝，形成一个状若琵琶的人工湖。夜深人静时，山坡上的水注入湖中，水声如弹拨的琴弦，声形相应成趣，故名如琴湖。

如琴湖

　　"U"形谷，又称冰川槽谷、冰蚀谷。冰川运动过程中形成的强大侵蚀力就像木匠用的刨子一样，刨蚀和磨蚀山谷中的岩石，使其形成横断面呈"U"字型的谷地。"U"形谷内常保留有冰蚀痕迹及冰碛物。王家坡"U"形谷是庐山上规模最大、保存最好和最典型的"U"形谷地。长约4000米，宽约700米，纵断面稍显阶梯状，呈现上窄下宽的形态。谷内发现有较为典型的冰川条痕石。

　　冰斗，是山岳冰川发育的典型冰蚀地貌之一。形成于雪线附近，由于雪线附近温度变化，积雪反复冻融，造成岩石崩解，在重力和融雪水的共同作用下，将岩石侵蚀成半碗状或马蹄形的洼地。远远望去，就像一个家中的藤椅高挂半空。大坳冰斗位于大月山刃脊北东段西北侧、王家坡"U"形谷的南侧陡壁处。冰斗长约300米，宽约250米，深约100米，斗底高程1200米。斗底较为平坦，微微向北倾斜，冰斗四周皆为峰壁围绕，冰斗窄口下成悬崖，从冰斗后壁向斗口倾斜。大坳冰斗是支持冰川说学者认为的庐山典型冰斗之一。

　　角峰，冰斗往往沿雪线附近成群分布，冰斗后壁不断后退，山峰越来越陡峭，山脊也变成了刀刃状即刃脊。由数个冰斗包围形成的尖状金字塔形山峰，称角峰。犁头尖角峰是因冰雪侵蚀而形成的金字塔形角峰，海拔1300米，高差上百米，由含砾砂岩构成。山峰状若农用工具犁耙的头部，故名。

　　以施雅风为代表的持非冰川说的学者认为：庐山的冰窖是源头凹地，由强烈的褶皱作用，引起周围抬升、中间凹陷后形成；冰碛物的泥砾混杂堆积，是泥石流堆积。王家坡"U"形谷为向斜谷，如此大的谷地不利于冰川的运动，并且谷地上游狭窄下游放宽，如喇叭向下开口的特征，与冰川越向高温地区运动规模越小的特点相违背，应是构造活动时褶皱中的向斜经自然改造所形成；所谓大坳冰斗，缺少典型冰斗所具备的要素，如斗门槛与深凹之岩盆，即冰斗长/两倍冰斗深之比值大于国内外典型冰斗的同类比值。总之，大坳冰斗与典型冰斗相比太浅，另外多数庐山的山脊没有刃的感觉，等等。

四、世界文化景观

1982年，庐山被批准成为我国第一批国家级重点风景名胜区；1996年，庐山又成为中国第一处被联合国教科文组织授予的"世界文化景观"。[①]

文化景观于1992年纳入《世界遗产名录》，属于《保护世界文化和自然遗产公约》第一条所表述的"自然与人类的共同作品"。世界遗产委员会评价说：庐山是中华文明的发祥地之一。它瑰丽的自然风光与匠心独运的历史建筑，构成了独一无二的人文景观。这里的佛教和道教庙观，以及儒学的里程碑建筑（最杰出的大师曾在此授课），完全融汇在美不胜收的自然景观之中，赋予无数艺术家以灵感，而这些艺术家开创了中国文化中对于自然的审美方式。

庐山属于地垒式断块山，奇峰林立，各显劲拔之美，嶂谷悬崖，纷落飞瀑之秀，于名山之林独具风骚。另处神秘的北纬30°线附近，近江临湖，雨量充沛，云雾变幻莫测，生物多样纷繁。在自然方面，庐山得山水形胜，甲秀天下。

庐山，被古人命名过的奇峰就有177个，均有着较高的地学景观旅游价值。五乳峰、下双剑峰、香炉峰等，由古元古代坚硬致密的变粒岩构成；黄龙山、天镜石、马耳峰、石耳峰、小五老峰等，由中元古代浅变质岩组成；汉阳峰、金轮峰、轿顶山、犀牛峰、紫霄峰、双剑峰、般若峰、南康尖、桃花峰、大步尖等，由新元古代酸性火山岩构成；五老峰、五小峰、上霄峰、铁船峰、大鹏峰、千佛峰、北香炉峰、莲花峰、丫髻山、大林峰等，由南华纪砂岩构成。

五老峰受构造剥蚀崩塌，岩台并立，形同五个老人箕踞而立，面对鄱阳

---

① 中国的世界文化景观共有5处：庐山（江西，1996年）、五台山（山西，2009年）、杭州西湖（浙江，2011年）、红河哈尼梯田（云南，2013年）、左江花山岩画（广西，2016年）。世界文化景观往往又被列入"世界文化遗产名录"。

三叠泉瀑布

湖，故称五老峰。五老峰海拔1436米，略低于庐山最高峰大汉阳峰（海拔1473.8米），不同角度看，山姿各异，引得诗仙李白诗兴大发，其诗句"庐山东南五老峰，青天削出金芙蓉"，至今脍炙人口。

庐山的瀑布以水量大、高差大、瀑布多闻名于世。主要有三叠泉瀑布、石门涧瀑布、黄岩瀑布、马尾瀑布、谷帘泉瀑布、玉帘泉瀑布、彩虹瀑布、百丈崖瀑布、乌龙潭瀑布、王家坡双瀑、剪刀峡瀑布、卧龙岗瀑布、鸟儿崖瀑布、简寂观瀑布等。

"匡庐瀑布，首推三叠。"三叠泉瀑布，位于青莲涧与九叠谷的交汇处，瀑布落差高达155米，由山顶层层跌落，分成三叠，上如飘雪拖练，顷刻化烟；中如急雨回风，飘飘洒洒；下如矫龙回宫，吐珠入潭。水石相激，声若陶埙与金石交响，呜呜窣窣，婉约不张扬。瀑布在海拔约900米的地方形成一道波折线，历来被视为传统中国山水画描绘瀑布的原型与坐标。三叠泉下九叠屏悬崖长达700米以上，上下高差约180～250米，是庐山最险峭雄伟的悬崖。

庐山香炉峰瀑布被诗仙凝望，诞生了千古绝句："日照香炉生紫烟，遥看瀑布挂前川。飞流直下三千尺，疑是银河落九天。"三叠泉瀑布被元代诗画大家赵孟頫描画，留下题咏名诗："飞泉如玉帘，直下数千尺。新月如帘钩，遥遥挂空碧。"造化恩宠，不绝如斯。

庐山被赋予绝美的有灵山水，有灵山水护育了生命。地质公园内保存有各类濒危珍稀植物44科57属97种，其中受国家一级保护的3种，受国家二级保护的17种，被列入《中国物种红色名录》的植物68种，以"庐山"或"牯岭"命名的植物如庐山的山花——瑞香，与庐山芙蓉、牯岭玉兰等49种。庐山有300年以上树龄的古树名木1210株，其中千年以上的51株。

庐山森林覆盖率达80.73%，是一座天然植物园。庐山植物园与世界60多个国家近300个单位建立了种子交换等方面的关系，引种驯化植物1479种，汇集了国内外植物3400多种。

庐山庇护的珍稀野生动物有120余种，其中属国家重点保护的88种，省级重点保护的75种，被誉为"中国第二座万里长城"。鄱阳湖候鸟保护区有鸟类170余种，有世界最大的白鹤群，每年约有80~100万只候鸟来此越冬，在此越冬的白鹤占世界白鹤总量的97%。

五、人文圣山

天地庐山有大美。地质之光和人文之火不期而遇，会招来漫游的诗人、讲学的学者、修行的僧道，用诗文状其瑰伟奇丽，用学问、信仰塑造一个国度的"人文圣山"，也会留住与之邂逅的外国人士，使庐山成为国内外著名的旅游胜地。

南朝诗人谢灵运是中国山水诗的开创者之一，他的《登庐山绝顶望诸峤》有"短记"之称，标志着庐山进入诗人的视野，直到迎来庐山的形象大使诗仙李白。

唐朝诗人李白先后五上庐山，写下诗词40余篇。他赞美庐山："予行天下，所游山水甚富，俊伟诡特，鲜有能过之者，真天下之壮观也。"抱负远大、不甘归隐的李白，一生都在仕隐之间挣扎，他五到庐山一吐胸臆，是这种挣扎的真实写照。

"横看成岭侧成峰，远近高低各不同。不识庐山真面目，只缘身在此山中。"庐山哲理诗的新高度非苏轼不能为。在北宋诗人苏轼笔下，现实中的物象真实可触，即景说理，禅意十足，实阅尽千般滋味，作达人语。

明代王世懋（mào）的诗则是另一番气象，他在赴任福建途经九江时，正值大雪飘飞，待雪后放晴，登上庐山，吟出《庐山雪》："朝日照积雪，庐山如白云。始知灵境杳，不与众山群。树色空中断，泉声天半闻。千崖冰玉里，何处着匡君。"

庐山五老峰南麓的白鹿洞书院是中国四大书院之首，因宋代朱熹和陆九渊等在此讲学或辩论，白鹿洞成为当时儒学主流——理学传播的中心和圣地。朱熹在这里提出的教育思想、理学思想，是中国教育史上光辉的一页，影响了宋代以来700年的中国历史。

庐山自天桥向左侧石级路前行至仙人洞，为一段长约1500米的秀丽山谷，这便是著名的锦绣谷，相传为高僧慧远采撷花卉、草药处。东晋太元六年（381），慧远法师途经九江，被闲旷秀丽的庐山吸引，遂驻锡于此，在庐山北麓修筑精舍东林寺，开创了净土宗。

明代吴从先《小窗自纪》云："天下名山僧僭（jiàn）多，高僧方许住得，僭字有趣。"这话说得俏皮并略显不恭，对照清代李渔出手挽救道观的故事也不为过。李渔题庐山简寂观对联："天下名山僧占多，也该留一二奇峰栖吾道友；世间好话佛说尽，谁识得五千妙论出我仙师。"

清光绪十二年（1886），一个炎热的夏日，来自英国的传教士李德立（Edward S. Little）首次登上庐山，看上了牯（gǔ）牛岭东谷这块地方，请规划师进行规划，修建教堂传教布道，并建别墅以为避暑之用。到1895年，李德立强租庐山牯岭，揭开了大规模避暑度假旅游的序幕，发展成为名闻遐迩的外侨避暑地——牯岭"万国别墅博览园"。别墅区以西则形成了一座繁荣的"云中山城"——牯岭镇。每年夏天，去庐山避暑的人，将美景之外的赞叹都留给了这座山间小镇。

庐山的故事还有许多，对庐山世界地质公园影响之巨大莫过于冰川学说的建立及其引发的争论。从某种角度讲，冰川之争提高了庐山的知名度。冰川的出现，特别是第四纪冰川，直接作用于人类的生存环境，对全球气候和生物发展的影响很大，研究和确认第四纪冰川极具现实意义。庐山，一直在召唤有志于此的地质学家们前来考察。

勘破庐山真面目尚需时日，但庐山和紧邻的长江与鄱阳湖，"山—江—湖"一体化的"大庐山"规划理念时不我待，正从更大区域的生态安全保护格局及旅游资源整合角度，规划实施。未来庐山可期，庐山世界地质公园的明天会更好。

参考资料

[1]庐山世界地质公园网站资料。

[2]吴坤罡:《【地质科普】探寻古冰川地貌——走进庐山世界地质公园》，公众号：地质力学学报，2018年6月1日。

[3]丁仲礼:《纪念"超级老头"施雅风先生》，公众号：赛杰奥，2019年6月12日。

[4]《【Go to 地质公园】庐山世界地质公园》，公众号：中国古生物化石保护基金会，2016年3月30日。

[5]《世界遗产地｜世界文化遗产：庐山国家公园》，公众号：中国风景名胜区协会，2021年8月2日。

[6]《庐山真面目知多少？》，公众号：中国国家地理BOOK，2020年8月3日。

世界屋檐：大理苍山世界地质公园①

从高空俯瞰云南，苍山东麓一条巨大的洱海—红河断裂带斜贯全境，将彩云之南全境一分为二：西部横断山脉，东部云贵高原。苍山即位于横断山脉纵谷区与云贵高原的结合部，是横断山脉云岭余脉南端的主峰，"世界屋脊"喜马拉雅山系于此结束，地形在此由最高的一级阶梯下降到二级阶梯。苍山以南，再无山脉达到3500米高度，因而苍山被形象地称为"世界屋脊的屋檐"。

一、苍山

苍山是一座古老而又年轻的山脉，主体由前寒武纪变质岩带组成，距今约20亿年；距今8—2.5亿年时，大理苍山基本处于浅海大陆架地区，分别经历了3.5—2.5亿年（石炭—二叠纪）的古特提斯洋和2.5—0.45亿年（三叠—古近纪）的新特提斯洋的演化与消亡，完成了由大洋到大陆的演化过程。距今5000万年的古近纪始新世，印度板块和亚欧板块不断靠近、聚合，最终两大陆板块强烈碰撞，形成了高大的喜马拉雅山山脉。苍山受喜马拉雅造山运动影响，快速隆升，成为高山的历史相对较短，属于世界上最年轻的

---

① 大理苍山世界地质公园位于云南省西部大理白族自治州，地跨该州的大理市、漾濞彝族自治县、洱源县，地理坐标为东经99°55′~100°12′，北纬25°33′~25°59′，面积933平方千米。由苍山地质地貌景观区、环湖人文景观区和高原湖泊景观区组成。

山脉之一。

苍山南北绵延50千米，东西宽10～20千米，面积757平方千米。苍山属于断层围限的断块山，山脉一侧派生出一系列近东西走向的羽状断裂，顺着这些断裂，流水侵蚀形成了著名的苍山十八溪；水立山飞雨，十八溪又切割出兀立屏列的苍山十九峰。

苍山十九峰，北起洱源邓川，南至下关天生桥，民国重修《大理府志》将其图列如下：云弄、沧浪、五台、莲花、白云、鹤云、三阳、兰峰、雪人、应乐、观音（小岑）、中和、龙泉、玉局、马龙、圣应、佛顶、马耳和斜阳。

远远望去，点点白雪在苍翠的山体间若隐若现，所以苍山又名"点苍山"。十九峰海拔大多在3500米以上，有七座山峰的高度在4000米以上，马龙峰以4122米的高度傲视群峰，成为点苍之巅。在苍山东坡，每两座山峰之间夹一条溪水，形成苍山十八溪，由北而南依次为：霞移、万花、阳溪、茫涌、锦溪、灵泉、白石、双鸳、隐仙、梅溪、桃溪、中溪、绿玉、龙溪、青碧、莫残、葶蓂（tíng míng）和阳南。

横切苍山的十八溪，因为山体快速抬升，溪谷来不及充分下蚀和展宽，具有河床狭窄、比降大、下切侵蚀力强、洪枯水季节流量变化大的特点。飞瀑流泉在深箐断壑、陡崖峭壁间下泻东流，一直注入洱海，决不回头，这份决绝形成绝美的水体景观。

龙溪在马龙峰与玉局峰间，七龙女池位于溪流中段，地势陡峻，流水沿花岗质岩石表面滑落而下，侵蚀形成七级叠水坑，其间飞瀑、跌水相连，池水湛蓝翠绿，清澈见底，各池形色不同，相互连接成串。

十八溪中水量最充沛的万花溪，夹在莲花峰和五台峰之间，汇集大大小小40多条溪水奔腾而下，带着花甸坝的缤纷落英，冲刷出洱海中美丽的海舌半岛。

佛顶峰和马耳峰之间的葶蓂溪，与桃溪、梅溪名中的桃、梅广为人知不同，其名字来自一种古代传说中的瑞草——蓂荚。葶蓂溪是典型的季节性溪流，丰水季节水大得吓人，枯水季节河床干涸。经过治理的葶蓂溪，又能流至山脚，进入下关，与宁静的小城相互依存。

　　白石溪至莫残溪之间，苍山东坡3000～3700米地带，混合花岗岩峰林最具特色。岩石中垂直节理、断裂发育，形成峻峭挺拔的混合花岗岩峰丛/峰林地貌景观。

　　溶蚀洼地以大小花甸坝、鸡茨坝为代表。受北西向断裂构造控制，形成断陷槽谷，地表及地下水沿断裂带活动，溶蚀形成串珠状落水洞，进而堆积淤塞形成溶蚀洼地，后受冰川活动影响，形成高山草甸风光。花甸坝，白语称"活赕（dǎn）"，意为"花的坝子"。大花甸坝位于云弄峰与沧浪峰西侧，海拔2900米，北西走向，长约7000米，宽1000～2000米，面积约12平方千米。夏日甸中流水无声，芳草茵茵，杂花点点，放牧的牛马悠闲地吃着草，一派高原田园风光。

　　玉局峰和龙泉峰之间的山巅之湖洗马潭，是冰川作用留下的冰蚀湖。相传忽必烈征大理时，率兵翻越苍山，曾在这里驻扎洗马，洗马潭因此得名。

苍山洗马潭

攻克大理国都羊苴咩（xiá miē）城（故址在大理古城及其以西地区）后，忽必烈登临兰峰，诗兴大发，作《陟玩春山纪兴》云："时膺韶景陟兰峰，不惮跻攀谒粹容。花色映霞祥彩混，炉烟拂雾瑞光重。雨沾琼干岩边竹，风袭琴声岭际松。净刹玉毫瞻礼罢，回程仙驾驭苍龙。"忽必烈传世诗歌仅此一首，就是在苍山兰峰所作。

苍山地处青藏高原与云贵高原的结合部，澜沧江、金沙江、元江三大流域分水岭的复合地带，植物带谱发育完整。物种垂直分化明显，自下而上依次为稀树灌木草丛带、暖温性针叶林带、半温润常绿阔叶林带、中山湿性常绿阔叶林带、针阔叶混交林带、寒温性针叶林带、寒温性灌丛草甸带等7个完整的植被垂直带谱；汇集着青藏高原植物区、云南高原植物区、滇西峡谷植物区、澜沧江元江中上游植物区的成分，成为我国种子植物特有属的三大分布中心（川东—鄂西、川西—滇西北、滇东南—桂西）之一。

据统计，苍山现有植物2849种，分属182科、927属，其中国家级保护的珍稀濒危植物达24种之多，集中分布有杜鹃、报春、龙胆、百合和兰花等世界著名野生高山花卉。其中报春花科植物有48种，龙胆科植物40种，杜鹃花科有48种。杜鹃花模式标本采自苍山的就有20种，其中苍山特有7种。

苍山海拔3500～3800米地带，被称为"杜鹃—冷杉林带"。海拔3800米以下，主要是乔木型的红棕杜鹃、和蔼杜鹃和马缨花杜鹃等；海拔4000米以上的山顶，杜鹃灌木丛似地毯一般，各类杜鹃花形各异，姹紫嫣红，颜色达16种，最耀眼的黄杜鹃名贵艳丽，为苍山特有。苍山冷杉，颜色较深，性耐寒，生长在海拔3500米以上的悬崖绝壁，是我国特有的一种高山景观植物，被誉为"树中君子"。

二、大理冰期

苍山挟横断山高冷之势，保留着距今一万多年的第四纪末次冰期的冰川活动遗迹，是"大理冰期"的命名地。

1930年，中山大学地理系首任系主任、德国地理学家克勒脱纳（W. Credner，1892—1948）组织"云南地理调查团"，首次在苍山发现洗马潭冰蚀湖等古冰川遗迹。1937年，执教过中央大学的奥地利地理学家威斯曼（H. V. Wissmann）将苍山第四纪冰川遗迹所代表的二三百万年以来的最后一次大冰期，命名为"大理冰期"，被地质学家李四光在《冰期之庐山》（1937年）中使用，之后该命名渐为中国地质学界接受。大理苍山冰川遗迹，是中国第四纪冰川研究的重要基地。

苍山是中国乃至亚洲冰川所能到达的最南端山脉。苍山主脊线南北长33千米，山体狭长，不利于积雪，冰雪积累区较小。主脊两侧共发育有冰斗冰川24条（东坡15条，西坡9条）。苍山3800米以上的顶部是残留的古老夷平面，而在3800米以下立即转成为陡崖，使得冰川并不具备向下延伸的条件。因此，冰斗冰川末端都以雪崩形式向下坠落，形成特殊类型的断尾式冰川。

冰川地貌类型有角峰、刃脊、冰斗、冰蚀湖、冰川磨光面、冰碛垄、石海、石环等一套冰蚀地貌和冰碛地貌。特别是峰巅之下古冰斗与冰蚀湖点缀山间，历历可数。如双龙潭、洗马潭冰蚀湖，形态清晰，是冰川在重力和压力下沿地面运动时，冰川本身和夹带的岩屑对地面产生的刨蚀作用形成洼地，待冰川退却、冰雪消融后便汇集融水和雨水形成。

三、大理岩

众所周知，高岭石、大理岩是为数不多的以中国地名命名的矿物名称，构成苍山山体大部的变质岩便包括大理岩。

距今25—10亿年之间，苍山经历了全球普遍发生的区域性热动力变质地质过程，是扬子地块的古老结晶基底。在遭受多次热动力事件后又经历了喜马拉雅造山运动（距今约6500万年）的动力变质作用，结晶基底有的经受了较强韧性剪切变形——固态塑性流变，形成了多种多样的变质岩组合，从板岩、片岩到片麻岩、变粒岩、千枚岩、大理岩、角闪岩、混合岩、糜棱岩等，种类多达10余种，堪称变质岩的教科书。斑斓夺目的大理岩，就是这个组合中的一类。

大理岩是由富含钙镁质的碳酸盐岩类如石灰岩、云灰岩及白云岩等经受复杂变质作用形成的，其变幻的色彩与自然流变的纹饰，来自高温高压下矿物的重新组合与固态下的流变、变质分异作用形成褶皱的结果。例如含铜、橄榄石或蛇纹石的大理岩为绿色；结构均匀、质地致密的白色细粒大理岩，又称"汉白玉"；汉白玉和大理石都是大理岩的商品化俗称。

大理，是大理岩的命名地；苍山，赋存着美轮美奂的大理石。白族先民建立南诏国时将其用于建筑，大理崇圣寺三塔之一的千寻塔即使用了大理石。"粉壁画墙"的白族民居，就地取材，多用大理石装饰。

苍山大理石质地细腻、色彩美丽，分为苍白玉、云灰、彩花三大品种。彩花石夹生在云灰石矿床，十分难得，一经琢磨，仿佛天然写意画。徐霞客游历点苍山，观"苍石"之妙，"故知造物之愈出愈奇，从此丹青一家皆为俗笔，而画苑可废矣"，对"苍石"中的"新石"独具老眼，"大径二尺，约五十块，块块皆奇，俱绝妙著色山水，危峰断壑，飞瀑随云，雪崖映水，层叠远近，笔笔灵异，云皆能活，水如有声，不特五色灿然而已"。

徐霞客对大理石的赞美有流行时尚的影子。明代士大夫雅好大理石屏，石质屏面天然的纹路，或江山万里，或山高月小，皴（cūn）擦点染，浓缩一屏，与阴阳通，与趣味合，物化为文人书斋的日常用器。成化年间（1465—1487），"端友"石屏被赫然列为"文房十友"之首，大理石由此被制成石屏广被消费。徐霞客特地提到"新石"的尺寸"大径二尺"，远超出一般屏心的"不盈尺"，在"苍石"中已属非常罕见。

四、洱海

山垂海错，山盆耦合。距今300万年的时候，喜马拉雅造山运动，造成北西向的洱海—红河断裂带两侧地壳差异升降，东侧形成断陷湖泊——洱海。

洱海

洱海，因形似人耳得名。长近43千米，东西最大宽度约9000米，最大深度约20米，湖面面积256.5平方千米。洱海面积虽不及滇池，但因湖盆断陷较深，蓄水量相当于两个滇池，约28亿立方米，是云南仅次于抚仙湖的第二大湖。

"高原明珠"洱海景色绮丽，是白族人心中的"金月亮"。在洱海东岸的双廊，可以欣赏阳光透过云层，折射在湖水上形成的"洱海神光"。

在洱海北端，洱海主要水源弥苴河入湖处，形成三角洲；在洱海东岸，因岩层中的断裂和局部隆升，出现了侵蚀"海岸地貌"，既有突入湖中的半岛岩岛，也有近岸的湖中岛；在洱海东北岸的双廊半岛、南诏风情岛一带，湖滨有大片石灰岩分布，由于喀斯特溶蚀以及湖水的浪蚀，形成石芽景观；在洱海西苍山山麓为冲—洪积裙地貌。西洱河成为洱海的唯一出水口，经天生桥流入黑惠江，向西汇入澜沧江。万余年中，洱海的水位有过大幅度的上升和下降，与洱海的出水口有密切的关系。

　　洱海是闻名中外的高原湖泊生态保护地，共有鱼类30多种，其中土著鱼类17种，水生植物61种，水禽59种。海菜花，对生长环境的要求非常苛刻，被视为"水质试金石"，随着洱海水质持续改善，已经消失的海菜花重现洱海，和苦草等洱海原有的水生植物面积逐渐增加，形成了稳定的水生植被群落。在洱海生态廊道湿地内，成群的水鸟追逐嬉戏，已记录到白骨顶、紫水鸡等8种国家二级保护水禽。

五、人在"屋檐"下

　　在世界屋脊的屋檐下，苍山与洱海由十八溪连通上下，散落的白族聚落大理"坝子"镶嵌于玉洱银苍之间，衔接湖山。苍山十八溪下切，流水强烈侵蚀、搬运了大量砂石于苍山东麓堆积，形成大小约36个冲—洪积扇体，彼此相连形成冲—洪积裙，这个山麓冲积平原就叫大理"坝子"，面积162.5平方千米，是历代白族人民生存繁衍的主要场所，孕育了灿烂的文明。

　　汉唐以来我国西南边疆的两条国际通道"蜀身毒道"和"茶马古道"在大理交会，使大理成为汉文化、青藏文化以及周边国家的印缅文化交流的走廊。8世纪以来，南诏、大理国在此相继建国，素称"文献名邦"的大理，许多文物古迹如崇圣寺三塔、点苍山神祠、南诏德化碑、大理古城至今还耸立在苍山洱海之间。

　　明清以来，文人墨客有更多的机会亲临云南，用诗文点染苍洱大观。明代大诗人杨慎虽是贬谪之身，毕竟是状元手笔，一篇《游点苍山记》出手不凡："一望点苍，不觉神爽飞越。比入龙尾关，且行且玩，山则苍龙叠翠，海则半月拖蓝，城郭奠山海之间，楼阁出烟云之上，香风满道，芳气袭人。余时如醉而醒，如梦而觉，如久卧而起作，然后知吾曩者之未尝见山水，而见自今始。"寥寥数语，把大理四景之下关风、上关花、苍山雪、洱海月，所谓"风花雪月"和盘托出。"海则半月拖蓝"，以"拖蓝"呼应"点苍"，仿佛天公巨笔两处挥洒，苍山洱海顿成丹青画卷，此处用点苍山要比用苍山

大理崇圣寺三塔

　　山名更有动感；"香风满道"，不直接写上关花，而花已"芳气袭人"。

　　和杨慎多有唱和的大理本地人杨士云当然不会有杨状元"曩者之未尝见山水"之憾，他的《对苍山》"白云如雪带山腰，十九峰头插碧霄。天下何曾见山水，人间我欲驭风飙"，写得行云流水，毫不掩饰及时登临之乐。

　　清道光永昌知府陈廷焴《和大理下关题壁原韵》云："妙香称佛国，小驻即仙家。名甲三迤①胜，人游万里赊。"妙香国，本出梵文gandhalaraj，词根gandhala意为香味浓重；raj，意为王，转义指王国、国家，佛经中也译"乾陀罗国"。缅甸语借指南诏、大理国或云南一带。元初郭松年《大理行记》记载大理当时"家无贫富，皆有佛堂，人不以老壮，手不释数珠"之盛况，正因如此，大理才有了"妙香国"之称。

---

　　① 三迤：云南省的代称。清雍正年间先后在云南设置迤东道、迤西道和迤南道，即三迤。大理府属于迤西道，初治大理府城，后改驻腾越（今腾冲）。

　　"高山大川异制，民生其间者异俗"，说明不同地理环境孕育出不同性质的文化。大理非物质文化遗产极其丰富，"绕三灵"为其中之一。最初的含义或与山神崇拜有关的"绕三灵"，白语称"观上览"或"拐上纳"，发展过程中糅杂了祈雨、与洪水及恶魔的抗争、历史传说等元素，并受到道教佛教信仰的影响，成为白族一年中最重要的民俗活动。大理白族其他节日还有三月街、火把节、蝴蝶会等，体现了人与人、"神"与人、人与自然的和谐共乐，多方位展示出白族人的性格与智慧。

　　而非物质文化遗产、流行文艺元素与地质遗迹的结合，往往产生令人难以预知的效果。歌曲《蝴蝶泉边》是一首电影插曲，1960年放映的爱情电影《五朵金花》，使这首歌和蝴蝶泉名闻遐迩。蝴蝶泉，位于周城村北，云弄峰神摩山麓，是大气降水、冰雪融水渗透至地下后，沿着溶洞、地下河、节理裂隙等通道流动、汇集而成。蝴蝶泉曾是一股灌溉水源，被密林包围，长满各类古树和奇花异草，是承载着白族社会的龙王信仰与仪式活动的"龙潭"。《五朵金花》的放映，使蝴蝶泉从灌溉水源转型为旅游景观，成为纯洁、忠贞爱情的象征。

　　上关天龙洞，号称"滇西第一奇洞"。洞长507米，洞内28组石钟乳，如鸟似兽，形态各异。天龙洞有108个支洞与主洞相连，状似天龙布阵，步步为景，景致被赋以苍山雪、白云洞、花月殿、回音洞、天龙八部宫等。其中的"天龙八部宫"到底是出自佛教"非人"的天龙八部，还是受金庸小说《天龙八部》影响而冠名，怕是不言而喻吧？

　　一首《蝴蝶泉边》，可以使风驻足、花含羞、雪应声、月回眸；一部《天龙八部》的热血江湖，复苏了冰冷的岩溶世界。大理的多副面孔和众多光环的加持，却使其本真的面孔变得日益模糊。据说每年慕名而来的4700多万游人里，走马观花中败兴而归的屡见不鲜，真正读懂大理的少之又少。这绝非危言耸听，时下的大理要在经济利益的冲击下戒骄戒躁，保持初心并非易事。

　　洱海这个地方，山上有海，海中有山，蓝天白云，气候温和，风景美得你无法想象。"所以我常说，如果我归隐，我愿意到那里去。"——惟愿这块南怀瑾老先生心目中理想的归隐之地，永葆魅力，不负期待。

参考资料

[1]《世界屋脊的"屋檐"——走进大理苍山世界地质公园》，公众号：自然资源科普与文化，2016年4月5日。

[2] 范晓：《银苍玉洱 山海争辉——大理苍山世界地质公园》，公众号：河山无言，2018年12月2日。

[3] 王乃昂、田璐等：《学术争鸣：大理冰期的发现与中国第四纪冰川科学的诞生》，公众号：地理发现与探索，2019年1月11日。

[4]《走，去大理！》，公众号：星球研究所，2020年7月17日。

[5]《"世界屋脊"的屋檐——苍山大理岩石地貌》，公众号：中国旅游协会地学旅游分会，2016年9月27日。

横空出世：昆仑山世界地质公园①

2014年8月11日，"2014中国青海昆仑山敬拜大典"在海拔4300米的玉珠峰脚下举行，以此感谢"大自然赐予我们阳光、雨露、土地和粮食，感谢中华之母昆仑山给予我们博大的恩养和无尽的财富！"

何以昆仑山被称为"中华之母"？因为昆仑山不仅是中国山水祖脉之地，东西向的中央主干山脉，依地貌地势而言，众多山水源头皆由昆仑而出，而且承载了数千年华夏先民的瑰丽想象与期待，所以近代以来，它逐渐升华为中华民族多元一体的精神凝聚的象征。昆仑山这次敬拜大典的举行，又像是等待一个新荣誉的加持。

一个多月后的9月23日，昆仑山地质公园成功加入世界地质公园网络，玉珠峰成为公园主要景区。壮美苍凉的自然风光和丰富的人文底蕴交相辉映，巍巍昆仑迎来了一个崭新纪元。

一、从神话昆仑到地理昆仑

"海内昆仑之虚，在西北，帝之下都。昆仑之虚，方八百里，高万仞。……百神之所在。"自从"昆仑"一名出现在上古时代百科全书《山海

---

① 昆仑山世界地质公园位于昆仑山东段青海省格尔木市，地理坐标为东经93°01′38″～94°53′21″，北纬35°34′21″～36°11′13″，海拔3091～6178米，面积7033.17平方千米，由瑶池、西大滩、东大滩、南山口四大园区组成。

横空出世的昆仑山

经》，历代典籍以"昆仑县圃"（《楚辞·天问》）、"昆仑县圃，维绝，乃通天"（《淮南子》）、"名河所出山曰昆仑"（《史记》）、"天下之山祖于昆仑"（明代《地理人子须知》引朱熹云）描绘昆仑。

顶着无数头衔，昆仑到底何在？神话昆仑承载的各种思想观念和地理昆仑相互纠缠和渗透，共同进入历史叙事。《史记·大宛列传》云："汉使穷河源，河源出于阗，其山多玉石，采来，天子案古图书，名河所出山曰昆仑云。"雄才大略的汉武帝遣张骞凿空西域，张骞的汇报引经据典，不排除对传说中的周穆王北绝流沙、西登昆仑、与西王母宴饮对歌、群玉山取玉的游历沿波讨源，最终将河流发源地所在的山命名为昆仑，并确定它在于阗南山。

直到19世纪，西方学者、探险家的各色考察主导了中西交通，由于无法摆脱中国人头脑中根深蒂固的汉武帝钦定的昆仑于阗说，制作地图时加以附会，兼顾"新疆昆仑"和"青海昆仑"，以及"瑶池""西王母石室"等史迹的发现与建构，地理上的"昆仑山脉"才确立下来。

昆仑山脉，西起帕米尔高原，东至四川西北部，素有"亚洲脊柱"之称。全长约2500千米，平均海拔5500～6000米，宽130～200千米，地势由西到东分为三段：玉龙喀什河源以西为西段，喀拉米兰山口以东为东段，彼此

中间为中段。中西两段各长600千米，东段长1300千米，略呈扇形展开。山脉分为三支：北支以布尔汗布达山为主；中支唐格乌拉山与布青山，地形上东接阿尼玛卿山；南支可可西里山，东接巴颜喀拉山，构成青南高原的主体。

昆仑山汇集了世界上高耸的雪峰、湍急的河流、巨大的冰川、广袤的荒漠，点缀着沙丘、沼泽和小块森林，高寒缺氧，人迹罕至。在静寂的万古雪野中，昆仑山脉最高峰公格尔峰（海拔7649米）矗立云端，势压万山，宣示着中华大地上神龙横空出世的腾越极致。昆仑山像一位女神，她气质高冷，海拔高且覆盖终年不化的冰雪；她神秘莫测，既有披着朝霞的美艳，星空下的寂寞安详，更有瞬间的顽劣转为暴虐，无人抚慰的面庞变得狰狞可怕，飞沙走石、暴风虐雪，拒绝一切追求者……昆仑山，人类未能到达的区域还有很多，严酷和荒蛮减缓了人类对它探索的脚步，却从未使脚步停止。

二、野牛沟

昆仑山世界地质公园位于昆仑山的东段，青海省格尔木市境内西南部，是我国首家开放式世界地质公园。

格尔木，蒙古语意为"河流密集之地"，位于昆仑山北麓戈壁滩上，平均海拔2780米，高原大陆性气候。发源于西王母瑶池（黑海）的昆仑河，与其20余条支流在这里汇聚，使年降雨量不足40毫米的戈壁滩上出现了一块适宜人居的绿洲，逐渐发展成为拥有30万人口的城市，有"世界盐湖城"之称的格尔木。格尔木以南158千米，即青海入藏必经之地——海拔4760米的昆仑山口。距山口不远处立有索南达杰纪念碑，以纪念这位为保护可可西里野生动物而捐躯的藏族人民的优秀儿子。

　　由昆仑山口可进入昆仑河谷中的野牛沟，这里生活着青藏高原特有的野生动物野牦牛、藏羚羊和野驴。距今3000年时，一支部落将狩猎、舞蹈、萨满"通天"，以及动物相食的场面，用铁器通通凿进了野牛沟的青石之上。野牛沟岩画具有北方草原艺术风格，动物可见牦牛、鹰、马、骆驼、豹子、狍子①、狼、狗、熊、鹿，远比今天生活在野牛沟甚至整个昆仑山区的种类要多。野牛沟绝非野生动物的天堂，河床两岸的河漫滩地带分布有美丽的陷阱——沼泽。野牛沟沼泽以其良好的自然生态环境，被誉为昆仑山最美河段。在沼泽草根密集处，地下水聚集较多，地表草丘变形隆起，形成了冻胀草丘。冻胀草丘的形成，是该地区多年冻土的地表标志。

　　在野牛沟口昆仑河右岸，可见构造抬升和河流冲积切割形成的陡崖——千层崖，其长度约500米，高度8米。千层崖由倾角近水平的第四系早更新世（距今约260万年）冲积—湖积物砂、砾石堆叠而成。远远望去，层层叠叠，细密的纹理犹如大地的皮肤，向人们展示这里曾经冰消雪融、河流湍急的峥嵘岁月。

　　一道沟沙海有公园最大的沙丘地貌，东西延伸约4000米，南北延伸约3000米，由全新世（距今约1万年）以来风力作用下的沙粒堆积而成。在两个风向近直交风的互相干扰下，形成蜂窝状的沙丘。每到夏季，沙丘表面覆盖上一层稀疏的绿草。微风吹拂着沙海，犹如大海泛波，波光粼粼而不刺眼，连绵到山际。

　　野牛沟可直达西王母瑶池景区。瑶池原名黑海，是由冰雪融水通过地下径流补给形成的构造断陷型高原湖泊，湖水最深处达107米，面积约38.7平方千米。玉珠峰周围的冰川为神秘和荒凉的东昆仑增添了灵性，孕育出瑰丽的西王母神话。

　　西王母居玉山昆仑，代表了上古华夏民族"天下四极"中的"西极"。

---

　　① 狍（páo）子，鹿的一种。耳朵和眼睛都大，颈长，尾短，后肢长于前肢。雄性有角。吃青草、野果及野菌等。

西极蕴玉，以玉通神，亦人亦神的西王母作为沟通中原与西域的载体，呈现出华夏族人对"西极"地带的认知水平。汉唐以来，西王母的信仰辐射东移，衍生出西王母与东皇公相配的故事；诗仙李白崇信道教，其名篇《梦游天姥吟留别》中的"天姥"，便是西王母的形象。西王母成为道教主神之一，昆仑山成为道教圣山，进入传统历史叙事。现代地理学视域下，新疆、青海、甘肃，西王母石室、西王母瑶池被纷纷"坐实"，成为当地发展旅游业不可或缺的一环。

三、玉珠峰

"万山磅礴，必有主峰。"玉珠峰，位于昆仑山口以东10千米处，为昆仑山东段最高峰，海拔6178米。南北两侧耸立着众多5000米以上的高峰，均有

玉珠峰冰川

现代冰川发育。玉珠峰冰川总面积190平方千米，平均长度5700米，南坡冰川末端海拔5100米，北坡末端4400米。冰川类型多样，主要有悬冰川、冰斗—悬冰川、冰斗冰川、冰斗—山谷冰川、山谷冰川、坡面冰川等。

玉珠峰，蒙古语名"可可赛极门峰"，意为危险美丽的少女。山顶终年积雪，冰川纵横。年平均气温-5℃，极端最低气温可达-30℃。登山季节为5—10月，5月天气寒冷含氧量较低，7—10月比较适合攀登。玉珠峰在昆仑群山之中卓立云天，"危险"而充满诱惑，吸引着人们以另一种形式去"坐实"——登山。

1990年，成立才一年的北大登山队"山鹰社"11名队员，初生牛犊不畏虎，凭着简陋的装备，一举登顶玉珠峰，拉开了民间登山的序幕。跟随北大山鹰社的登山脚步，一拨接一拨的登山人来到这里，续写攀登玉珠峰的故事。2019年7月19日，北大登山队第5次攀登玉珠峰，共有16名队员和2名教练成功登顶。不知是山成就了人，还是人成就了山，如今的玉珠峰，已成为登山爱好者心目中的"初阶"目的地和试验场。

攀登玉珠峰南坡线路的难度虽不大，但由于地理位置特殊，氧气含量相对于同海拔地区的要低得多；北坡路线则较为复杂，沿着北侧的3条冰川均可攀登，但途中会遇到冰裂缝、冰壁等复杂地形，从北坡攀登需要的冰雪技术更高。

玉珠峰具有良好的接近性，车辆可以直达登山基地、大本营，加之适宜的高度，南北两侧差异化的线路，所以在中国登山史上，玉珠峰绝对是里程碑式的存在。

在玉珠峰对登山人迎来送往之时，与之隔空相望的姊妹峰玉虚峰则氤氲在道风仙气之中。玉虚峰海拔5980米，雪山环绕，与道教有着千丝万缕的联系。道家尊奉的最大的神原始天尊，据说就住在昆仑山玉虚峰的玉虚宫。这里是明代道教"昆仑派"道场所在地，朝拜者络绎不绝。

何谓西极蕴玉？玉虚峰脚下的昆仑玉，种类主要有白玉、翠玉、绿青玉、碧玉、墨玉等。2008年之夏，昆仑玉迎来高光时刻，在这年北京奥运会上，3000多枚"金镶玉"奖牌上镶嵌的玉石，全部出自昆仑山玉虚峰脚下的采玉场。

"金镶玉"的魅力，是玉在中国传统文化中所扮演的特殊角色及所蕴藏身份的又一次精彩呈现。在河南安阳出土的3000多年前的商朝妇好墓和其他古代墓葬中，玉器已有十分醒目的发现。经鉴定，妇好墓玉器是新疆和田玉，其与昆仑玉在地质成矿上乃一脉同源。

对玉石的钟爱和需求，无疑是西王母故事背后潜在的驱动力；同时，在丝绸之路的背后，还有一条时代或许更早且与之并行、多有交汇的千年商路——玉石之路。事实上，无论玉出昆冈，还是美玉出和田，西王母所居之地都透露出一个共同的信息，即那里是美玉的重要产地。

四、和合之美

今天来看，汉武帝钦定昆仑为黄河发源地，相对于黄河发源地青藏高原巴颜喀拉山脉支脉——查哈西拉山南麓的扎曲，地理学上的误差在1300千米左右，无疑属于认知有限做出的错误判断。然而，此举代表了华夏地理观念支配下沟通人神居所的一次重要尝试，华夏文化符号之玉石、黄河、昆仑，三位一体，由此奠基。石蕴玉而山辉，水携玉而川媚，西王母、黄河源自昆仑山，昆山之玉便随着河水来到人世间。这样确定的河源，"文化、历史学上的误差为零"。中国社会科学院考古所研究员巫新华说：就现代科学而言，西汉时张骞看到的并非实际地理学上的黄河河源，只是由于上古一贯的大昆仑文化内涵的影响，使汉武帝最终将河源地点定于昆仑山和葱岭，但是在今天看来，其在文化上是有自己的逻辑的。至此，学术界主张的文明起源与神话提示的文明起源变得一致起来。

汉武帝在2000多年前确定"昆仑山、黄河河源在西域"，充分表明西域山河之于古代中国文化的重要，以及古代中国对丝绸之路的重视。丝绸之路连同贯通青藏高原的玉石之路、唐蕃古道、茶马古道等，促进了古代中国文化交流、商业贸易诸多方面的和合共生。

随着现代文明的演进特别是交通旅游业的迅猛发展，青藏公路和青藏铁路都选择了地势相对平缓的东昆仑山穿越昆仑山，成为新的纵贯青藏高原南北的大动脉。昆仑山，这片沉睡了亿万年的自然奇观，不再是无人造访的净土，观光的、探险的、朝圣的、捡玉的、开矿的以及沿途搞食宿服务的人们纷至沓来，这既为昆仑山的发展带来了人气，又为保护大昆仑的生态环境带来了挑战。昆仑山世界地质公园秉承"生态、文化、旅游、地质"四大理念，将接受这一挑战。

相对于神话与宗教在人们头脑中的印记、对玉石的喜好程度，地质构造遗迹对人们的吸引力似乎无法相提并论，但昆仑山世界地质公园以冰川冰缘地貌、地震遗迹等景观具有自然科学属性，它们记录着公园地区多次洋—陆转化、青藏高原隆起和5次冰期，拥有板块缝合带、地震遗迹、冰川地貌等丰富的地质资源。例如，2001年昆仑山口西8.1级大地震遗留的地震裂缝，是迄今为止国内震级最大、保存最完整的地震遗迹，被国际地质学界公认为研究地球喜马拉雅造山运动和强地震机理的天然课堂，但在一般游客眼里，其观赏价值不足。这种认识与高品位的旅游资源极不匹配。

通过大昆仑的视野，我国海拔最高的也是唯一一座开放式世界地质公园——昆仑山世界地质公园将和昆仑文化旅游区及三江源、可可西里等两处国家自然保护区一起联动，将玉虚峰、玉珠峰、昆仑山大地震遗址、昆仑神泉、无极龙凤宫、道教祖庭、西王母瑶池和可可西里、三江源、长江源头第一桥、唐古拉山口、丝绸之路青海古道、青藏铁路、察尔汗盐湖等串连起来，让地质科学之壮美丰富大昆仑文化。

昆仑山世界地质公园昭告世人：昆仑山不只是神话，它比最动人的神话还要恢弘博大，它是地球力量的伟大创造。没有这种地球的构造力，就没有亚细亚坚实的脊柱，就没有无际的荒野和哺育生命的河源，也就无以铭刻中华民族从古至今探索未知的艰辛和执著。地质公园，能让人们记住昆仑山真实的样子；昆仑山，值得世人用新的方式继续敬仰5000年，乃至永远。

参考资料

[1] 昆仑山世界地质公园网站资料。

[2] 朱翌：《2014中国青海昆仑山敬拜大典》，中国社会科学网，2014年8月15日。

[3] 巫新华：《昆仑河源与中国古代丝绸之路》，中国社会科学网，2016年11月3日。

[4]《昆仑山：我不是神话！》，公众号：星球研究所，2020年3月17日。

[5] 史卫静：《北大山鹰社2019玉珠峰登山报告会举行》，公众号：山野杂志，2019年10月19日。

附录一

国家地质公园的地质遗迹划分标准
（7大类、25类、56亚类）

一、地质（体、层）剖面大类	1.地层剖面	（1）全球界线层型剖面（金钉子）
		（2）全国性标准剖面
		（3）区域性标准剖面
		（4）地方性标准剖面
	2.岩浆岩（体）剖面	（5）典型基、超基性岩体（剖面）
		（6）典型中性岩体（剖面）
		（7）典型酸性岩体（剖面）
		（8）典型碱性岩体（剖面）
	3.变质岩相剖面	（9）典型接触变质带剖面
		（10）典型热动力变质带剖面
		（11）典型混合岩化变质带剖面
		（12）典型高、超高压变质带剖面
	4.沉积岩相剖面	（13）典型沉积岩相剖面
二、地质构造大类	5.构造形迹	（14）全球（巨型）构造
		（15）区域（大型）构造
		（16）中小型构造
三、古生物大类	6.古人类	（17）古人类化石
		（18）古人类活动遗迹
	7.古动物	（19）古无脊椎动物
		（20）古脊椎动物
	8.古植物	（21）古植物
	9.古生物遗迹	（22）古生物活动遗迹

四、矿物与矿床大类	10.典型矿物产地	（23）典型矿物产地
	11.典型矿床	（24）典型金属矿床
		（25）典型非金属矿床
		（26）典型能源矿床
五、地貌景观大类	12.岩石地貌景观	（27）花岗岩地貌景观
		（28）碎屑岩地貌景观
		（29）可溶岩地貌（喀斯特地貌）景观
		（30）黄土地貌景观
		（31）砂积地貌景观
	13.火山地貌景观	（32）火山机构地貌景观
		（33）火山熔岩地貌景观
		（34）火山碎屑堆积地貌景观
	14.冰川地貌景观	（35）冰川刨蚀地貌景观
		（36）冰川堆积地貌景观
		（37）冰缘地貌景观
	15.流水地貌景观	（38）流水侵蚀地貌景观
		（39）流水堆积地貌景观
	16.海蚀海积景观	（40）海蚀地貌景观
		（41）海积地貌景观
	17.构造地貌景观	（42）构造地貌景观
六、水体景观大类	18.泉水景观	（43）温（热）泉景观
		（44）冷泉景观
	19.湖沼景观	（45）湖泊景观
		（46）沼泽湿地景观
	20.河流景观	（47）风景河段
	21.瀑布景观	（48）瀑布景观

七、环境地质遗迹景观大类	22.地震遗迹景观	（49）古地震遗迹景观
		（50）近代地震遗迹景观
	23.陨石冲击遗迹景观	（51）陨石冲击遗迹景观
	24.地质灾害遗迹景观	（52）山体崩塌遗迹景观
		（53）滑坡遗迹景观
		（54）泥石流遗迹景观
		（55）地裂与地面沉降遗迹景观
	25.采矿遗迹景观	（56）采矿遗迹景观

附录二

中国世界地质公园名录
（截至2022年4月，共15批41处）

世界地质公园序数	世界地质公园名称	所属省（区）市	列入世界地质公园批次	列入世界地质公园时间
1	黄山世界地质公园	安徽省黄山市	第一批	2004年2月13日
2	庐山世界地质公园	江西省庐山市	第一批	2004年2月13日
3	云台山世界地质公园	河南省焦作市	第一批	2004年2月13日
4	石林世界地质公园	云南省昆明市石林县	第一批	2004年2月13日
5	丹霞山世界地质公园	广东省韶关市	第一批	2004年2月13日
6	张家界世界地质公园	湖南省张家界市	第一批	2004年2月13日
7	五大连池世界地质公园	黑龙江省五大连池市	第一批	2004年2月13日
8	嵩山世界地质公园	河南省登封市	第一批	2004年2月13日
9	雁荡山世界地质公园	浙江省乐清市和温岭市	第二批	2005年2月12日
10	泰宁世界地质公园	福建省泰宁市	第二批	2005年2月12日
11	克什克腾世界地质公园	内蒙古自治区赤峰市克什克腾旗	第二批	2005年2月12日
12	兴文世界地质公园	四川省宜宾市兴文县	第二批	2005年2月12日
13	泰山世界地质公园	山东省泰安市	第三批	2006年9月18日
14	王屋山—黛眉山世界地质公园	河南省济源市和新安县	第三批	2006年9月18日
15	雷琼世界地质公园	广东省湛江市和海南省海口市	第三批	2006年9月18日
16	房山世界地质公园	北京市和河北省保定市	第三批	2006年9月18日
17	镜泊湖世界地质公园	黑龙江省宁安市	第三批	2006年9月18日
18	伏牛山世界地质公园	河南省南阳市和洛阳市	第三批	2006年9月18日

（续表）

世界地质公园序数	世界地质公园名称	所属省（区）市	列入世界地质公园批次	列入世界地质公园时间
19	龙虎山世界地质公园	江西省鹰潭市	第四批	2008年2月26日
20	自贡世界地质公园	四川省自贡市	第四批	2008年2月26日
21	秦岭终南山世界地质公园	陕西省西安市	第五批	2009年8月23日
22	阿拉善沙漠世界地质公园	内蒙古自治区阿拉善盟	第五批	2009年8月23日
23	乐业—凤山世界地质公园	广西自治区百色市和河池市	第六批	2010年10月5日
24	宁德世界地质公园	福建省宁德市	第六批	2010年10月5日
25	天柱山世界地质公园	安徽省潜山市	第七批	2011年9月17日
26	香港世界地质公园	香港特别行政区	第七批	2011年9月17日
27	三清山世界地质公园	江西省上饶市	第八批	2012年9月21日
28	延庆世界地质公园	北京市	第九批	2013年9月9日
29	神农架世界地质公园	湖北省神农架林区	第九批	2013年9月9日
30	昆仑山世界地质公园	青海省格尔木市	第十批	2014年9月23日
31	大理苍山世界地质公园	云南省大理市	第十批	2014年9月23日
32	敦煌世界地质公园	甘肃省敦煌市	第十一批	2015年9月19日
33	织金洞世界地质公园	贵州省毕节市	第十一批	2015年9月19日
34	可可托海世界地质公园	新疆自治区阿勒泰市	第十二批	2017年5月5日
35	阿尔山世界地质公园	内蒙古自治区阿尔山市	第十二批	2017年5月5日
36	黄冈大别山世界地质公园	湖北省黄冈市	第十三批	2018年4月17日
37	光雾山—诺水河世界地质公园	四川省巴中市	第十三批	2018年4月17日
38	九华山世界地质公园	安徽省池州市	第十四批	2019年4月17日
39	沂蒙山世界地质公园	山东省临沂市	第十四批	2019年4月17日
40	湘西世界地质公园	湖南省湘西土家族苗族自治州	第十五批	2020年7月7日
41	张掖世界地质公园	甘肃省张掖市	第十五批	2020年7月7日